Suppenintelligenz

TELEPOLIS

→ **www.telepolis.de**

Das Online-Magazin TELEPOLIS wurde 1996 gegründet und begleitet seither die Entwicklung der Netzkultur in allen Facetten: Politik und Gesetzgebung, Zensur und Informationsfreiheit, Schutz der Privatsphäre, wissenschaftliche Innovationen, Entwicklungen digitaler Kultur in Musik, Film, bildender Kunst und Literatur sind die Kernthemen des Online-Magazins, welche ihm eine treue Leserschaft verschafft haben. Doch TELEPOLIS hat auch immer schon über den Rand des Bildschirms hinausgesehen: Die Kreuzungspunkte zwischen realer und virtueller Welt, die »Globalisierung« und die Entwicklung der urbanen Kultur, Weltraum und Biotechnologie bilden einige der weiteren Themenfelder.

Als reines Online-Magazin ohne Druckausgabe nimmt TELEPOLIS damit eine einzigartige Stellung im deutschsprachigen Raum ein und bildet durch seine englischsprachige Ausgabe und seinen internationalen Autorenkreis eine wichtige Vermittlungsposition über sprachliche, geografische und kulturelle Grenzen hinweg. Verantwortlich für das Online-Magazin und Herausgeber der TELEPOLIS-Buchreihe ist Florian Rötzer.

Die TELEPOLIS-Bücher basieren auf dem Themenkreis des Online-Magazins. Die Reihe schaut wie das Online-Magazin über den Tellerrand eingefahrener Abgrenzungen hinaus und erörtert Phänomene der digitalen Kultur und der Wissensgesellschaft.

Eine Auswahl der bisher erschienenen TELEPOLIS-Bücher:

Lothar Lochmaier
Die Bank sind wir
Chancen und Perspektiven von
Social Banking
    2010, 160 Seiten, 15,90 €

Harald Zaun
S E T I – Die wissenschaftliche Suche
nach außerirdischen Zivilisationen
Chancen, Perspektiven, Risiken
    2010, 320 Seiten, 19,90 €

Stephan Schleim
Die Neurogesellschaft
Wie die Hirnforschung Recht und Moral
herausfordert
    2011, 218 Seiten, 18,90 €

Marcus B. Klöckner
9/11 – Der Kampf um die Wahrheit
    2011, 218 Seiten, 16,90 €

Hans-Arthur Marsiske
Kriegsmaschinen –
Roboter im Militäreinsatz
    2012, 252 Seiten, 18,90 €

Nora S. Stampfl
Die verspielte Gesellschaft
Gamification oder Leben im Zeitalter des Com-
puterspiels
    2012, 128 Seiten, 14,90 €

Nora S. Stampfl
Die berechnete Welt
Leben unter dem Einfluss von Algorithmen
    2013, 124 Seiten, 14,95 €

Christian J. Meier
Eine kurze Geschichte des Quanten-
computers
Wie bizarre Quantenphysik eine neue
Technologie erschafft
    2015, 188 Seiten, 16,90 €

Michael Firnkes
Das gekaufte Web
Wie wir online manipuliert werden
    2015, 324 Seiten, 18,95 €

Klaus Schmeh
Versteckte Botschaften
Die faszinierende Geschichte der Steganografie
    2., aktualisierte und erweiterte Auflage
    2017, 318 Seiten, 19,95 €

Weitere Informationen zu den TELEPOLIS-Büchern und Bestellung unter:
→ www.dpunkt.de/telepolis

TELEPOLIS

Christian J. Meier (geb. 1968), promovierter Physiker und freier Journalist, recherchiert über Technologien, die heute entwickelt und morgen den Alltag profund verändern werden. Zu diesem Thema verfasst er Sachbücher (»Nano – wie winzige Technik unser Leben verändert« (Primus Verlag), »Eine kurze Geschichte des Quantencomputers« (Telepolis)) und Artikel, u.a. für die Neue Zürcher Zeitung, bild der wissenschaft, brand eins und Technology Review. Daneben schreibt er Science-Fiction-Kurzgeschichten.

Christian J. Meier

Suppenintelligenz

Die Rechenpower aus der Natur

 Heise

Christian J. Meier
c.meier@scicaster.de

Reihenherausgeber: Florian Rötzer, München, fr@heise.de
Lektorat: Dr. Michael Barabas, Miriam Metsch
Copy-Editing: Susanne Rudi, Heidelberg
Satz: Birgit Bäuerlein
Herstellung: Susanne Bröckelmann
Umschlaggestaltung: Hannes Fuß
Druck und Bindung: M.P. Media-Print Informationstechnologie GmbH, 33100 Paderborn

Bibliografische Information der Deutschen Nationalbibliothek
Die Deutsche Nationalbibliothek verzeichnet diese Publikation in der Deutschen National-
bibliografie; detaillierte bibliografische Daten sind im Internet über http://dnb.d-nb.de abrufbar.

ISBN:
Print   978-3-95788-101-4
PDF   978-3-95788-989-8
ePub   978-3-95788-990-4
mobi   978-3-95788-991-1

1. Auflage 2018
Copyright © 2018 Heise Gruppe GmbH & Co. KG
Karl-Wiechert-Allee 10
30625 Hannover

5 4 3 2 1 0

Motivation:
Die Metamorphose des Computers

Wir halten Intelligenz für ein Privileg des Menschen, dabei gedeiht sie um uns genauso wie in uns. Sie ist eine natürliche Ressource, bereit zur Ernte.

Dafür braucht es aber neue Computer, jenseits der Smartphones, PCs oder der Etagen füllenden Supercomputer, die wir kennen. Neue Computer mit unglaublicher Rechenkraft, die aus der Natur kommt. Sie verzichten im Gegensatz zum klassischen Computer auf digitale elektronische Schaltkreise. Sie arbeiten mit Suppenintelligenz.

Der Begriff »Suppe« hat hier eine bildliche und eine konkrete Ebene. In den neuen Computern wirken Zutaten aus der Natur – Atome, Moleküle, Gene, Proteine oder ganze Zellen – so zusammen, dass etwas Neues entsteht, etwas auf höherer Ebene, wie sich der Geschmack einer Suppe aus ihren Zutaten ergibt. Dieser »Geschmack« äußert sich in mehr Rechenpower, aber auch anderen Aspekten der Intelligenz wie Mustererkennung, das schnelle Finden möglichst guter Lösungen, Lernfähigkeit, Intuition oder Kreativität. Wie der Geschmack einer Suppe kommt die Intelligenz aus einer formlosen Mixtur anstatt aus wohlgeordneten Schaltkreisen und penibel abgearbeiteten Rechenschritten. Billionen von Teilchen wirken scheinbar planlos zusammen, aber gerade in diesem Chaos liegt ihre Stärke.

Die konkrete Ebene: Die Zutaten treffen sich oft im flüssigen Medium. Die neuen Rechner füllen Reagenzgläser, Petrischalen oder Bioreaktoren. Flüssig ist auch das Innere lebender Zellen, von simplen Bakterien bis zur hoch entwickelten Gehirnzelle. Forscher programmieren Zellen gerade neu, um damit technische oder medizinische Probleme zu lösen. Sie entwickeln Anwendungsprogramme auf dem Betriebssystem der Natur, nur eingeschränkt von den Gesetzen der Chemie, der Biologie und der Physik.

Damit überwinden sie Grenzen, die die Maschinenhaftigkeit des klassischen Rechners setzt. Wer Atome, Moleküle, Gene oder Hirnzellen als Prozessoren nutzt, definiert den Begriff Computer neu, anstatt das Höher-schneller-weiter der letzten Jahrzehnte Computerentwicklung einfach nur fortzusetzen. Der schafft neue Qualitäten in der Informationsverarbeitung.

Es geht in diesem Buch um ganz verschiedene neue Computer: molekulare Rechner, programmierte lebende Zellen oder Quantencomputer, die aber alle ihre Rechenpower aus natürlichen Ingredienzen ziehen.

Hier ein Wegweiser durchs Buch: Es hat drei Teile. Das erste Kapitel zeigt, wie rückständig die Informationsgesellschaft des Menschen verglichen mit der Virtuosität ist, mit der die Natur Information als eine ihrer wichtigsten Ressourcen nutzt. Die folgenden zwei Kapitel (Kap. 2 und 3) erzählen die faszinierende Geschichte des klassischen Computers und begründen, warum er es der Natur nicht gleichtun kann. Hier werden auch Begriffe aus der Computerwelt vorgestellt, die in den folgenden Kapiteln gebraucht werden. Der zweite Teil stellt die Rechenkraft der Natur (Kap. 4) sowie die Suppenintelligenz und ihre Köche vor (Kap. 5–9). In einer Weise setzen diese Forscher und Entwickler die Geschichte des klassischen Rechners fort. Nur, notgedrungen, mit völlig anderen Mitteln und ganz neuen Perspektiven. Innerhalb des zweiten Teils behandeln die Kapitel 5 bis 8 jene Neuentwicklungen, die sowohl im metaphorischen als auch im konkreten Sinne Suppenintelligenzen sind. Es geht von Molekülen in Reagenzgläsern über neu programmierte lebende Zellen bis zur Nutzung künstlicher Gehirnzellen. Das Kapitel 9 widmet sich dem Quantencomputer, bei dem die natürlichen Zutaten – Atome oder Moleküle – nicht unbedingt im flüssigen Medium rechnen, auch wenn es solche Quantencomputer gibt. Dennoch werden auch im Quantenrechner verschiedene natürliche Zutaten (Ionen und Lichtteilchen zum Beispiel) zusammenwirken.

Ein zweites Ordnungsprinzip ist die ansteigende Konkretheit. Während es in den Kapiteln 5 bis 7 um Grundlagenforschung geht, schildern Kapitel 8 und 9 neue Computer, die an der Schwelle zur Anwendung stehen bzw. von denen es bereits erste kommerzielle Exemplare gibt.

Schließlich ziehe ich im Kapitel 10, dem dritten Teil, ein Fazit.

Mein Ziel mit diesem Buch ist es, den Leser zu unterhalten und in die Labore interessanter und mitunter schrulliger Forscher mitzunehmen. Folgende These möchte ich untermauern: Die Suppenintelligenz wird eine neue Stufe des Informationszeitalters zünden. Unter »Computer«, wenn wir sie denn überhaupt noch so nennen werden, werden wir etwas völlig Neues verstehen. Wenn wir sie überhaupt noch von der Natur werden unterscheiden können.

Inhaltsverzeichnis

1 Kornkammern der Intelligenz

Andy Adamatzky dreht seinen Mercedes CLK 320 auf der Strecke vom Bahnhof Bristol Parkway zur Universität der westenglischen Stadt ordentlich auf, während er in dröhnendem Bariton erzählt, wie sehr er deutsche Autobahnen liebt. Er hält sich dort gerne auf der Überholspur auf.

Wie ein Mathematiker, der in einer universitären Denkstube darüber nachsinnt, wo die Grenzen von Computern liegen, wirkt der Brite russischer Herkunft nun wirklich nicht.

Bekannt ist Adamatzky denn auch eher für seine unkonventionellen Experimente, mit denen er die Möglichkeiten künftiger Rechner auslotet, ähnlich wie die Limits seines Mercedes. Ein Profi, dessen Hobby es ist, seine Gedankenarbeit abends, bevor er im Schnitt sechs Stunden schläft, praktisch zu prüfen. Er legt nicht viel Wert darauf, dass seine Feierabendforschung von Fachkollegen bierernst genommen wird. Sie löst oft Kopfschütteln oder nachsichtiges Lächeln aus. Auch ich werde später ein Grinsen nicht immer unterdrücken können, während Adamatzky seine Versuche beschreibt, aus dem Zeug, das in Taschenwärmern kristallisiert, überlegene Computer zu bauen. Muss ich auch nicht. Adamatzky findet es eher befremdend, wenn man bei seinem Vortrag eine neutrale Mine behält.

Für den Mathematiker ist es wichtiger, zu einer Avantgarde zu gehören. »Es gibt die Pioniere, die neues Terrain betreten, und die Masse derer, die ihnen folgen«, sagt er. Keine Frage: Andy zählt sich zu den Vorreitern.

Er und seine Forscherkollegen wie Ron Weiss vom Massachusetts Institute of Technology in Boston, Rainer Blatt von der Uni Innsbruck oder Karlheinz Meier von der Uni Heidelberg wollen aber nicht nur spielen. Sie meinen es ernst damit, die nächste Stufe des Informationszeitalters zu zünden. Sie brechen mit dem, was heute als »Computer« gilt, und wollen neue Arten von informationsverarbeitenden Maschinen bauen. Mit Hilfe der brachialen Rechenpower der Natur.

Informationsgesellschaft 0.5

Wir alle glauben, mittendrin zu stecken, in dieser nach Agrargesellschaft und Industriezeitalter dritten großen Epoche menschlichen Zusammenlebens: in der Informationsgesellschaft. In Fußgängerzonen oder Zugabteilen beugen sich gefühlt 90 Prozent der Köpfe über Smartphones oder Laptops. Informationsjunkies checken alle paar Minuten ihr Smartphone. Noch vor zwei Jahrzehnten wurde der amerikanische Informatiker Thad Starner belächelt, weil er ständig einen Computer bei sich hatte. Heutzutage tragen viele gleich mehrere Rechner mit sich herum: Smartphone, E-Book-Reader, Laptop. Auch unsere Alltagswelt ist durchdigitalisiert. In dem Haus, das ich mit meiner Partnerin bewohne, stehen mindestens zwölf Geräte, die Computerchips enthalten: unsere beiden PCs, Drucker, Waschmaschine, Trockner, Telefone, Herd und Ofen, Fernseher, Stereoanlage. An einem Urlaubstag mache ich 100 Digitalfotos malerischer Landschaften oder Orte und erzeuge damit die Informationsmenge einer halben Stadtbücherei.

Wir leben inmitten einer Wolke von Maschinen, die Information verarbeiten. Das hat nicht nur unsere private Lebensweise verändert.

Auch die Gesellschaft als Ganzes wandelt sich. Intelligente Maschinen ersetzen Jobs, inzwischen sogar solche, die lange als nicht automatisierbar galten, wie etwa Näher von Schuhen.[1] Sie nehmen aber auch Kopfarbeitern Arbeit ab, sogar Ärzten oder Wissenschaftlern. In der Uniklinik Marburg diagnostiziert der Computer »Watson« des US-amerikanischen Herstellers IBM seltene Krankheiten. So genannte Robo-Advisor ersetzen Bankberater und legen automatisch Geld an. Rechner planen die Logistiknetzwerke großer Unternehmen und schreiben Zeitungsartikel. Roboter machen als so genannte »Social Bots« Meinung. Computer denken sich sogar wissenschaftliche Experimente aus. Ein Programm namens »Melvin« hilft Quantenphysikern der Uni Wien beim Design von Versuchsaufbauten[2] Unbelastet von vorgefassten Meinungen und eingefahre-

---

1) *https://www.welt.de/wirtschaft/article156184963/Der-Todesstich-des-Naeh-Roboters.html*

nen Denkschemen plant der Computer hoch komplexe Experimente, die das Begriffsvermögen seiner menschlichen Forscherkollegen überschreiten.

Man muss den Computer aber nicht als bösen Jobkiller betrachten. Die Befreiung von der Brotarbeit winkt am Horizont. Sisyphos wird seinen Felsbrocken loslassen und das Leben genießen können, tanzen gehen, Freunde treffen, einen Roman schreiben, die kranke Oma selbst pflegen oder einen Modeberatungsdienst für Männer gründen – wie auch immer der persönliche Traum aussieht.

Längst fordern Vertreter der Digitalwirtschaft, wie die Chefs von Tesla und Deutsche Telekom, Elon Musk und Timotheus Höttges, ein bedingungsloses Grundeinkommen einzuführen, um den digitalen Wandel nicht zum Spaltpilz der Gesellschaft werden zu lassen, der immer mehr Menschen mit überflüssig gewordenen Fähigkeiten ins Abseits drängt.

Weniger optimistisch ausgedrückt: Die digitale Revolution sägt an einer der Grundfesten unserer Gesellschaft, an der wesentlichen Geldquelle des Staates, des Sozial- und des Gesundheitssystems und an der Wurzel unserer persönlichen Identität und unseres Selbstbewusstseins: der Arbeit.

Das ist der Stoff, aus dem echte gesellschaftliche Umwälzungen sind. Ein neues Kapitel der Menschheitsgeschichte ist aufgeschlagen.

Doch ist das wirklich so? Oder sind wir auf halbem Weg stecken geblieben: in der Informationsgesellschaft, Version 0.5?

Nun, gemessen an der Natur ganz klar: Letzteres. Die Evolution hat Information schon vor Äonen als eine ihrer wichtigsten Ressourcen entdeckt. Auch die unbelebte Natur zeigt eindrucksvoll, was aus diesem immateriellen Rohstoff zu machen ist. Verschwenderisch geht die Natur nur mit Information und Zeit um; wohingegen sie versucht, mit möglichst wenig Material und Energie auszukommen.[3]

Unsere Zivilisation hingegen baut trotz Digitalisierung noch auf den gleichen Grundlagen auf wie vor fast 200 Jahren, als die Industrialisierung begann: Für die Produktion von Waren setzt sie vor allem Energie und Material ein. Und zwar in rauen Mengen. Deutschland exportiert jährlich

---

2) *http://physicsworld.com/cws/article/news/2016/feb/24/computer-program-dreams-up-new-quantum-experiments*

3) [2014Bog]

knapp 400 Millionen Tonnen Güter. Für deren Herstellung braucht die Industrienation mehr als die dreifache Menge an Rohstoffen, nämlich eineinhalb Milliarden Tonnen.[4] Weltweit steigt der Bedarf an Ausgangsmaterialien immer weiter. Zum anhaltend hohen Bedarf der alten Industrieländer kommt der Hunger nach Wohlstand aufstrebender Länder wie China. Die industrielle Art des Wirtschaftens verbrät auch immer mehr Energie. Weltweit hat sich der Energieverbrauch zwischen 1971 und 2014 mehr als verdoppelt.[5]

Die Digitalisierung weitet den Materialhunger sogar noch aus auf die so genannten High-Tech-Rohstoffe. Der Bedarf an Lithium für Akkus soll im Jahr 2035 die heutige Produktionsmenge um das Vierfache überschreiten. Vervierfachen soll sich auch der Bedarf an Tantal, das aus dem berüchtigten Erz »Coltan« gewonnen wird und in nahezu jedem Elektrogerät steckt. Ein weiteres dickes Plus verbuchen könnte das Schwermetall Indium, das für Displays gebraucht wird.[6]

Die Eleganz der rechnenden Natur

Die Natur geht mit Material und Energie ganz anders um, sehr viel eleganter. Der biologische »way of life« verbraucht für die Herstellung von Produkten, wie etwa Muschelschalen oder Spinnennetze, nur die Hälfte an Material und fünf bis zehn Prozent der Energie, die der Mensch in technische Produkte mit ähnlicher Funktion steckt.[7]

Dennoch lassen die Ergebnisse jeden Techniker vor Neid erblassen. Kein menschengemachtes Material ist gleichzeitig fester als Stahl und dehnbarer als Gummi. Spinnenseide schon. Oder eine Art elastische Keramik, formbeständig und steinhart, die aber nicht bricht, wenn sie auf den harten Boden fällt? Gibt es so etwas? In der Natur schon, es heißt »Perlmutt«. Das Erstaunlichste an dieser Innenschicht der Schalen bestimmter Weichtiere ist für den Techniker nicht ihr betörender Glanz. Sondern, dass sie im Meerwasser entsteht; also bei recht angenehmen Temperaturen, weitab von den harschen, energieraubenden Bedingungen, mit der Keramik industriell hergestellt wird.

---

4) Quelle: Statistisches Bundesamt
5) [2016IEA]
6) [2016Mar]
7) [2013Mir]

Wie schafft die Natur das?

Statt Energie und Material nutzt sie Information, die Lebewesen aus ihrer Umwelt aufnehmen, die in ihren Genen steckt oder die von den Gesetzen der Physik mitgeteilt wird. Tiere, Pflanzen, Pilze, aber auch Totes wie ein Stück Stahlblech, verarbeiten sie zu intelligenten Problemlösungen.

Klar, Intelligenz ist ein vage definierter Begriff, deren Gipfel im allgemeinen Verständnis Genies wie Einstein oder Bach markieren und nicht Schneckenhäuser. Für Andy Adamatzky hat der Mensch jedoch nicht das Vorrecht auf Intelligenz. Seine Forschung wirft vielmehr die Frage auf, ob nicht sogar ein Schleimpilz intelligent ist, der ohne auch nur einen einzigen Irrweg einzuschlagen den direkten Weg durch ein Labyrinth zu einer Futterquelle findet[8]. »Jede Form der Selbstorganisation, die Information verarbeitet, ist Intelligenz«, sekundiert ein Kollege Adamatzkys, der japanische Forscher Toshiyuki Nakagaki. Auch Information verarbeitende Maschinen, Computer also, wirken oft intelligent, was sich der Forschungszweig der »Künstlichen Intelligenz« zum Gegenstand gemacht hat.

Umgekehrt sehen Psychologen die menschliche Intelligenz zunehmend aus dem Blickwinkel der Informationsverarbeitung. Eine intelligentere Person kann schneller Wichtiges von Unwichtigem unterscheiden oder Fakten aufnehmen und verstehen.

In der Natur, der belebten wie unbelebten, tritt Intelligenz in vielerlei Gestalt auf. Tiere, Pflanzen, Organe, Zellen, ja sogar Metalle und einzelnen Atome verarbeiten Information ganz anders als die digitalen Computer, die wir kennen. Die Natur fließt geschmeidig an den Gesetzen der Physik entlang zu Lösungen, so perfekt, dass sie für Computer unerreichbar bleiben. Lebewesen setzen wenige, leicht verfügbare Rohstoffe zu hoch komplexen Materialien zusammen. Sie kodieren über Jahrmillionen gewonnenes Wissen in die mikroskopisch feine Struktur dieser Materialien, woraus einzigartige Materialeigenschaften resultieren, perfekt zugeschnitten auf die Umwelt der Wesen. Die Natur holt aus riesigen Schwärmen von einzelnen »Prozessoren«, die nicht intelligenter sind als ein Lichtschalter, Leistungen hervor, die Computer bislang nur ansatzweise nachvollziehen. Sie hebt sogar die Fesseln der Zeit auf, an die jeder men-

---

8)   [2010Ada]

schengemachte Computer gebunden ist, und verarbeitet auf diese Weise mehr Information binnen eines Fingerschnippens als alle Datenspeicher der Welt aufnehmen könnten.

Skulptur der Erfahrungen

Werfen wir einen Blick in ein paar der Kornkammern der Intelligenz, um einen ersten Eindruck von deren Reichtum zu gewinnen.

Als den Gipfel aller Intelligenz betrachten wir naturgemäß unsere eigene. Unter unserer Schädeldecke versteckt sich das komplexeste Gebilde im bekannten Universum. Das Gehirn ist eine Galaxie im Kopf. Denn darin gibt es ebenso viele Nervenzellen (auch Neuronen genannt) wie Sterne in der Milchstraße, unserer Heimatgalaxie: 100 Milliarden ungefähr. Obwohl astronomisch groß, ist das noch eine kleine Zahl gemessen an der Zahl der Verbindungen zwischen den Neuronen. Jedes Neuron hat einen Fortsatz, einem Datendraht vergleichbar, das so genannte Axon. Dieses spaltet sich in zahlreiche Zweige auf, deren Enden kleine Verdickungen bilden, so genannte Synapsen. Die Synapsen stellen den Kontakt zu anderen Neuronen her. So ist jede Hirnzelle im Schnitt mit 1000 weiteren verbunden. Insgesamt ergeben sich somit 100 Billionen Kontakte.

Eine unvorstellbar große Zahl, die im Alltag nicht vorkommt. Um einen Eindruck zu gewinnen, hier ein Vergleich mit Flächen: Einen Quadratmeter (qm) Fläche kann man sich vorstellen. Eine 3-Zimmer-Wohnung hat etwa 70 qm. Ganz Deutschland hat etwa eine Fläche von 350 Milliarden qm, was noch weit von 100 Billion entfernt ist, denn das wären 100.000 Mal eine Milliarde. Um auf diese Anzahl von Quadratmetern zu kommen, müsste man Asien, Afrika sowie Nord- und Südamerika zusammennehmen.

Diese beeindruckenden Zahlen halten Dharmendra Modha vom Computerhersteller IBM nicht davon ab, unser Gehirn mit einer Glühbirne und zwei Wasserflaschen zu vergleichen. Die Wasserflaschen wegen seines Volumens von nur etwas mehr als einem Liter. Die Glühbirne, weil die grauen Zellen für Leistungen wie Shakespeares Dramen, Einsteins Relativitätstheorie oder das Rangieren eines Omnibusses durch eine verwinkelte Altstadt nicht mehr Energie verbrennt als 20 Watt.

Woher kommt diese phänomenale Energieeffizienz? Computerspezialisten betrachten das Gehirn gerne als einen Parallelrechner mit den Neuronen als den »Prozessoren«. Die Effizienz ist allerdings kein Verdienst dieser »Prozessoren«. Die Übertragung eines Signals von einer Nervenzelle durch eine Synapse zu einer anderen kostet 20 Mal so viel Energie wie das Schalten eines so genannten Transistors auf einem Computerchip. Diese elektronischen Bauelemente sind die Arbeitspferde eines Rechners, rund zwei Milliarden davon gibt es auf einem fingernagelgroßen Prozessorchip.

Außergewöhnlich schnell arbeitet das Gehirn auch nicht. Mit etwa 10 Billionen Rechenoperationen pro Sekunde ist es 10.000 Mal langsamer als der derzeit (2017) schnellste menschengemachte Rechner, der chinesische Supercomputer Sunway Taihu Light. Ein Nervenimpuls pflanzt sich mit wenigen Stundenkilometern fort, während elektronische Signale fast Lichtgeschwindigkeit erreichen.

Doch das Hirn hat noch einen Trumpf: Klar überlegen ist es jeder Maschine durch seine gigantische Vernetzung. »Wir können diese Masse an Verbindungen nicht mit elektronischer Hardware nachbilden«, sagt Steven Furber von der Universität Manchester. Der Brite muss es wissen: Er hat den weltweit meistverbreiteten Prozessor namens ARM mitentwickelt, der in milliardenfacher Ausführung in Smartphones und vielen anderen Elektrogeräten steckt. Nun versucht er mit solchen Chips einen Computer zu bauen, der die Verdrahtung des Gehirns imitiert. Bislang kratzt der Informatiker dabei nur an der Oberfläche.

Schon die Erstellung eines vollständigen »Schaltplans« des Gehirns ist eine Art Marsmission der Hirnforschung. Sie hat dieses Unterfangen mit dem Projekt »Human Connectome Project«[9] in Angriff genommen. Was sich die Wissenschaftler damit an den Hals gebunden haben, zeigt die Größe der Datenbank für den Schaltplan der Netzhaut einer Maus, die nur ein winziger Teil des Mäusehirns ist. Zwölf Terabyte Daten umfasst die Karte der Mäusenetzhaut, würde also mehrere Festplatten füllen.

---

9) Connectome, zu deutsch Konnektom, ist die Gesamtheit der Verbindungen in einem menschlichen Gehirn.

Seine Stärke zieht das gigantische »neuronale Netz« auch daraus, dass es mehr ist als eine starre »Verdrahtung«. Es verändert sich durch Erfahrungen. Ähnlich wie sich ein Straßennetz den Pendlerströmen anpasst. Oder wie sich Trampelpfade wie von selbst bilden, wenn viele Menschen Wege abkürzen. Nur, dass das neuronale Netz nicht von Mobilitätsbedürfnissen skulptiert wird, sondern von Gesehenem, Gerochenem, Erlebtem, Erlittenem oder Geübtem. Seine Komplexität spiegelt die unserer Lebenswelt wider. Wie das Gehirn Information (Sinnesreize, Erinnerungen, Assoziationen, Gefühle) verarbeitet, steckt in seiner Struktur, in seiner Form.

Es arbeitet somit völlig anders als ein Computerchip, dessen Verdrahtung sich nicht verändert und der nur deshalb unterschiedlichste Aufgaben ausführt, weil ihm ein Programm sagt, was er tun soll. Während im Computer Hard- und Software säuberlich getrennt sind, bilden beide Konzepte im Gehirn eine Einheit. Was man oberflächlich als fest verdrahtete Hardware betrachten würde, die Neuronen und Synapsen, im Unterschied zu den schnell vergänglichen Nervenimpulsen, ist in Wirklichkeit plastisch.

Das Gehirn trennt auch nicht zwischen Speicher und Prozessor wie ein menschengemachter Computer. Daher braucht es auch keine Daten zwischen solchen Abteilungen hin- und herschieben, wie Rechner das ständig tun und damit Unmengen Energie verbraten. Nicht durch Transport leistet das Hirn, was es leistet. Sondern durch eine gewachsene Codierung im Muster seiner Nervenbahnen.

»Es sind nicht die einzelnen Bausteine, sondern es ist die Architektur«, drückt es der Physiker Karlheinz Meier aus, der in Heidelberg einen hirnähnlichen Computer bauen will. Meier und Furber wollen mit ihren Projekten beweisen, dass auch technische Informationsverarbeitungssysteme völlig anders gestrickt sein können als ein herkömmlicher Computer.

Die am Gehirn bewunderten Leistungen sind indessen nicht auf Gehirne beschränkt.

Die Schule der Körper-Guerilla

Das Immunsystem ist ebenfalls ein »raffiniertes Informationsverarbeitungssystem, das über leistungsstarke Mustererkennung und die Fähigkeit zur Klassifizierung verfügt«, wie Anthony Brabazon, Michael O'Neill und Seán McGarraghy vom University College in Dublin schreiben.[10]

Das Immunsystem erkennt die Bedrohung, weil diese nicht in die gewohnte Umgebung passt, einem Fahrrad auf der Autobahn ähnlich. Es verteilt das, was ihm im Körper begegnet, auf zwei Schubladen, auf der einen steht »Eigen«, auf der anderen »Fremd«. In der zweiten Schublade ist der Feind. Der folgende Vergleich mit einer Schule veranschaulicht dieses Prinzip.

Die Schule des Immunsystems ist der Thymus, ein Immunorgan, das sich nach der Pubertät zurückbildet. Die Schüler sind bestimmte Abwehrzellen, so genannte T-Zellen (T von »Thymus«). Nach ihrer »Ausbildung« verlassen sie die Schule, um Tumorzellen oder von Viren, Bakterien, Pilzen oder Parasiten befallene Körperzellen zu töten oder die schädlichen Eindringlinge außerhalb von Zellen aufzuspüren und zusammen mit weiteren Zellen der Immunabwehr zu eliminieren.

T-Zellen sind spezialisiert: Jede von ihnen ist für einen bestimmten Feind zuständig, zu dem sie den Schlüssel besitzt, wie ein Mensch den Schlüssel zu seiner Wohnung. Schlüssel und Schloss, das sind zwei Eiweißmoleküle (so genannte Proteine), deren Formen sich ergänzen (siehe Abb. 1–1).

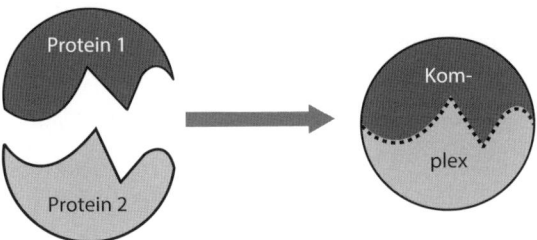

Abb. 1–1   Veranschaulichung des Schlüssel-Schloss-Prinzips: Zwei wie Yin und Yang zusammenpassende Proteine bilden einen Komplex.

---

10)   [2015Bra]

Aber auch *körpereigene* Zellen besitzen solche Schlösser. Wie lernen Abwehrzellen fremde von körpereigenen Schlössern zu unterscheiden?

Im Thymus bekommen viele Millionen T-Zellen jeweils einen anderen zufällig erzeugten Schlüssel. Diese zunächst beliebige Vielfalt stellt sicher, dass die Immunabwehr potenziell möglichst viele Feinde erkennen kann. Nun kommt der »Lehrer« in Form so genannter dendritischer Zellen in den Thymus. Diese bringen eine Sammlung von körpereigenen Schlössern mit. Alle T-Zellen werden daraufhin getestet, ob ihr Schlüssel in eines der Schlösser passt.

Nun kommt ein brutaler Schritt, wie er in einer echten Schule zum Glück ausbleibt. Wenn nämlich der Schlüssel passt und eine Immunreaktion auslösen würde, dann muss die betreffende Zelle sterben. So werden alle T-Zellen eliminiert, die auf den eigenen Körper, auf das »Selbst« also, mit Aggression reagieren würden. Übrig bleiben nur jene Zellen, die auf *körperfremde* Stoffe ansprechen.[11] Voilà: Hier ist der Mustererkennungsapparat, der Selbst von Fremd unterscheidet.

Information wird hier auf eine verschwenderische Weise verarbeitet: Der Thymus erzeugt eine Unmenge von Schlüsseln (und die dazugehörigen Zellen), nur um 95 Prozent davon wieder zu eliminieren. Das ist, als ob ein Mensch 49 Millionen Lottoscheine ausfüllen würde, wobei er ziemlich sicher sein könnte, dass ein Treffer dabei ist. Alle anderen sind Nieten. Der Computerprofi würde es ein »Brute-Force-Vorgehen« (von engl. »rohe Gewalt«) mit Hilfe von Parallelverarbeitung nennen. In der Gesamtheit aller T-Zellen bleibt die Information über den potenziellen Feind wie in einem Gedächtnis oder auf einer Festplatte abgelegt, bis ein tatsächlicher Eindringling kommt und bekämpft wird.

Führerlos glücklich

Eine Ameisenkolonie lässt sich ebenfalls als Informationsverarbeitungssystem auffassen. Eine einzelne Ameise ist, mit Verlaub, strohdumm. Sie rennt bei der Futtersuche einfach drauflos. Dennoch verbinden Ameisenstraßen die Kolonie immer auf dem kürzesten Weg mit einer Futterquelle, auch wenn diese sich hinter einem Stein versteckt und weiter entfernt ist als eine einzelne Ameise sehen kann.

---

11) [2015Rin]

Ein einfaches Kommunikationsmittel der Ameisen liefert die Erklärung: Duftstoffe. Ameisen hinterlassen beim Suchen nach Futter eine Duftspur aus Pheromonen. Andere Ameisen sind genetisch darauf programmiert, dieser Spur zu folgen. Je stärker so eine Bahn duftet, desto mehr Ameisen folgen ihr.

Einige der Ameisen finden eine Futterquelle und hinterlassen Duftspuren vom Ameisenbau dorthin und zurück. Andere Ameisen folgen den verschieden langen Pfaden, es ist ein noch recht ungeordnetes Gewusel, noch keine »Straße«. Doch die Duftstoffe sind flüchtig. Deshalb ist die Geruchsspur umso stärker, je kürzer der Weg ist. Daher folgen mehr Ameisen dem kürzesten Weg. Da sie wiederum Duftspuren hinterlassen, verstärkt sich dieser Weg weiter. So lange, bis alle Tiere diesem kürzesten und damit energiesparenden Pfad folgen, der nun zur Straße geworden ist.[12]

Ähnlich wie im Gehirn interagieren einfach gestrickte »Prozessoren« (Ameisen) mittels Informationsaustausch (Duftspur). So löst das Kollektiv ein schwieriges Problem, im wahrsten Sinne des Wortes »zu Fuß«. Eine große Menge von Wegen wird einfach ausprobiert, bis man den kürzesten gefunden hat. Das Prinzip dahinter interessiert Informatiker sehr. Eine riesige Zahl einzelner Prozessoren durchsucht parallel eine riesige Menge von möglichen Lösungswegen und filtert irgendwie den besten heraus. Im Fachjargon heißt das »Optimierungsproblem«.

Entstiegen aus dem Nichts

Weder im Gehirn, noch im Immunsystem oder in der Ameisenkolonie gibt es einen Boss, der Neuronen, T-Zellen oder einzelne Ameisen anweisen würde, was zu tun ist. Es gibt nur die einzelnen Agenten, die Informationen austauschen und sie nach einfachen, für den einzelnen Agenten gültigen Regeln verarbeiten. Die Intelligenz entsteht auf einer höheren Ebene, sie entsteigt dem kollektiven Verhalten. Eine Gehirnzelle allein hat kein Bewusstsein. Eine Ameise kann mit dem Begriff »Ameisenstraße« nichts anfangen, sie folgt einfach der Duftspur. »Eine einzelne Ameise ist sicher nicht schlau, aber beim Verhalten des Kollektivs bin ich versucht, es intelligent zu nennen«, sagte Komplexitätsforscher Jürgen Kurths vom Pots-

---

12) *http://www.spiegel.de/wissenschaft/natur/orientierung-von-ameisen-nest-und-pheromone-zur-futtersuche-a-971814.html* (abgerufen Dez. 2016)

dam Institut für Klimafolgenforschung *Spiegel Online*.[13] Auch eine T-Zelle hat keine Ahnung davon, dass sie einen Körper verteidigt. Sie stürzt sich einfach auf ihr Antigen.

Im Fachjargon werden solche führerlosen Systeme, die durch Verflechtung vieler Komponenten leistungsstark sind, als »komplex« bezeichnet. Je komplexer ein Kollektiv ist, desto überraschender kann es sich verhalten. Es spuckt dann Effekte aus, die sich aus den Eigenschaften der einzelnen Prozessoren nicht vorhersehen lassen. Das menschliche Bewusstsein gilt vielen Wissenschaftlern als ein Pop-up eines komplexen Systems namens »Gehirn«. Der Brite Alan Turing, einer der Väter des modernen Computers, meinte, dass ein Rechner, wenn er nur aus genügend Prozessoren und Speicherzellen besteht, auch ein Bewusstsein hervorbringen wird.

Die Reaktionszeit eines Fischschwarms ist auch so ein Pop-up: Sie ist schneller als die der einzelnen Tiere. Oder die gegenüber dem Einzeltier schärfere Wahrnehmung des Kollektivs. Es kann zuverlässiger entscheiden, ob der Schattenriss im Sonnenlicht über ihm ein herannahender Fressfeind ist oder nur ein harmloser Surfer.

Komplexität ist wegen ihrer vielen Gesichter ein weicher Begriff und schwer in Zahlen zu fassen. Monatlich bringt der Wissenschaftsbetrieb neue Ideen hervor, wie man dies tun könnte, wobei es auch vom Blickwinkel abhängt: Für Informatiker etwa wächst die Komplexität einer Software mit der Zeitdauer und mit dem Speicherplatz, den sie beansprucht. Im Allgemeinen nimmt Komplexität zum einen mit der Quantität zu, also mit der Anzahl der Teile des Ganzen und der Verknüpfungen zwischen ihnen. Und zum anderen mit der Qualität der Teile und der Beziehungen zwischen ihnen, grob gesagt, mit der Einfachheit oder Kompliziertheit der Regeln, denen der einzelne Agent folgt, und der Informationen, die er gibt.

---

13) *http://www.spiegel.de/wissenschaft/natur/orientierung-von-ameisen-nest-und-pheromone-zur-futtersuche-a-971814.html* (abgerufen Dez. 2016)

Müheloses Fließen zur optimalen Lösung

Die Schwarmintelligenz ist indes nicht alles, was natürliche Computer zu bieten haben. Lebewesen zaubern aus wenigen leicht verfügbaren Rohstoffen besonders leistungsstarke Materialien. Mutter Natur muss bei ihrem Produktdesign auch noch mit wenig Energie auskommen, denn im Meer gibt es keine Kraftwerke oder Hochöfen. Stattdessen steckt sie einen bestimmten Aspekt von Information in ihre Materialien: Struktur. Sie ordnet die wenigen Ausgangsmaterialien immer neu an und erstellt dadurch immer neue Produktvariationen mit neuen Qualitäten. Das erinnert an die Lebensmittelindustrie, die den Konsumenten durch Variation der immer gleichen Ausgangsstoffe Fett, Salz und Zucker zu verführen sucht.

In der Natur freilich hat jede Variation ihren Zweck. Wer schon einmal durchs Wimbachtal im Berchtesgadener Land gewandert ist, weiß, wie spröde Kalkstein ist, wie die Berge dort förmlich zerbröseln und welch bizarre Felsformationen das hervorbringt. An das glatte, edle und schier unverwüstliche Perlmutt denkt man dabei gewiss nicht. Und dennoch besteht Perlmutt zum Großteil aus demselben Stoff: Kalk.

Dazu kommen nur noch zwei weitere Zutaten: Chitin (der Grundstoff der Außenskelette von Insekten oder Krebsen) und so genannte Strukturproteine. Beides besteht, ähnlich wie Kunststoff, im Wesentlichen aus Kohlenwasserstoffen.

Die drei einfach gestrickten Komponenten, Kalk, Chitin und Protein, wirken auf subtile Weise zusammen. Kalkschichten, tausendmal dünner als ein Blatt Papier, wechseln sich mit noch zehnmal dünneren Schichten aus einer Chitin-Protein-Mischung ab, ähnlich wie Ziegel und Mörtel in einer Mauer.

Das Prinzip dahinter erinnert ans Kochen, wo sich die Geschmäcker der Zutaten auf fast magische Weise zu etwas Neuem verbinden. Die harten Zutaten, Kalk und Chitin, verbinden sich mit den weichen Proteinen zu einem sehr zähen Stoff, kaum zu brechen, aber dennoch starr. Der weiche Teil sorgt dafür, dass der harte nicht bricht, und der harte dafür, dass der weiche nicht nachgibt. Im Kalk können sich Risse nicht ausdehnen, weil sie schon nach mikroskopisch kurzer Strecke vom Protein gebremst werden. Dass ein so smarter Werkstoff ohne viel Energieaufwand in der

Suppe des Meeres wächst, verdankt sich Proteinen, die die chemischen Reaktionen lenken.

Es gibt hier eine Parallele zur kollektiven Intelligenz von Ameisen oder Immunzellen. Die Komponenten sind einfach. Sie treten in Wechselwirkung miteinander durch ihre ineinander verschränkte Anordnung. Und dadurch entsteht etwas, das jeder einzelnen der Komponenten fehlt. Das Ganze ist mehr als die Summe seiner Teile. Komplexität, wohin das Auge schaut.

Auch die unbelebte Natur löst schwierige Probleme sehr elegant, wie mit einem Fingerschnippen.

Die Technik nutzt das naturgegebene Fließen in die optimale Form.

Um ein Stahlteil möglichst fest und gleichzeitig aber formbar zu machen, erhitzt man es auf knapp 1000 Grad und lässt es dann langsam abkühlen. Dabei nimmt das Material von selbst die für die gewünschten Eigenschaften optimale, feinkörnige Struktur an. Dahinter steckt ein physikalisches Grundprinzip: das der Energieminimierung. Systeme, wie zum Beispiel eines aus Eisen- und Kohlenstoffatomen, die zusammen den Stahl bilden, nehmen einen Zustand möglichst geringer Energie an. Eine in die Schüssel geworfene Kugel, die nach einigem Hin- und Herrollen schließlich am Schüsselboden liegenbleibt, veranschaulicht dieses Gesetz. Beim Glühen von Stahl erhalten die Atome Energie, die sie beim langsamen Abkühlen dann dazu benutzen, um den energieärmsten Platz zu finden. Dieser Endzustand des Stahls entspricht dann auch dem Wunsch der Techniker nach Festigkeit im Verein mit Formbarkeit.

Das In-die-richtige-Form-Fließen wird auch von einem kalten, fertigen Stück Stahlblech beherrscht. Das Berliner Ingenieurbüro Dr. Mirtsch nutzt das Gesetz der Energieminimierung für Waschtrommeln, Fassaden oder Autoteile.

In Bleche, die etwas abstützen und sich dabei nicht verbiegen sollen, prägt man oft Kerben (im Fachjargon: Sicken. (Man kennt den Trick aus dem Alltag: Ein gefaltetes Blatt Papier lässt sich viel schwerer biegen als ein glattes). Das Verformen des Blechs kostet Kraft und somit Energie. Durch den Gewaltakt von außen wird das Metall zusammengedrückt wie Knetmasse, in die man eine Kuhle presst. Dadurch verringert sich der Spielraum für das Knautschen bei einem Crash.

Bei der Dr. Mirsch GmbH wird das Blech auf eine Walze gelegt, die das Kerbenmuster zum Teil vorgibt, aber noch Spielraum für Eigendynamik lässt. Dann übt die Maschine einen *leichten* Druck aus, etwa durch Wasser. Das Blech staut Energie auf wie eine Bogensehne. Die Spannungen sagen dem Blech: Tu etwas! Nun grenzt aber die Physik die Wahlmöglichkeiten ein. Sie sagt: Folge meinen Grundregeln und baue die Energie möglichst ab! Das Material folgt und weicht den Spannungen aus. Das heißt, es verformt sich so, dass sich die Spannungen möglichst gleichmäßig verteilen und insgesamt ein Minimum erreichen. Bei diesem geschmeidigen In-die-richtige-Form-Fließen tritt keine Kraft auf, die das Material zusammenquetscht. Es »ploppt« von selbst in Muster aus Sechsecken oder dekorativen Würfelecken (Abb. 1–2).

Abb. 1–2   Wölbstruktur aus Stahl, von selbst in die stabilste Form »geploppt«.

Die Alu- oder Stahlbleche mit diesen »Wölbstrukturen« (Dr. Mirtsch) brauchen weniger Energie für ihre Herstellung. Und weniger Material für die gleiche Stabilität. »Das Gewicht von Bauteilen reduziert sich um 30 Prozent«, ergänzt Geschäftsführer Frank Mirtsch. Mit Pappe und Kunststoffen funktioniert das Verfahren ebenso.

Alles in einem Moment

Wie die Natur sogar die Zeit überwinden und enorm viel Information in weniger als einem Augenblick verarbeiten kann, zeigt die Quantenphysik. Diese erst im letzten Jahrhundert entdeckte Sparte der Physik beschreibt die Welt der Grundbausteine von allem: Elektronen, Lichtteilchen (Photonen), Atome oder Moleküle. Die Realität dieser kleinsten Dinge entzieht sich dem Begriffsvermögen des Geistes. Ein einziges Teilchen kann zwei voneinander entfernte Öffnungen eines Schirms gleichzeitig durchschreiten. Die Fähigkeit, sich an zwei Orten gleichzeitig aufzuhalten, spricht man ansonsten nur Heiligen zu. Der Unheimlichkeiten nicht genug, drehen sich Elektronen gleichzeitig links und rechts herum, und auf ähnliche Weise fließen Ströme in speziellen Leiterschleifen simultan *im* und *gegen den* Uhrzeigersinn. Mit Magie hat das nichts zu tun. Die Natur der kleinsten Dinge folgt dabei den Naturgesetzen der Quantenphysik.

Physiker fassen die Parallelexistenz zweier eigentlich gegensätzlicher Realitäten als eine simultane Verarbeitung von Information auf und sprechen von »Quantenparallelismus«. Die Information »Das Elektron ist durch den linken Spalt gegangen« und die Information »Das Elektron ist durch den rechten Spalt gegangen« können tatsächlich im selben Moment realisiert werden, mit einem einzigen Elektron. Der kleinstmögliche Informationsspeicher eines Computers hingegen, ein so genanntes Bit (Abkürzung des englischen »**Bi**nary Digi**t**«, zu deutsch etwa: zweiwertige Zelle) ist dagegen gezwungen, die Dinge nacheinander anzuordnen: Er beinhaltet zum Zeitpunkt X *entweder* »Ja« *oder* »Nein«, nie so etwas wie »Jein«. Die Quantenwelt ist nuancierter, reicher. Sie kann beide Möglichkeiten, »Ja« und »Nein«, im gleichen Moment in einem so genannten Quantenbit, kurz Qubit, ablegen. Was zunächst so klingt, als verlöre die Speicherung damit ihre Bedeutung – denn was nützt die Antwort »Ja und Nein«? –, birgt enormes Potenzial für die Informationsverarbeitung. Denn es bedeutet, dass ein Qubit zwei Möglichkeiten repräsentiert. Fügt man viele Qubits zusammen, potenziert sich die Anzahl der möglichen Repräsentationen. Es wird nicht nur »Ja« und »Nein« darstellbar, sondern Komplexeres wie: *alle* möglichen Lösungswege eines Optimierungsproblems. Denn Folgen von Jas und Neins können als Codes aufgefasst werden und dadurch Bedeutung erlangen, etwa als Antworten auf einen vorgegebenen Fragenkatalog (War der Täter größer als 1,80 Meter: *Ja*; hatte er braune Augen: *Nein*; hatte er blaue Augen: *Ja*; trug er Jeans: *Ja*, usw. Aus der

Folge Ja, Nein, Ja, Ja, ... entsteht das Bild eines Menschen!). Die Quantenphysik erlaubt es nun, dass sich Lösungswege gegenseitig auslöschen und nur eine, im Idealfall die optimale Lösung übrigbleibt.

Große, aus vielen Teilchen bestehende Systeme, die der Quantenphysik gehorchen, so meinen viele Physiker, können daher gigantische Komplexität binnen eines Augenzwinkerns durchdringen. Oder anders gesagt: Eine Unmenge an Losen wird im gleichen Moment gezogen, man verwirft die Nieten und übrig bleibt der Gewinn. Es ist ähnlich wie bei der Ameisenkolonie, die Hunderte mögliche Wege zum Futter testet, und der kürzeste gewinnt. Der feine Unterschied: schon ein System aus 300 Qubits kann mehr Möglichkeiten darstellen als es Teilchen im bekannten Universum gibt.[14] Es öffnet sich eine ganze Galaxie an Rechenpower.

Angriff auf den menschlichen Geist

Anhand der Wölbstrukturen haben wir gesehen: Die Technik profitiert schon von der Intelligenz der Natur. Nun poppt aber beim Thema Informationsverarbeitung auch die Frage hoch, ob sich die Intelligenz der Natur nicht für die Datenverarbeitung mit Computern nutzen lässt. Die Antwort: natürlich! Und es wird auch gemacht. Computer simulieren die Lernfähigkeit des Gehirns. Das Programm AlphaGo der Google-Tochter Deepmind überraschte 2016 sogar mit der Simulation einer eigentlich exklusiv dem Menschen zugedachten Fähigkeit: Intuition. Das Programm schlug einen Meister des Brettspieles Go, Lee Sedol, in einer fast demütigenden Weise. Go ist ein extrem komplexes Spiel, das ungleich mehr mögliche Spielzüge umfasst als Schach. Daher ist es nicht mit der Holzhammermethode zu gewinnen, die Schachcomputer nutzen. Stupides Vorausberechnen aller möglichen Züge würde bei Go ewig dauern. Während Schach bereits viel von seiner Faszination eingebüßt hat, als 1996 der Computer Deep Blue von IBM den damaligen Schachweltmeister Garri Kasparov schlug, galt Go noch als Bastion menschlichen Könnens gegenüber der Maschine. Meister des fernöstlichen Superspiels nutzen bei der Beurteilung, wie gut eine bestimmte Stellung von Go-Steinen ist, viel Intuition. Etwas, das Computer nicht haben – würde man meinen.

---

14) Mit jedem zusätzlichen Qubit verdoppelt sich die Zahl der quantenparallel speicherbaren Werte.

Doch Computer sind flexibel. Fast alles lässt sich in sie hineinprogrammieren. Sogar die vereinfachte Simulation der Funktionsweise des Gehirns. Diese so genannten künstlichen neuronalen Netze sind lernfähig. Sie können durch Training lernen, Muster zu erkennen, zum Beispiel bestimmte Objekte auf Digitalfotos, etwa Autos. Deepmind hat nun einen Großrechner mit Hunderten Prozessoren mit einem besonders starken neuronalen Netz programmiert. Dieses suchte nach Mustern in 150.000 Spielen zwischen Go-Meistern und lernte so, welchen Zug ein Mensch als Nächstes machen würde. Dann spielte es Hunderte Millionen Male gegen frühere Versionen von sich selbst, justierte sich bei jedem Mal und erhöhte so ständig seine Chancen, den koreanischen Meister zu schlagen. Der Computer hat also einen Tempovorteil. Mit seinen Gigahertz-Prozessoren sammelt er binnen Monaten die Erfahrung, die ein menschlicher Go-Spieler in seinem ganzen Leben anhäuft. Das Unheimliche daran beschreibt der New Yorker Informatiker und Technikblogger Michael Nielsen so: »Niemand versteht, wie das Programm so gut wird. Denn das ist eine Konsequenz aus Milliarden von winzigen Justierungen, die es automatisch ausführt.«

Während des Matches mit Lee Sedol zeigten sich Beobachter fasziniert von der Spielweise von AlphaGo, die stark an die Intuition von Go-Meistern erinnerte. Das Programm machte überraschende und gleichzeitig gute Züge, wie man sie zuvor nur von Menschen kannte. Bewahrheitet sich hier Alan Turings Annahme, dass mit der Komplexität eines Computers seine Ähnlichkeit zum menschlichen Geist anwächst?

Das muss die Zukunft zeigen. Und die kommt immer schneller. Schon bläst die deutsche Softwarefirma Arago zum Angriff auf das nächste Bollwerk menschlicher Intelligenz. Deren künstliche Intelligenz namens Hiro soll Menschen beim Spiel »Civilization« schlagen. Bei Civilization simulieren die Spieler das Schicksal einer ganzen menschlichen Gesellschaft über Jahrhunderte hinweg, mit allem drum und dran wie Städtebau, Wirtschaft oder Militär. »Civilization ist noch komplexer als Go, es gibt noch mehr Auswahlmöglichkeiten«, sagt Arago-Chef Chris Boos.

Auch das Immunsystem und Ameisenkolonien dienen als Vorbild für Computerprogramme, Informatiker sprechen von »natural computing«, was auf deutsch so viel wie »natürliches Rechnen« bedeutet. Ein »Künstliches Immunsystem«, bestehend aus virtuellen Immunzellen, sozusagen die Körper-Guerilla als eine Art ernsthaftes Computerspiel, wird etwa zum

Detektieren von Auffälligkeiten in riesigen Datenbeständen benutzt. Dafür wird die Fähigkeit des Immunsystems imitiert, zwischen Selbst und Nicht-Selbst zu unterscheiden. Datenanomalien können auf Betrug hinweisen, auf gesundheitliche Probleme oder auf Angriffe von Hackern oder einfach auf Fehler in einem Text.

So genannte Ameisenalgorithmen simulieren die Futtersuche der Ameisen. Es geht um möglichst kurze Auslieferungsrouten von Paketdiensten, die Planung von Busrouten oder das Finden gerade freier Strecken zwischen Teilnehmern in einem Telefonnetz oder im Internet oder ähnlichen Optimierungsproblemen.

Das Glühen von Metallen simulieren Computerspezialisten ebenfalls, um auf diese Weise Optimierungsprobleme zu lösen. Das Suchen der Atome nach dem energetisch günstigsten Platz im Kristallgitter wird dargestellt als eine Art zufälliges Hüpfen von einer Lösungsmöglichkeit zur anderen – so als suchte man den höchsten Gipfel eines Gebirges durch blindes Herumspringen. Das langsame Abkühlen des Metalls bedeutet in diesem Bild, dass die Sprünge nach und nach immer kleiner werden. Durch die anfänglich kilometerweiten Sprünge testet man verschiedene Berge. Am höchsten Berg, den man erreicht hat, bleibt man dann durch die späteren kurzen Sprünge hängen. Die, bildlich gesprochen, nur wenige hundert und schließlich wenige Meter langen Sprünge dienen dazu, dessen Gipfel zu erreichen.

Freilich ist nicht garantiert, dass man in einem großen Gebirge innerhalb der Zeit X den allerhöchsten Gipfel erreicht. Vielleicht hängt man am Großglockner, ist aber nicht mal in die Nähe des Montblanc gekommen.

Es gilt hier abzuwägen zwischen der Zeit, die die Rechnung dauern soll, und der Güte der Lösung, die man finden will. Es muss nicht immer die Allerbeste sein. Eine Verdopplung der Rechenzeit bringt nicht unbedingt immer ein doppelt gutes Ergebnis. Angewendet wird dieses »simulated annealing« (Englisch für »simuliertes Glühen«) zum Beispiel beim Planen der Leiterbahnen auf Computerchips. Diese müssen so gestaltet sein, dass die elektrischen Signale möglichst kurze Wege zwischen den Baugruppen des Chips haben.

Maschine mit Geburtsfehler

Die Beispiele deuten es schon an: Die Verfahren haben ihre Grenzen. Der Computer soll nicht ewig nach einer Lösung suchen. Es müssen Kompromisse gefunden werden zwischen der Laufzeit der Software und der Perfektion der gefundenen Lösung. Auch neuronale Netze lassen sich nicht ohne weiteres zu Hirngröße erweitern. Dazu verschlingen sie zu viel Energie. »Es ist offensichtlich, dass Lee Sedols Hirn viel effizienter rechnet als AlphaGo«, sagt Jürgen Schmidhuber. Der Experte für Künstliche Intelligenz hat die neuronalen Netze entwickelt, die hinter Googles Übersetzungssoftware oder der automatischen Bilderkennung stecken. Google schweigt sich über den genauen Energieverbrauch von AlphaGo aus. Ich habe nachgefragt und keine präzise Antwort erhalten. Immerhin gibt Google zu, einen »enormen« Aufwand an Rechenpower betrieben zu haben.[15] Beim Spielen verbrät AlphaGo geschätzte 6,4 Kilowatt elektrische Leistung – über 300 Mal mehr als Lee Sedols Hirn.[16] Beim Training wohl noch mehr, wie der Technikblogger Jacques Mattheij vorrechnet.[17] Mit über 3000 Prozessoren und einem Megawatt (50.000 Mal mehr als Lee Sedols Hirn) verbrauche es die Ressourcen eines Großrechners. Daher sei der Go-Kampf zwischen Mensch und Maschine ein Rennen zwischen einem Fahrrad und einem Formel-1-Wagen gewesen, meint Mattheij.

An dieser Stelle liegt die Achillesferse von Googles medienwirksamer Inszenierung mit dem Titel: »Der-Computer-ist-dem-Menschen-überlegen«. Es ist noch immer umgekehrt, wie eine simple Rechnung von Dharmendra Modha zeigt: Um die Aktivität des menschlichen Gehirns in seiner Gänze zu simulieren – das erklärte Ziel von Hirnforschern – wäre ein etagenfüllender Supercomputer und mit 100 Megawatt die elektrische Leistung eines Kraftwerks nötig.

Für Jacques Mattheij lautet daher die eigentliche Frage: Wie lange wird es dauern, bis ein Computer einen Go-Meister schlägt, ohne dafür mehr Energie zu verbraten als dieser?

---

15) http://googleresearch.blogspot.de/2016/01/alphago-mastering-ancient-game-of-go.html
16) Das Computernetzwerk, auf dem AlphaGo läuft, braucht beim Spielen geschätzte 6,4 Kilowatt Strom.
17) http://jacquesmattheij.com/another-way-of-looking-at-lee-sedol-vs-alphago

Was lernen wir daraus? Unsere Computer tun sich sehr schwer bei der Nachahmung der Natur. Was daran liegt, dass sie ganz anders gebürstet sind. Sie rechnen mit Zahlen, Rechenschritt für Rechenschritt. Eine Methode, die oft sogar Supercomputer mit ihren Tausenden von superschnellen Gigahertz-Prozessoren, die in jeder Sekunde Billionen von Rechenschritten ausführen können, an ihre Grenzen führt.

Dass der klassische Computer so gestrickt ist, hat mit seiner Geschichte zu tun. Denn ein neues Zeitalter heraufzubeschwören, ähnlich wie die Dampfmaschine das Industriezeitalter, dafür war er nie gedacht.

Vielmehr als eine Wahrheitssuchmaschine.

Deren Story beginnt mit einem franziskanischen Mystiker aus Mallorca – vor fast 800 Jahren.

2 Das fruchtbare Scheitern der Wahrheitsmaschine

Mit Gottesbeweisen ist das so eine Sache. Manche davon klingen zwar richtig logisch. Nicht religiöse Eiferer haben sie sich ausgedacht, sondern kühle Denker, Speerspitzen des Intellekts ihrer Zeit. Leute wie der griechische Philosoph Aristoteles, Erfinder des logischen Denkens, Thomas von Aquin, führender Kirchenlehrer des Mittelalters, oder der französische Philosoph René Descartes, einer *der* Vorkämpfer des rationalen Denkens schlechthin.

Gott ist trotzdem eine Glaubensfrage geblieben.

Man könnte den Kopf schütteln über die Geistesgrößen. Ähnelt der Versuch, ein übernatürliches Wesen mit wissenschaftlichen Mitteln nachzuweisen, nicht demjenigen, die verstorbene Oma mit dem Smartphone anzurufen?

Vielleicht. Aber es gab vor Jahrhunderten auch Leute, die sich mit nachgebauten Vogelflügeln von Türmen stürzten. Die Flugfähigkeit des Menschen war für sie eine Frage der Technik. Und sie behielten Recht. Die genannten Abenteurer des Geistes taten Ähnliches. Sie testeten, wie weit die Flügel des Denkens trugen, indem sie sich in waghalsige Denkexperimente warfen.

Ihre Gottesbeweise zeugen weniger von der Existenz Gottes als von der Idee, dass Erkenntnis eine Frage der Technik ist.

Technik? Das klingt nach Maschine. Wir sind doch keine Computer, oder? Das nicht, aber die Methode der großen Denker war oft Logik. Logisches Denken funktioniert in der Tat wie eine Maschine, in der man von Prämissen ausgeht, diese schrittweise verarbeitet, und aus der hinten eine neue Aussagen herauskommen, die eindeutig als »wahr« oder »falsch« etikettiert sind.

Die Frage ist nur, wie viel Realität sich durch Logik erschließen lässt. Was wahr ist oder falsch, darüber lässt sich in einer komplexen Welt oft trefflich streiten. Wobei der Austausch von Argumenten der günstige Fall ist, wie ein flüchtiger Blick in die Tageszeitung bestätigt. Kaum ein Tag vergeht, an dem Islamisten nicht versuchen, ihre Version der Wahrheit in die Köpfe zu bomben.

Im Mittelalter wollte auch der katalanische Franziskanermönch Ramon Llull die aus seiner Sicht Ungläubigen, die Muslime, von der Richtigkeit der christlichen Lehre überzeugen. Dabei griff er zu deutlich zivilisierteren Mitteln als religiöse Fundamentalisten das heute tun. Mittel, die er als zwingender erachtete als rohe Gewalt.

Llull war einer der exzentrischsten Gelehrten des Mittelalters, für die einen ein Erleuchteter, für andere ein Narr, von einem Papst als Ketzer verdammt, von einem anderen selig gesprochen.

Der Sohn eines katalanischen Ritters, um 1232 in Palma de Mallorca geboren, lebte zunächst wenig bettelmönchisch: Prinzenerzieher, Lebemann, Troubadour, verheiratet, zwei Kinder. Dann, mit 30, ein mystisches Erlebnis: Der gekreuzigte Jesus erschien Llull auf einem einsamen mallorquinischen Berg. Es folgte eine 180-Grad-Wende im Lebensstil. Der Bonvivant schaltete auf geistig und trat dem franziskanischen Orden bei.

Auf Mallorca lebte Llull an einer Schnittstelle der Religionen. Kurz vor seiner Geburt hatte Jakob I., König von Aragón, die Insel von den Mauren zurückerobert, dort bleibende Muslime wurden versklavt. Von einem dieser Sklaven lernte Llull arabisch. Die islamische Welt war damals führend in Mathematik, Philosophie und Logik. Schon um 800 importierte der arabische Gelehrte al-Chwarizmi die Null vom indischen in das arabische Zahlensystem und damit auch das Rechnen im Dezimalsystem, das wir heute noch nutzen. Der Universalgelehrte beschrieb systematisch-logische Rechenverfahren. Die Römer nannten den Mathematiker »Algoritmi«. Davon rührt der Begriff Algorithmus, den wir heute landläufig mit Computerprogramm übersetzen. Die Bedeutung ist allerdings breiter: Jedes eindeutige Rezept aus aufeinanderfolgenden, klar definierten Schritten ist ein Algorithmus, zum Beispiel eine Wegbeschreibung: da vorne links, dann an der Ampel rechts, an McDonalds vorbei …

Ramon Lull sog das orientalische Wissen auf. Sein erstes Buch (es folgten ca. 260 weitere) handelte von der Logik des persischen Gelehrten Abu Hamid al-Ghazali.

Aber warum taucht ein Mystiker so tief in die Methodik vernunftgeleiteten Schlussfolgerns ein? Hat er nicht Gott, sozusagen auf direktem Weg, in einer Vision gesehen? Llull betrachtete die menschliche Denkfähigkeit als Hilfsmittel der Theologie. Er glaubte, durch folgerichtiges Denken lasse sich die Richtigkeit der christlichen Lehre *beweisen*.

Die Idee der friedlichen Missionierung der islamischen Völker lag nahe. Wörter statt Schwerter war sozusagen Llulls Devise. Ein Verfahren, das er auf Reisen nach Nordafrika an den dort lebenden Muslimen testete.

Um sich beim Kombinieren theologischer Begriffe mühsame Gedankenarbeit zu sparen, konstruierte Llull eine Art frühen Computer. Drei runde Scheiben, unterschiedlich groß, an einer Achse drehbar befestigt. Wie Zifferblätter zeigen sie Symbole. Die Idee dahinter: Dreht man Schritt für Schritt die Scheiben, wobei die nächst größere Scheibe erst beim Volldurchlauf der unteren um einen Schritt weitergedreht wird, erhält man alle möglichen Kombinationen der Symbole.

Llull hatte eine Art Code entwickelt, der jedem Symbol eine klare, eindeutige Bedeutung zuwies. Darunter waren etwa die Eigenschaften Gottes wie Güte, Größe oder Ewigkeit. Durch die Kombination der Räder konnten, so der nicht unbescheidene Anspruch, alle Aussagen über Gott auf mechanischem Wege produziert werden. Freilich sagt das noch nichts darüber, ob die jeweilige Aussage wahr oder falsch ist.

Die von ihm gewünschte Vereinigung von Christentum, Judentum und Islam gelang Llull zwar nicht. Doch seine Grundidee war mächtig. Er versuchte als einer der Ersten, logisches Denken durch eine Maschine zu unterstützen, die einen Algorithmus ausführt. Seit Llull *kann der Mensch Wissen auch außerhalb seines Gehirns produzieren*. Der Franziskaner gilt als einer der Vorväter der Informatik.

Maschinen für das schnöde Zahlenrechnen

Doch die nächsten 400 Jahre lebte die Idee vom maschinellen Denken nur in einer Art Sparversion weiter, reduziert auf das bloße Zahlenrechnen.

Dafür gab es auch vor Llull schon mechanische Vorrichtungen. Man wollte sich damit einfach den Handel mit Waren erleichtern oder das Verwalten von Gütern. Unsere Worte »rechnen« und »kalkulieren« kommen von diesen Mechanismen, unsere Sprache birgt also die maschinelle Natur des Zahlenrechnens. »Ordnen und sortieren« wurde im Mittelhochdeutschen mit »rechen« bezeichnet, was sich auf das Ordnen von Zählsteinen bezieht, die die Römer »calculi« nannten, wovon wiederum sich »kalkulieren« ableitet.

Die Mesopotamier nutzten schon vor Jahrtausenden solche Zählsteine, um Waren zu verwalten und Ähnliches. Durch ihre Form oder darauf eingravierte Symbole stellten sie Zahlen dar, ein konisches Steinchen zum Beispiel die Zahl eins. Die Römer legten Zählsteine in Kerben auf einer postkartengroßen Kupfertafel, den so genannten Abakus. Durch Verschieben der Steinchen in den Kerben zählte man die Einer, Zehner etc. und führte Additionen und Subtraktionen aus.

Es dauerte dann eine Weile für die nächsten größeren Schritte, mit denen sich der Mensch der lästigen Rechenarbeit entledigen wollte. Neuzeitliche Tätigkeiten wie Landvermessung, Steuereintreibung oder Wissenschaft, das Berechnen von Planetenbahnen etwa, trieben die Entwicklung voran. Gottfried Wilhelm Leibniz, der *alles* unter der Sonne erforschte, hoffte dabei auf maschinelle Hilfe: »Es ist ausgezeichneter Menschen unwürdig, gleich Sklaven Stunden zu verbringen mit Berechnungen«, meinte der Universalgelehrte des 17. und frühen 18. Jahrhunderts.

Vor Leibniz entwarf schon Wilhelm Schickard eine Rechenmaschine, von der nur Konstruktionszeichnungen und Beschreibungen übrig sind. Der Tübinger Astronom und Mathematiker berichtete, sie auch gebaut zu haben. Dass sie funktioniert haben konnte, beweist ein Nachbau. Etwas später, um 1650, baute der Franzose Blaise Pascal ebenfalls eine Rechenmaschine, Pascaline genannt. Damit wollte er seinem Vater, ein Steuereintreiber des Königs, die Arbeit erleichtern.

Die zentralen Bauteile der Pascaline und von Schickards Maschine sind Zahnräder, deren Zähne die Zahlen darstellen. Beide Maschinen konnten addieren und subtrahieren. Eine Art Uhrwerk wandelt die Eingabe, etwa die beiden zu addierenden Summanden, in eine Ausgabe um, die Summe oder Differenz. Die Mechanismen der beiden frühen Informatiker waren so ausgeklügelt, dass sie den Zehnerübertrag automatisch ausführten, also das »eins gemerkt« oder »zwei gemerkt«, wie es bei Additionen und Subtraktionen auftritt.

Welch eine Banalisierung im Vergleich zum Anspruch von Ramon Llull, oder? Der wollte mit einer Maschine Gott erklären! Nun sollten Maschinen helfen, Steuern einzutreiben. Von hoher Philosophie zu schnödem Zahlenrechnen. Ein Abstieg.

Wirklich? Für Leibniz nicht. Der wollte beides gleichzeitig. Zunächst aber erst einmal Rechenmaschinen verbessern. Sein Ziel war eine Rechenmaschine, die alle vier Grundrechenarten beherrscht, neben Addieren und Subtrahieren also auch Multiplizieren und Dividieren. Er erfand hierfür die so genannte Staffelwalze. Diese repräsentierte die zehn Ziffern 0 bis 9 in Form von neun Stegen unterschiedlicher Länge auf einem drehbaren Zylinder. Das war feinmechanisch weniger anspruchsvoll und fehleranfällig, als mit Zahnrädern zu zählen. Leibniz nahm seine Konstruktionspläne und fuhr nach Paris, wo die damals besten Mechaniker lebten. Die halfen ihm. Im Jahr 1673 demonstriere Leibniz seine Maschine. Trotz der Staffelwalze arbeitete sie an den Grenzen der damaligen Feinmechanik, Fertigungsprobleme behinderten das fehlerfreie Funktionieren. Ein korrekt arbeitender Nachbau gelang erst 1990 in Dresden durch den DDR-Computerpionier Nikolaus Joachim Lehmann.

Das Skelett des Denkens

Leibniz interessierte sich aber nicht nur für das Zahlenrechnen. Er war eben alles in einem: Erfinder, Mechaniker, Sprachwissenschaftler, Mathematiker, Philosoph. Sein Bild von der Wissenschaft war entsprechend: Sie bilde eine Einheit, meinte er. Sein Denken war vom Idealismus geprägt, der Vorstellung also, dass hinter der Wirklichkeit Ideen stecken. Die Dinge sind demnach vom Geist produzierte Abbilder. Begriffe sind realer als die Realität, die sie beschreiben.

Daher sah Leibniz in der Sprache ein veritables Mittel der Erkenntnis. Sprache war auch eine seiner Stärken: Mit acht erhielt er Zugang zur Bibliothek seines Vaters, ein Leipziger Jurist und Ethikprofessor, und las von da an lateinische und griechische Texte.

Was den Philosophen in Leibniz störte, war die Unschärfe der Alltagssprache. Wenn zwei dasselbe sagen, meinen sie nicht unbedingt das Gleiche. Ein Beispiel: Sowohl Physiker als auch Yogis verwenden den Begriff »Energie«. Der Physiker meint aber etwas, das man in Kilowattstunden oder Joule präzise messen kann, während der Yogi eher etwas Wolkiges damit ausdrücken will, das den Körper durchströmt. Die beiden werden gewisse kommunikative Grenzen erfahren, wenn sie über Energie diskutieren.

Leibniz arbeitete an einer künstlichen Sprache, die kraft ihrer Eindeutigkeit solche Missverständnisse verhindern sollte, ein »Alphabet der menschlichen Gedanken«, wie Leibniz schrieb. Leibniz wählte dafür Begriffe wie Erde, Wasser, Luft und Feuer, Trockenheit, Feuchtigkeit etc. Dazu wollte er eine Art Grammatik entwickeln, die die Beziehungen zwischen den Begriffen regelt. So definierte er etwa, dass sich Feuchtigkeit und Hitze kombinieren lassen (zu Luft), Feuchtigkeit und Trockenheit aber nicht. Sinn der Grammatik war es, aus den Grundbegriffen komplexere Begriffe zusammenzusetzen und somit ein vollständiges Begriffssystem zu entwickeln, das die ganze Wirklichkeit darstellt .

Hier zeigt sich auch der Mathematiker Leibniz: Ähnliches gibt es bei den natürlichen Zahlen. Jede ganze Zahl lässt sich als ein Produkt von Primzahlen darstellen. Nur die Primzahlen sind nicht zusammengesetzt. Die Primzahlen wirken somit wie die Grundbegriffe und die Multiplikation ist die Operation, die aus diesen komplexere Begriffe formt.

Genauso wie man die natürlichen Zahlen herunterrattern kann, wollte Leibniz mit einer Kunstsprache alle möglichen Gedanken förmlich *aufzählen*. Er glaubte, wie zuvor schon Ramon Llull, denken sei eine Art Rechenprozess. Seine Kunstsprache wäre eine Art Universalsprache gewesen, die *alles* unter der Sonne ausdrücken könnte.

Fruchtloser Gelehrtenstreit sollte der Vergangenheit angehören, wie folgendes Leibniz-Zitat zeigt: »Sollten Kontroversen auftauchen, gäbe es zwischen zwei Philosophen nicht mehr Bedarf an einem Disput als zwischen zwei Buchhaltern. Denn es würde ausreichen, wenn sie ihre Stifte nähmen, sich an ihre Tafeln setzten und sich sagten: Lasst uns rechnen!« Damit dachte Leibniz den modernen Computer voraus. Denn auch dieser ist eine Universalmaschine, die alles berechnen kann, was sich berechnen lässt.

Das Genie hatte denn auch ganz konkret die Idee, das Denken maschinell zu unterstützen, wenn nicht gar zu ersetzen. Solche Denkmaschinen sollten laut Leibniz nicht direkt mit sprachlichen Begriffen rechnen, wie das noch bei Llull der Fall war. Sie würden die Sprache der Mathematik sprechen. Daher sollte der logische Apparat *Zahlen* verarbeiten. Ein weiterer Vorgriff auf den späteren Computer. Dieser tut auch nichts weiter als Zahlen gemäß bestimmter Regeln zu manipulieren. Die Zahlen sind codierte Symbole, die wiederum für Begriffe stehen.

Leibniz dachte sogar die heute in Computern üblichen Binärzahlen voraus, mit denen so eine Symbolmanipulationsmaschine arbeiten sollte, also die Nutzung von nur zwei Ziffern: 0 und 1. Bei ihm hatte das sowohl praktische als auch philosophische Gründe.

Praktische, weil sich mit Binärzahlen sehr einfach rechnen lässt.

Dazu ein Beispiel.

Es sollen 3 und 5 addiert werden.

Beim binären Zahlensystem bedeuten die Stellen nicht *Einer*, *Zehner*, *Hunderter* usw., also die Potenzen von 10, sondern die Potenzen von 2, somit *Einer*, *Zweier*, *Vierer*, *Achter* usw.

Die Zahl 3 ist ein *Einer* plus ein *Zweier* also: 11. Die Zahl fünf ist ein *Einer*, kein *Zweier* und ein *Vierer*, also 101. Addiert wird wie im Dezimalsystem: Man schreibt die Zahlen übereinander und zählt die Ziffern in jeder Spalte zusammen. Dieses Verfahren ist übrigens ein Algorithmus, da man eine eindeutig festgelegte Abfolge von Rechenschritten ausführen muss.

Hier also:

```
  011
+ 101
```

Leibniz war begeistert davon, dass man in jeder Spalte nur die Einsen *zählen* muss und gar nicht rechnen. Ist die Anzahl gerade, schreibt man eine Null darunter und ist sie ungerade, eine eins. Freilich gibt es auch hier einen Übertrag. In der linken Spalte haben wir zwei Einsen, also kommt eine Null heraus. Dazu einen Übertrag von eins in die Spalte links davon. Nun haben wir auch in der zweiten Spalte zwei Einsen, es geschieht das

Gleiche. Dito nun in der dritten Spalte, so dass das Ergebnis in binärer Schreibweise lautet: 1000.

Das ist einmal ein *Achter*, also die Zahl 8. Ähnlich simpel geht es mit den anderen Grundrechenarten.

Der philosophische Grund für Leibniz, Binärzahlen zu verwenden: Er sah sie quasi als Code der Schöpfung. Die Null identifizierte er mit dem Nichts. Die Eins hingegen mit Gottes Wort. Aus dem Nichts, somit der Null, habe Gottes Wort, die Eins also, die gesamte Welt erschaffen. Er drückte es so aus: »Um alles aus dem Nichts herzuleiten, genügt Eines.«

Vom Rechnen mit Binärzahlen versprach sich Leibniz also tiefe Einblicke in das Gewebe der Welt. Eine Maschine, die mit null und eins rechnet, hätte somit das Potenzial der Welterklärung.

Tatsächlich skizzierte Leibniz in einem seiner vielen Manuskripte so eine binäre Rechenmaschine, er nannte sie »Machina arithmeticae dyadicae«:

»Eine Büchse soll so mit Löchern versehen sein, dass diese geöffnet und geschlossen werden können. Sie sei offen an den Stellen, die jeweils 1 entsprechen, und bleibe geschlossen an denen, die 0 entsprechen. Durch die offenen Stellen lasse sie kleine Würfel oder Kugeln in Rinnen fallen, durch die anderen nichts.«[1]

Das erinnert nicht nur an die als Datenspeicher für frühe Computer genutzten Lochkarten. Sondern auch an mechanische digitale Computer, wie sie in den 1930er- und 40er-Jahren Konrad Zuse konstruierte. Auch er nutzte Bleche, in die er Löcher sägte. Leibniz' Manuskript ist mehr als 250 Jahre älter. Mit dieser Idee war er wohl seiner Zeit allzu weit voraus. Seine binäre Rechenmaschine baute der vielseitige Gelehrte nie.

Dennoch rief Leibniz seine Nachwelt zur Jagd nach einer modernen Version des Gottesbeweises: nach der *beweisbaren* Wahrheit. Alles ist belegbar, wenn man nur die Sprache von ihrer Unschärfe und Widersprüchlichkeit befreit, glaubte mancher gewichtige Forscher bis ins 20. Jahrhundert hinein.

Was dann folgte, zeigt, dass sich mit reiner Logik tatsächlich die Welt entdecken lässt. Ein Stück weit zumindest, und zwar ganz ohne Beobachtung, ohne Mikroskope oder Fernrohre, lässt sich die Wahrheit *ausrech-*

---

1)   [1679Lei]

nen. Nur, indem sich die Gedanken eines disziplinierten Wissenschaftlers an die Pfade des folgerichtigen Denkens hielten.

Die Grundlage dafür bildete die konsequente Formalisierung der Mathematik. Man redete nicht mehr von »Baum«, »Eimer« oder »Garten«, sondern von A, B und C. Setzte also Symbole an die Stelle der Dinge. Auch die Beziehungen zwischen den Dingen sollten durch einen festen Satz an Symbolen beschrieben werden. Etwa die Beziehung »Wenn A, dann B« durch das Symbol »=>«.

Diese abstrakte, strenge Kunstsprache ähnelt einem Spiel, mit dem sich eine Vielzahl von Stellungen durchdeklinieren lässt.

Schach ist ein Beispiel dafür: Die Felder und die Figuren bilden ein System von Symbolen. Für die Interaktion dieser Symbole gelten Regeln, z.B. kann der Läufer diagonal über das Feld ziehen, der Springer darf über andere Figuren springen etc.

Ein Schachspieler dürfte sich indessen kaum dadurch ablenken lassen, dass der Springer als ein berittener Soldat interpretiert werden kann. Für den Spieler gibt es nur die Symbole und die Regeln. Die Figürlichkeit ist lediglich Beiwerk. Es gibt auch Schachspiele, wo der Springer kein Ritter ist, sondern Maggie Simpson auf einem Schaukelpferd. Der Schachweltmeister Magnus Carlsen wird damit genauso brillant spielen wie mit einem klassischen Brett.

Formale Logik ist eben reine Mathematik, es geht um Folgerichtigkeit an sich, nicht um die Interpretation der Symbole. Pioniere dieser auch »Logikkalkül« genannten Disziplin waren der Brite George Boole und der Deutsche Gottlob Frege im 19. Jahrhundert. Boole und Frege machten aus dem Denken ein rein abstraktes Geschehen. Sie reduzierten das Denken auf sein blankes Skelett.

Einen Minimalsatz an Streben und Gelenken, die man braucht, um beliebig komplexe Aussagen zu bauen. Wie bei *fischertechnik* oder *Lego*, bei denen ein paar Grundelemente zu verblüffend komplizierten Apparaten kombiniert werden können, schafft die formale Logik aus ein paar Grundaussagen, die man als wahr annimmt, eine beliebige Menge relativ einfacher, aber auch komplexerer Wahrheiten. Ähnlich wie Schachspieler während einer stundenlangen Partie eine Unmenge an Stellungen entwickeln.

Der Clou daran ist folgender: Jede so konstruierte Aussage ist *wahr* in dem Sinne, dass sie sich herleiten lässt. Der Beweis einer Behauptung ist dann durch ihre Herleitung gegeben. Die Herleitung, also der Beweis, führt entlang eindeutig und klar definierter Einzelschritte, also einem Algorithmus. Wie wenn ein Spieler behauptet: »Matt in drei Zügen«, und dies dann auch tatsächlich umsetzt.

Die Bool'sche Logik veranschaulicht dies. George Boole, 1815 in Lincoln (England) geboren, war ein mathematischer Autodidakt, der lediglich die Grundschule besucht hatte und dennoch, kaum über 30, zum ersten Professor für Mathematik des Queens College im irischen Cork (heute University Cork) aufstieg. Sein Interesse an Logik hatte er von seinem Vater, einem Amateur-Mathematiker. Boole wollte die Logik auf ein exaktes Fundament stellen. Das gelang ihm mit seinem Hauptwerk »Eine mathematische Analyse der Logik« (1847).

Darin schildert er Verfahren, wie sich wahre Aussagen von falschen unterscheiden lassen. Ein Beispiel dafür ist Booles logisches »UND«, das zwei Aussagen, nennen wir sie A und B, verknüpft. Wenn beide wahr sind, dann auch »A UND B«.

Eine Veranschaulichung mit Hilfe von Alltagsbegriffen: »Regen UND Regenbogen« ist nur wahr, wenn es regnet und gleichzeitig ein Regenbogen zu sehen ist. Wenn es zwar regnet, es aber keinen Regenbogen gibt, dann ist »Regen UND Regenbogen« *falsch*.

Es gibt auch Booles logisches »Oder«, kurz OR. Demnach ist »Regen OR Regenbogen« neben dem oben geschilderten Fall auch dann wahr, wenn ein Regenbogen, aber kein Regen zu beobachten ist oder umgekehrt. Falsch ist die Aussage nur, wenn es weder regnet noch ein Regenbogen zu sehen ist.

Bei obigem Beispiel haben wir A durch »Regen« ersetzt und »B« durch »Regenbogen«. Das ist eine Interpretation, die dem Abstrakten eine Bedeutung gibt. Man könnte genauso gut A = »Weißwurst« und »B« = »Weizenbier« setzen.

Bei Interpretationen wie »Regenbogen« oder »Weizenbier« muss man allerdings aufpassen. Sonst lassen sich völlige Gaga-Aussagen wie »Der Mond ist aus Käse« formal-logisch korrekt herleiten. Mithilfe des so genannten Syllogismus etwa. Dieser hat folgende abstrakte Form:

Voraussetzung 1:   Alle A sind B
Voraussetzung 2:   C ist A
Schlussfolgerung: C ist B

Setzen wir spaßeshalber ein:

A = »Himmelskörper«,
B = »aus Käse«,
C = »Mond«.

Dann bekommen wir:

Voraussetzung 1:   Alle Himmelskörper sind aus Käse.
Voraussetzung 2:   Der Mond ist ein Himmelskörper.
Schlussfolgerung: Der Mond ist aus Käse.

Das Gehirn hat bei dieser Schlussfolgerung korrekt funktioniert. Der Fehler liegt in einer der Voraussetzungen.

Hilberts Welterklärungsprogramm

Doch wie mächtig ist die formale Logik eigentlich? Wie viel Wahrheit lässt sich mit ihrer Hilfe enthüllen? Jede, glaubte David Hilbert. Der deutsche Mathematiker war ein Optimist. Unlösbare Probleme? Gibt's nicht, da war er sich sicher. Zwar bezog er das als Erstes auf sein Fach, die Mathematik, doch auch in den Naturwissenschaften würden letztlich alle Wahrheiten enthüllt werden, glaubte er. Vor angeblich unknackbaren »Welträtseln«, wie sie sein Zeitgenosse Emil Heinrich Du Bois-Reymond 1880 vorstellte und wozu dieser die Entstehung des Lebens oder die Willensfreiheit des Menschen zählte, wollte Hilbert nicht kapitulieren. »Wir müssen wissen. Wir werden wissen«, warf er Skeptikern entgegen, die sich hinter Du Bois-Reymond und dessen Leitspruch »Wir wissen es nicht und wir werden es niemals wissen« versammelten. Für Hilbert war das Chaos der Welt nur eine Art falscher Eindruck.

Für sein Ziel schuf er ein Programm, das die brillantesten Köpfe seines Fachs jahrzehntelang beschäftigte. Als einer der damals führenden Mathematiker Deutschlands wurde Hilbert im Jahr 1900 eingeladen, in Paris eine Grundsatzrede über den Stand des Fachs zu halten. Diejenigen, die von dem damals 39-Jährigen erwartet haben sollten, dass er voller

Ehrfurcht auf das bisher Erreichte des Fachs zurückblickte, musste Hilbert enttäuschen. Er tat das genaue Gegenteil und präsentierte eine Liste der, wie er meinte, wichtigsten ungelösten mathematischen Fragen und Probleme. Hilbert wollte seine Kollegen dazu anspornen, die Brache des Unwissens so weit wie möglich in blühende Landschaften des Wissens zu verwandeln.

Als starke Erkenntnismaschine betrachtete er die mathematische Logik und folgte damit der Tradition von Leibniz, Boole oder Frege. Er glaubte daran, dass Wahrheit und Beweisbarkeit eins waren.

Um seinen Glauben zu untermauern, gab er in Paris seinen Kollegen folgende Hausaufgabe:

Lässt sich wirklich jede Aussage der Mathematik beweisen oder widerlegen? Das würde bedeuten, dass es für jede Wahrheit einen Algorithmus gibt, um sie herzuleiten. Es gäbe keine *Lücken* im Gebäude des logischen Denkens. Man könnte Intuition durch Regeln ersetzen, forschen durch rechnen. Nicht besonders romantisch, aber effektiv.

Dreißig weitere Jahre durfte Hilbert seinen Optimismus genießen, Jahre, in denen die Wissenschaft riesige Sätze nach vorne machte, etwa durch die Entwicklung der Quantenphysik und Einsteins Relativitätstheorien. Und zwar nicht zuletzt durch Logik.

Ein Paradebeispiel für eine *berechnete Entdeckung* ist die der Antimaterie durch den britischen Physiker Paul Dirac (1902–1984). Dirac war ein richtiger Nerd. Sein autoritärer Vater, ein Französischlehrer, verlangte von ihm, zu Hause nur Französisch zu reden, um die Sprache zu lernen. Weil Dirac so aber nicht genau ausdrücken konnte, was er meinte, zog er es vor zu schweigen. Zeitlebens mied Dirac Kommunikation, die sich im Vagen bewegte, und war äußerst wortkarg. Spätere Kollegen definierten als die Einheit »1 Dirac« ein Wort pro Stunde. Als Dirac einmal einen Vortrag hielt, sagte ein Zuhörer: »Ich verstehe die Gleichung in der rechten oberen Ecke der Tafel nicht.« Nach einer langen Stille fragte der Moderator Dirac, ob er die Frage nicht beantworten wolle. Daraufhin Dirac: »Das war keine Frage, es war ein Kommentar.« Mit dieser Pedanterie fand der Physiker freilich nur holprig durchs Leben. Doch für seine Forschung war sie sehr nützlich. Sich selbst charakterisierte er gegenüber dem späteren Physik-Nobelpreisträger Richard Feynman mit den Worten: »Ich habe eine Gleichung. Haben Sie auch eine?«

Diracs Gleichung beschreibt das Elektron, ein negativ geladenes Elementarteilchen, unter dem Einfluss der beiden großen neuen Theorien des 20. Jahrhunderts, der Quantenphysik und der Relativitätstheorie. Dirac verband die Formeln für das Elektron aus beiden Theorien. Die Lösung der sich daraus ergebenden Dirac-Gleichung lieferte Unerhörtes: Neben einem Elektron mit positiver Energie gibt es eines mit *negativer* Energie. Eine Art Spiegelelektron. Dirac sagte damit die Existenz des Positrons voraus, das Antiteilchen des Elektrons, das statt einer negativen eine positive Ladung trägt. So fand er die Antimaterie in seinem Kopf, mit Hilfe von Papier und Bleistift. Tatsächlich beobachtet wurden Positronen in der kosmischen Strahlung kurz *nach* Diracs geistiger Entdeckung.

Die Quantenphysik hat noch viel mehr offenbart. Ohne sie würden wir nicht wissen, wie Atome und Moleküle funktionieren, es gäbe wohl keine Halbleitertransistoren und damit keine digitale Revolution, es gäbe keine Laser, also auch keine BlueRay-Spieler, und in der Zukunft keine Quantencomputer.

Dabei ist die Quantenphysik etwas sehr Formales, sie könnte aus der Feder Hilberts stammen (tut sie zum Teil auch). Wer sie verstehen will, muss sich erst einmal von vielen Alltagsvorstellungen verabschieden, etwa wie das es fest abgegrenzte Teilchen gibt, die einer klar definierten Bahn folgen wie Billardkugeln. Als Realität muss er stattdessen eine *Wellenfunktion* akzeptieren, die indirekt jene Orte angibt, an denen sich das Teilchen gerade aufhalten *könnte*. Wie Schachfiguren auf einem Brett symbolisiert sie nichts, das man sich vorstellen könnte. Sie ist ein rein mathematisches Konstrukt, eingebettet in abstraktes Regelwerk, das dem an Begriffe wie Haus, Garten oder Fahrrad gewöhnten Geist allzu schlüpfrig erscheint. Hatten Physiker zu Hilberts Zeiten oft noch Probleme mit der Unanschaulichkeit dieser neuen Physik, so sehen viele heutige Physiker, nach Tausenden bestätigenden Experimenten, die Quantenphysik als die eigentliche Wirklichkeit hinter den Dingen an. Trotz ihres formalen Ursprungs.

Gödels eleganter Traumkiller

Trotz solcher Erfolge musste Hilbert im Jahr 1931 seinem Traum beim Platzen zusehen. Eine Art Trojanisches Pferd wurde in die mathematische Logik eingeschmuggelt, von einem schmächtigen 23-Jährigen aus Wien, Name: Kurt Gödel. Einer der Väter des Computers, John von Neumann, nannte Gödel »den größten Logiker seit Aristoteles«, für andere war er der »Mozart der Mathematik«, was angesichts seiner Vorliebe für Schlager vielleicht weniger passt. Schon zu Schulzeiten in Brünn (heute Brno, Tschechien) ließ sich Gödels Ausnahmetalent besichtigen: Grammatikfehler in Latein umfuhr er in Ideallinie und den Hochschulstoff für Mathe erledigte er schon mal im Gymnasium.

Später, als berühmter Mathematiker, stieg er zu Albert Einsteins liebstem Gesprächspartner auf. Gödel erklärte das damit, dass er »häufig entgegengesetzter Ansicht war und keinen Hehl daraus machte.«[2]. Überhaupt schien der Meisterlogiker Gefallen daran zu haben, mit seinem gnadenlosen Denken Dinge zu zerlegen: Als er sich in die USA einbürgern lassen wollte, legte er dem Richter der Anhörung haarklein dar, dass sich die amerikanische Verfassung ganz legal dazu missbrauchen ließe, eine Diktatur zu installieren. Zum Glück war sein Freund Einstein mit im Raum, den der Richter kannte. So ließ dieser Milde walten und Gödel wurde Ami.

Im wahren Leben naiv, hypochondrisch und am Ende paranoid, war Gödel in der Mathematik ein Titan. Es war nicht bloß ein Beben, das er in seiner Zunft auslöste. Er erzeugte einen veritablen Bruch. Mit einem einzigen Satz. Dieser so genannte Unvollständigkeitssatz[3] mutete der Logik das Vielleicht zu. Neben »falsch« und »wahr« mussten die Fans der Erkenntnismaschine nun eine dritte Schublade hinnehmen: »unentscheidbar«.

Um die abstrakten Gedankengänge Gödels greifbarer zu machen, habe ich seinen Geniestreich vereinfacht in eine Geschichte gepackt.

---

2) *http://www.tagesspiegel.de/wissen/mathematik-das-genie-und-der-wahnsinn/1139308.html*

3) Der Unvollständigkeitssatz hat zwei Teile. Hier geht es um den ersten Teil. Der zweite Teil besagt, dass sich die Widerspruchsfreiheit der Mathematik nicht mathematisch beweisen lässt.

Der Besucher

Es war einmal ein Land namens Deduktien. Die Deduktianer waren ein sehr kommunikatives und neugieriges Volk. Sobald ein Deduktianer etwas Neues erfuhr, hatte er das dringende Bedürfnis, es weiterzuerzählen. Nachrichten verbreiteten sich wie ein Lauffeuer in dem kleinen Land. Es dauerte keine zwei Stunden, bis sie von Veritania, der Hauptstadt am westlichen Ende des Landes, bis nach Logiculla im äußersten Osten vorgedrungen war.

Doch nicht jede Neuigkeit konnte sich verbreiten. Die Deduktianer waren dazu verdammt, immer die Wahrheit zu sagen. Denn sie konnten nur Sätze aussprechen, die sich aus allem, was schon einmal von einem Deduktianer gesagt worden ist, streng ableiten ließen. Ihr Gehirn prüfte unterbewusst und in rasendem Tempo, ob eine Neuigkeit herleitbar war oder nicht. Wenn nicht, konnte es ein Deduktianer nicht aussprechen. Wenn er es dennoch versuchte, bekam er ein unerträgliches Stechen im Kehlkopf. Zwar konnten Deduktianer alles denken, aber sprechen konnten sie nur das logisch Richtige.

Sie waren somit immun gegen Vieldeutigkeit und Lüge. Die Deduktianer verachteten das Nicht-Sprechbare, denn es musste ja Lüge sein! Nur Ausländer gaben wertlosen Wortmüll von sich. Sie logen, dass sich die Balken bogen! Den ausländischen »Lügenmäulern« fühlten sich die Deduktianer haushoch überlegen.

Die Deduktianer verehrten ihren Urvater Axiomus, der vor Jahrhunderten die Ursätze gesprochen hatte. Aus Kombinationen seiner Grundwahrheiten gingen die ersten komplexeren Sätze hervor. Dann immer mehr, immer gehaltvollere und komplexere Aussagen. Erst zehn, dann 50, dann immer mehr und mehr ...

Die Wahrheiten vervielfältigten sich wie eine Algenblüte. Entsprechend war das Wissen der Deduktianer seitdem immens gewachsen. Weil sie jedes neue Wissen sofort miteinander teilten, hatte jeder Deduktianer es in seinem Gehirn gespeichert. Die Deduktianer fixierten ihr Wissen aber auch schriftlich. Es füllte gigantische Bibliotheken. Halb Veritania bestand aus Bibliotheken. Das Ziel der deduktianischen Kultur war das Allwissen. Jeder Deduktianer hoffte, dessen Ankunft erleben zu dürfen. Man würde es bemerken, wenn irgendwann keine sprechbaren Neuigkeiten mehr auftauchen würden.

Eines Tages kam ein junger, sehr schlauer Ausländer, ein Logiker namens Kuno Goddel, nach Veritania. Er hatte im Ausland Deduktisch studiert. »Welche Anmaßung!«, dachten sich die Bibliothekare von Deduktia, als Goddel anfragte, ob er in den Bibliotheken die Wahrheit studieren dürfe. Doch sie fanden keine rechtliche Handhabe, es ihm zu untersagen. Das deduktische Wissen war offen.

→

Goddel war sehr neugierig und wollte alles in sich aufsaugen. Doch die Bibliothekare setzten ihn auf intellektuelle Diät. Angefragte Bände brauchten Wochen, bis sie auf dem ihm zugewiesenen Arbeitstisch landeten. Die Hüter des deduktischen Wissens bedachten Goddel mit abschätzigen Blicken und redeten kein Wort mit ihm. Einmal stellte Goddel einem Bibliothekar eine Frage zu einem Satz in einem der Bücher. Der verzog süffisant den Mund, schüttelte den Kopf, drehte sich um und ging.

Goddel ärgerte sich immens über die Arroganz der Bibliothekare. Diese Deduktier tun so, als hätten sie die Weisheit mit Löffeln gefressen, ärgerte er sich. Ich bin Logiker, dachte Goddel. Denen werde ich es zeigen!

Er hatte eine Idee, wie er die Deduktianer zur Verzweiflung bringen könnte. An einem Sonntag, es war still in den Straßen von Veritania, lief er zum Marktplatz und brüllte: »Neuigkeit, Neuigkeit!« Die Fenster öffneten sich, Deduktianer streckten zu Hunderten ihre Köpfe heraus.

Goddel stellte sich mitten auf den Platz, reckte die Hände gen Himmel, legte den Kopf in den Nacken und brüllte aus vollem Hals:

»Dieser Satz ist falsch!«

Die Deduktier sahen sich an. Ein paar von ihnen verschwanden von den Fenstern, um kurz darauf aus den Haustüren zu kommen und in die Seitengassen zu verschwinden. Sie wollten die Neuigkeit sofort weitererzählen. Einigen der Älteren und Erfahreneren aber fiel vor blankem Entsetzen die Kinnlade herunter. Sie ahnten schon, was gleich passieren würde.

Ein Junge brüllte zu einem Fuhrwerk, das gerade auf den Marktplatz fuhr: »Hey, schon gehört? Dieser Satz ... Aahrgh!« Er griff sich an den Kehlkopf.

Anderen, die durch die Stadt liefen, ging es nicht besser: »Dieser Satz ... Aaah.« Viele versuchten es immer wieder und wieder, mit entsetzt aufgerissenen Augen.

Goddel hingegen schnappte sich ein Pferd, ritt durch das Land und brüllte seinen Satz in jedem Dorf und in jeder Kleinstadt heraus. Überall das gleiche Bild. Die Deduktier verzweifelten daran, den Satz nicht aussprechen zu können. Sie konnten nicht aufhören, es zu versuchen. Tausende brüllten ihren Schmerz in die Welt. Deduktien geriet aus den Fugen. Wahnsinn verbreitete sich.

$\rightarrow$

Goddel hatte ihnen einen Satz geliefert, der sich nicht aus dem bisher Gesagten ableiten und somit nicht aussprechen ließ. Was bewies, dass er falsch war. Doch genau das besagte dieser vermaledeite Satz, wie die Deduktianer durchaus erkannten! Also war er richtig und musste doch gesagt werden können! Ein Widerspruch! Die Deduktianer hatten immer geglaubt, dass Sprechbarkeit und Wahrheit ein und dasselbe seien. Goddels Satz aber bewies seine Richtigkeit ausgerechnet dadurch, dass er sich *nicht* aussprechen ließ. Das Lügenmaul Goddel sprach die Wahrheit und sie, die Deduktier, konnten nur zuhören! Der deduktische Glauben an das Allwissen drohte zu zerbrechen. Es hatte keinen Sinn mehr, so viele Neuigkeiten wie möglich zu produzieren, um den Tag des Allwissens zu erleben. Es gab andere Ebenen der Erkenntnis außerhalb der Logik. Manche Dinge konnte man nur erkennen, wenn man aus dem System heraustrat.

Wochen später entschied der neu einberufene »Rat von Deduktien«, die Wissenschaft des Auslands zu benutzen, um den Schmerzmechanismus im Kehlkopf durch Gentherapie abzuschalten. Sonst könnte man das Allwissen nie erlangen.

Gödel hatte Ähnliches gemacht. Er hat »Dieser Satz ist falsch« in formale Logik übersetzt und ihn damit in dieses ach so perfekte System eingepflanzt wie einen Keim des Zweifels.

Konkret kodierte Gödel den selbstbezüglichen Satz mit den Symbolen der Formelsprache. Nennen wir Gödels Satz »U«. Dieser erstaunliche Satz U macht nun folgende Aussage: »U ist nicht beweisbar.«

Das Explosive an U ist seine bloße Existenz, die Tatsache, dass er sich als mathematische Formel *ausdrücken* lässt. Das hat Gödel geschafft. Den Rest erledigte der Satz selbst.

Überlegen wir: Angenommen, U ist falsch. Dann wäre das, was er aussagt, ebenso falsch. Also müsste er beweisbar sein. Beweisbar bedeutet aber wahr. Ein Widerspruch! Weil die Annahme falsch ist, trifft ihr Gegenteil zu: U ist wahr!

Jetzt kommt es ganz dick für Hilbert.

U ist also wahr. Damit hat Gödel gezeigt, dass Wahrheit und Beweisbarkeit nicht einmal innerhalb der formalen Sprache der Logik dasselbe bedeuten.

Mit seinem Unvollständigkeitssatz hat Gödel etwas fast Magisches erreicht. Eine Formel, die über sich selbst spricht! Die Mathematik tritt aus sich heraus und betrachtet sich, wie es sonst nur ein Mensch kann.

Somit hatte Gödel bewiesen, was vorher nur geahnt werden konnte. Die saubere Kunstsprache hat ähnliche Schwächen wie die schlampige Alltagssprache. Mit anderen Worten: Die Formeln erschließen die Wahrheit nur teilweise. Es bleiben notgedrungen Lücken erhalten.

Hilbert soll verärgert auf Gödels Trojanisches Pferd reagiert haben. Als Mann des Verstands musste er es aber akzeptieren. Immerhin blieb ihm noch für ein paar Jahre eine Resthoffnung. Es ging um die Macht von Algorithmen. Zwar hatte Gödel die unangenehme Klasse der unentscheidbaren Probleme eingeführt. Doch für alle anderen Aussagen, so hoffte Hilbert, sollte im Prinzip eine Maschine in der Lage sein, sie zu beweisen oder zu widerlegen.

Wenigstens der durch Logik zugängliche Teil der Wahrheit sollte sich mit Automaten erschließen lassen. Dieses so genannte Entscheidungsproblem zu lösen, hatte Hilbert der Mathematikergemeinde 1928 aufgetragen. Damit wäre alles Schlussfolgern auf rohes Rechnen reduziert worden. Leibniz' Traum wäre zumindest zum Teil Realität geworden.

Ein Brite, dessen mathematische Künste später, im Zweiten Weltkrieg, den deutschen Nachrichtenverkehr entschlüsseln würden, machte auch diese Hoffnung zunichte.

Jaja, im 20. Jahrhundert ging es echt bergab mit dem Traum von der Wahrheitsmaschine.

Dekonstruktion des Denkens

Aber von vorne. Im Mai 1926 legte ein Generalstreik Großbritanniens Eisenbahnen lahm. Doch das brachte den 13-jährigen Alan Turing nicht um den ersten Tag an seiner neuen Schule: Er radelte die 60 Meilen von Southampton nach Sherborne und erwarb sich unter Mitschülern prompt den Ruf eines Exzentrikers.

Den behielt er zeitlebens. Mit seinem Denkstil wich er erheblich vom Mainstream ab. Seine Originalität gab der Wahrheitsmaschine den Rest, schuf aber gleichzeitig einen neuen, viel mächtigeren Apparat. Einen, der die Welt ordentlich umkrempeln sollte.

Turing fragte sich, was Hilbert eigentlich konkret mit »Algorithmen« meinte.

Addieren und Multiplizieren von natürlichen Zahlen sind auf jeden Fall welche. Nun kommt Turings Kunstgriff: Er nahm sich das Denken des Menschen zum Vorbild. Er zerlegte das, was ein menschliches Gehirn beim Rechnen tut, in seine Einzelteile und tilgte alles Überflüssige. Den Rest gestaltete er so, dass ihn eine Maschine erledigen kann.

Nehmen wir als Beispiel die Addition 2358+1211.

Ist es wesentlich, ob der rechnende Mensch einen Bleistift nutzt oder einen Kugelschreiber? Sicher nicht. Ist es wichtig, dass er zwischendurch am Tee nippt? Blödsinn! Kommt es darauf an, dass er ein rechteckiges Blatt benutzt und die Zahlen untereinander schreibt: nein.

Genauso gut könnte er sie nebeneinander auf einen Streifen schreiben (siehe Skizze unten).

Nun betrachtete Turing, worauf sich jeweils die Aufmerksamkeit richtet: Der rechnende Mensch fängt von rechts an, merkt sich die letzte Ziffer der zweiten Zahl, also die 1, geht dann fünf Kästchen nach links, zur letzten Ziffer der ersten Zahl und merkt sich diese, also die 8. Im Kopf addiert er sodann 1+8. Das ergibt 9. Diese neue Ziffer schreibt er ganz rechts aufs Band.

Der Rechner (damals war das ein Beruf, den man in England »Computer« nannte) nimmt also eine Zahl nach der anderen ins Visier. Damit verbunden durchläuft sein Geist eine Reihe exakter Anweisungen. Von »Lese die erste Zahl« über »Lese die zweite Zahl« zu »Addiere die beiden Zahlen«

zu »Schreibe das Ergebnis auf das Band«. Insgesamt, so Turing, nimmt der Geist zum Zeitpunkt X einen Zustand ein und geht zu einem späteren Zeitpunkt zum nächsten Zustand über. Wobei der »Zustand« im Gedächtnis gespeicherte Ziffern und dazugehörige Anweisungen umfasst.

2	3	5	8	+	1	2	1	1	=	3	5	6	9

Turing entwarf nun eine Maschine, die diese elementaren Rechenschritte ebenfalls ausführte (Abb. 2–1). Sie erinnert an einen Kassettenrekorder. Auf einem Band stehen die Ziffern wie oben. Das ist die Eingabe. Ein beweglicher Kopf ist über dem Band angebracht. Er kann drei Dinge tun: Eine Ziffer von einem Feld lesen, sie löschen oder eine neue Ziffer auf ein leeres Feld schreiben. Zudem kann er von einem Feld zum nächsten gehen, sowohl nach links als auch nach rechts.

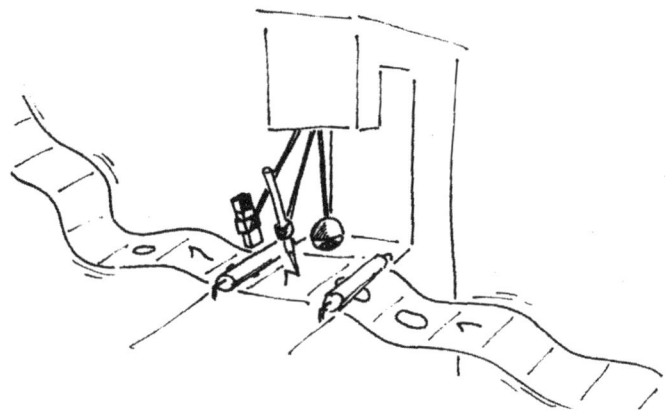

Abb. 2–1   Skizze einer Turingmaschine. Die drei Arme tragen (v.l.n.r.) Lösch-, Schreib- und Lesekopf. (Quelle: Matthias Homeister, »Quantum Computing verstehen«, Springer Verlag).

Der Kopf heißt nicht umsonst so: Er beherbergt das »Gehirn« der Turing-maschine, wie der Mathematiker Alonzo Church das Gedankenexperiment des exzentrischen Briten 1937 nannte. Das klingt komplizierter als es ist. Das »Hirn« ist schlicht eine Tabelle. Sie gibt die »Verhaltensregeln« der Turingmaschine an, indem sie für jede Eventualität festlegt, was als Nächstes zu tun ist.

Dabei spielen zwei Faktoren eine Rolle: erstens der gegenwärtige Zustand und zweitens, welche Zahl gelesen wird. Die jeweilige Kombination der beiden Faktoren legt drei Dinge fest. Erstens, welche Ziffer aufs Band geschrieben wird, zweitens, wohin der Kopf im nächsten Schritt wandert, und drittens, in welchen Zustand der Kopf wechselt.

Konkret könnte das in etwa so aussehen: Wenn du im Zustand »Addition der Einer« bist und gerade die Ziffern »1« und »8« gelesen hast, dann gehe zu dem Feld, wo die Einer der Summe stehen und schreibe dort »9« hin. Anschließend gehe in den Zustand »Einlesen der Zehner« über.

In der Tat können solche Listen sehr umfänglich sein. Aber darauf kommt es nicht an.

Wichtig ist die Verlagerung der Komplexität von der Hardware zur Software. Die Turingmaschine ist denkbar simpel aufgebaut und kann dennoch alles berechnen, was sich berechnen lässt. Einfach, indem man sie mit der entsprechenden Liste ausstattet.

Womit wir wieder bei der Ausgangsfrage wären, bei Hilberts Programm– jedoch in Turings Neuformulierung: *Was* lässt sich mit meiner Maschine alles berechnen? Turing suchte *ein* Beispiel für etwas, das die Maschine *nicht* lösen konnte, denn schon die Existenz von *einem* unlösbaren Problem würde Hilbert widerlegen.

Und, siehe da, er fand eins. Das so genannte Halteproblem. Manche Algorithmen kommen auf einer Turingmaschine nie zum Ende. Man stelle sich ein Programm vor, das nach rechts springt, wenn es eine »1« liest und nach links, wenn es eine »2« liest. Wenn im linken Feld eine 1 steht und im rechten eine 2 wird der Lesekopf endlos hin- und herhüpfen. Eine andere Eingabe allerdings kann das Verhalten ändern: Für die Eingabe »3« auf dem rechten Feld hat unser kleines Programm keine ausdrückliche Anweisung parat. In so einem Fall bleibt die Maschine schon nach dem ersten Schritt stehen.

Nun gibt es deutlich komplexere Algorithmen als diesen, mit viel mehr Eingabemöglichkeiten. Kann ich einen Test-Algorithmus schreiben, der einen beliebigen Algorithmus und eine Eingabe *vorab* daraufhin testet, ob sie endlich oder unendlich viele Schritte braucht, um zu einem Ergebnis zu kommen?

Turing fand durch elegante Überlegungen heraus, dass dies generell *unmöglich* ist. Damit hatte er Hilberts Programm den letzten Todesstoß gegeben. Spätestens jetzt war klar, dass eine Denkmaschine nie alle Rätsel der Welt wird lösen können.

Die Katze beißt sich in den Schwanz

Alles hat seinen Preis, auch die problemlösende Macht einer Turingmaschine. Sie kann alle Funktionen berechnen, die sich nur berechnen lassen. Das klingt akademisch, liegt aber der enormen Vielseitigkeit und Bandbreite unserer heutigen Computer zu Grunde, mit denen man Texte verfassen kann, mit Freunden kommunizieren, Suchfilter ausführen, Waschmaschinen steuern, Fahrpläne oder das Wetter von morgen berechnen usw.

Sie verdankt ihre Flexibilität zwei einfachen Fähigkeiten. Beide gehen daraus hervor, dass die Zahl, die gerade vom Band abgelesen wird, mitbestimmt, welches der nächste Arbeitsschritt der Turingmaschine sein wird. Das bedeutet nichts weniger als dass der Apparat fähig ist, Entscheidungen nach dem Schema »Wenn ..., dann ...« zu treffen! Der Informatiker spricht von bedingten Verzweigungen. Das Programm folgt also nicht einem starren Schema, sondern bewegt sich in einem Netz von möglichen Pfaden wie in einer Stadt. Diese können auch Schleifen bilden. Die Katze kann sich in den Schwanz beißen. Das bringt zusätzliche Flexibilität. Allerdings kann es auch zu Endlosschleifen führen, da nicht von vornherein feststeht, wie oft eine Schleife durchlaufen wird. Im Computeralltag heißt das: »Der Rechner hängt sich auf.« Man könnte zwar eine Obergrenze für Schleifendurchläufe festlegen, sagen wir 100.000 Mal. Aber dann wäre der Computer sehr viel weniger flexibel. Es gibt halt nichts umsonst im Leben.

Die Geschichte der Turingmaschine wäre kaum wert, sie zu erzählen, wenn es nur um Hilberts unerschütterlichen Glauben gehen würde. Wen interessiert das heute? Dass allein kühles Schlussfolgern nicht alles erklärt, ist intuitiv klar. Seit Gödel und Turing haben wir es amtlich. Turings Genie erkannte darüber hinaus die ungeheure Macht seines Konstrukts.

Ist Ihnen aufgefallen, in welcher Hinsicht das Halteproblem ungewöhnlich ist?

Die Eingabe, die der Test-Algorithmus entgegennimmt, ist bemerkenswert. Sie umfasst nicht nur die Daten, die verarbeitet werden sollen. Also Zahlen, die miteinander addiert, multipliziert oder was auch immer werden sollen. Sondern einen anderen *Algorithmus*. Dieser soll ja überprüft werden, daher muss die Turingmaschine ihn kennen. Das ist so ähnlich, wie wenn Sie den Code eines Programms in ein Word-Dokument kopieren und die Funktion zum Zählen der Anschläge klicken. Diese Zählfunktion ist ein Programm. Indem sie die Anschläge des Codes zählt, verarbeitet es ein anderes Programm. Programme verarbeiten Programme. Das war damals neu. Und hatte ungemeine Wucht.

Die Geburt der Universalmaschine

Klingt irgendwie nach Computerinzucht. Warum soll das so wichtig sein? Wie wir wissen, speichert die Turingmaschine im Kopf eine Liste. Diese Liste lässt sich aufschreiben. Auch auf das Band einer anderen Turingmaschine.

Man braucht also eines nicht mehr: für jeden bestimmten Zweck eine Turingmaschine mit speziellem Programm in ihrem Kopf. Vielmehr kann man eine *universelle* Turingmaschine bauen, die in der Lage ist, irgendein Programm vom Band einzulesen, bevor sie sich den auf dem gleichen Band gespeicherten Daten zuwendet und diese gemäß dem gerade gelesenen Programm verarbeitet. Eine ganz simple Maschine, die alles berechnen kann, was sich berechnen lässt.

Mit seiner Universalmaschine läutete Turing ein neues Zeitalter ein. Zuvor gab es nur bessere Rechenmaschinen. Jetzt kamen informationsverarbeitende Maschinen. Die einfachen Computer vor Turing, gebaut etwa von Konrad Zuse oder schon 100 Jahre vorher, zumindest projektiert, vom Briten Charles Babbage, waren recht starr gedacht. Man machte einen Unterschied zwischen der Maschine selbst und den Daten. Das eine war aktiv und das andere passiv. Nun kam Turing und sagte: Daten können auch aktiv sein. In Form von Software nämlich, indem sie eine Maschine *beschreiben*. Diese Beschreibung kann ich in die Universalmaschine eingeben. »Vor Turing«, schreibt dazu der New Yorker Mathematiker Martin Davis, »waren Zahlen Objekte, mit denen man etwas machte. Nach Turing begannen Zahlen, selbst etwas zu machen.«

Dadurch wird die Komplexität verlagert: Die Universalmaschine ist denkbar einfach aufgebaut. Wissen und Intelligenz stecken in der Software und in den Daten auf dem Band.

Alle heutigen Computer arbeiten nach diesem Prinzip: Sie haben einen Arbeitsspeicher, der das gerade auszuführende Programm enthält und gleichzeitig die dazugehörigen Daten.

»Universalmaschine«, aber nicht ganz universell.

Aber was genau machen die aktivierten Zahlen? Denken?

Wenn es nach Alan Turing geht, ja. Nach dem Tod seines engen Freunds Christopher Morcom sinnierte er oft über das Verhältnis von Geist und Körper und landete beim Materialismus, also einer Welt, die ohne neblige Konzepte wie Geist oder Seele auskam. Das Gehirn mache nur berechenbare Operationen, die prinzipiell auch ein Computer ausführen könnte, wenn er nur leistungsfähig genug sei, so Turing. Früher oder später werde es denkende Computer geben, behauptete er. »Ich will ein Gehirn bauen«, soll er gesagt haben. Dazu passend sprach man zu Anfang der Computerära von »Elektronengehirnen«.

Doch davon kam man irgendwann wieder ab. Zu offensichtlich wurden die Defizite der nach Turings Grundmodell gebauten Computer. Nehmen wir das Beispiel Intuition. Gödels Beweis zeigt, wie wichtig das Bauchgefühl eines Forschers ist, seine Fähigkeit, »out of the box« zu denken. Gödel musste das Gebäude der Logik von außen betrachten, um es zu sprengen. Es gibt höhere Ebenen der Erkenntnis. Turing machte es ähnlich und war auch erfolgreich. Also zeigt die Geschichte der Wahrheitsmaschine ihre eigenen Begrenzungen.

Bei einer anderen typisch menschlichen Eigenschaft, der Kreativität, ist es ähnlich. Die Turingmaschine erzeugt keine neue Information. Alles, was sie hervorbringt, steckt schon indirekt im Programm und in den Ausgangsdaten drin. Sie sei »deterministisch«, sagen die Experten. Das bedeutet, dass Zufall keine Rolle spielt. Der Ablauf des Programms ist klar, bevor es läuft. Startet man zwei gleiche Turingmaschinen mit dem gleichen Programm und den gleichen Eingabedaten, dann werden beide zum gleichen Zeitpunkt mit der gleichen Ausgabe anhalten.

Kreativität indessen ist das Noch-nicht-da-Gewesene, das Originelle, Neue. War DaVincis Mona Lisa irgendwie schon in der Welt verborgen vorhanden, hat das Universalgenie sie mit seinem Pinsel lediglich freigelegt? Hätte man im Mittelalter schon das spätere Design eines Porsche 911 voraussehen können, wenn man die damals verfügbare Information gesammelt und umfassend ausgewertet hätte? Nein, denn die Welt ist kein Uhrwerk. Das Gehirn sei ein Spiegel der Wirklichkeit, schreibt der Physiker Hans Graßmann.[4] Somit wäre es genauso unberechenbar.

Ironischerweise verkörperten manche der geistigen Väter des Computers dessen Begrenztheit und Unfähigkeit, die Welt zu erkennen. Gödel glaubte an eine streng rationale Welt. Das offensichtliche Chaos verbuchte er unter »vordergründig«. Dahinter verberge sich ein System aus klaren Regeln, meinte er. Sogar Gott wollte er mit Logik beweisen. Er versuchte, sein eigenes Leben einzurichten wie eine logische Maschine, strengen Prinzipien folgend. Was freilich scheiterte. Er entwickelte eine schwere Paranoia. Schließlich verhungerte er, aus Angst vor vergiftetem Essen.

Dass der Computer ein Modell des mit Zahlen rechnenden Menschen ist, setzt ihm weitere Grenzen. Viele Menschen wollen den Rechner in seiner Fähigkeit zum Multitasking nachahmen, indem sie möglichst viele Aufgaben »gleichzeitig« erledigen. Doch wenn man genau hinsieht, verschachteln sie ihre Tätigkeiten nur immer mehr. Während die E-Mail noch nicht fertig geschrieben ist, nimmt man den Anruf eines Kunden entgegen, parallel dazu beginnt man die Einkaufsliste aufzuschreiben, denn in einer Stunde machen die Geschäfte zu usw. Das bewirkt meist nur eine Anhäufung offener Enden, von denen man die Hälfte vergisst oder aus schierer Zeitnot unerledigt lässt.

Der Computer macht es auch nicht anders. Er kann, wie ein Mensch eben, nur einen Schritt nach dem anderen ausführen. Er ist die konkrete Umsetzung der Turingmaschine, wie wir im nächsten Kapitel sehen werden. Sein Multitasking ist nur simuliert. Er erledigt nur deshalb so viel »gleichzeitig«, weil er in der Lage ist, Milliarden Einzelschritte pro Sekunde zu tun. Entsprechend schnell kann er zwischen »parallel« laufenden Anwendungen hin- und herwechseln. Es ist wie bei einem Film, bei dem man nicht merkt, dass er aus einzelnen Bildern besteht, weil diese sich binnen einer vierundzwanzigstel Sekunde abwechseln.

All das könnte beruhigend sein. Der Computer hat seine Grenzen, er wird nicht zu einer überlegenen Intelligenz heranwachsen, für die wir nur eine Art Insekt sein werden.

---

4)   [2002Gra]

Doch Vorsicht. Es geht ja auch anders. Der jetzige Computer ist vielleicht nur zu sehr Maschine, zu ausgedacht, zu konstruiert. Ein Computer könnte auch weniger von der Welt abgekoppelt existieren. Er könnte die Rechenpower der Natur anzapfen.

Solche Computer könnten die Grenzen des Siliziumchips überwinden.

Die Stunde dieser Exoten ist jetzt gekommen. Denn das Silizium schwächelt.

3 Die Fortschrittsmaschine und ihr Ende

Bakterienkolonien wachsen erst kaum wahrnehmbar, dann immer schneller, schließlich explosionsartig. Bis ihnen die Nahrung ausgeht. Dann stoppt die Vermehrung.

Im Jahr 2016 ging dem digitalen Fortschritt die Nahrung aus. Das Silizium treibt ihn nicht länger an.

Eine der Ikonen der digitalen Revolution, der Chiphersteller Intel, gab das Rennen um immer schnellere, billigere und energiesparendere Chips offiziell auf – nach Jahrzehnten immer rasenderen Fortschritts. »Das Moore'sche Gesetz ist zu Ende«, sagten viele, unter ihnen etwa Thilo Maurer vom IT-Unternehmen IBM oder der Informatiker Andreas Koch von der Technischen Universität Darmstadt.

Die US-amerikanische Halbleiterindustrie hatte schon ein Jahr zuvor Alarm geschlagen: »Reboot the IT-Revolution«,[1] forderte sie, zu deutsch: »Die digitale Revolution braucht einen Neustart«.

Aber langsam. Um zu verstehen, warum es ein Bedürfnis nach einem »Neustart« gibt, sehen wir uns die rasante Erfolgsgeschichte der digitalen Revolution an.

Wann und wo genau sie *das erste Mal* startete, ist nicht auszumachen, doch man liegt nicht falsch, wenn man sagt: in den 1940er-Jahren und ein bisschen in Deutschland (durch Konrad Zuse), deutlich mehr in England, aber vor allem in den USA.

Der Staffelstab ging damals von den Leuten, die sich über die Wahrheitsmaschine Gedanken gemacht hatten und bei der Idee von der Universalmaschine gelandet waren, zu den Technikern über, die diese Universalma-

---

1)   [2015Sia]

schine tatsächlich bauen. Als Bindeglied dieser Welten gilt Alan Turing, denn er schraubte selbst Rechner zusammen und wollte seine Turingmaschine verkörpert sehen.

Doch es war ein anderer, der basierend auf Turings Ideen (und wohl auch mit dessen Hilfe) die Blaupause für die heutigen Rechner lieferte: Der Mathematiker, Physiker und Erfinder John von Neumann.

Zwei sehr unterschiedliche Männer trafen in Princeton bei New York, einem akademischen Hotspot, wo auch Einstein wirkte, aufeinander: Der schlunzige, etwas holprig redende Langstreckenläufer Turing, Sohn eines Kolonialbeamten, der in Jugendherbergen übernachtete; und der Salonlöwe von Neumann, Sohn eines ungarischen Bankiers, der selten ohne Krawatte auftrat, druckreif redete, Sport hasste, nur erstklassige Hotels buchte, schnelle Autos liebte und Frauen.[2]

Gemeinsam war den beiden ihre Genialität. Von Neumann konnte schon als Kind phänomenal kopfrechnen und ganze Buchinhalte nach einmaligem Lesen wiedergeben. Mit 17 beschäftigte er sich mit unterschiedlichen Konzepten von Unendlichkeit, mit anderen Worten: Er war ein absolutes Mathe-Ass. Weil sein Vater aber Bodenständigeres bevorzugte, musste von Neumann Chemieingenieur studieren. Sein Studium in Zürich hielt ihn nicht davon ab, sich in Berlin und Budapest für das Fach Mathematik einzuschreiben. Das funktionierte gut, denn körperliche Anwesenheit in Vorlesungen oder Seminaren brauchte von Neumann nicht, um Prüfungen glänzend zu bestehen. Mit 22 lieferte er eine Dissertation ab, die altgediente Mathematiker erstaunte.

Das agile Gleiten seiner Gedanken machte von Neumann Freude und so suchte er stets nach Problemen, die andere für »unlösbar« hielten, wie die Vorhersage des Wetters, von Aktienkursen oder über den Ablauf von Explosionen. Eine weitere Frage, die ihn brennend interessierte: wie sich aus unzuverlässigen elektronischen Bauteilen ein zuverlässig arbeitender Computer bauen lässt.

Von Neumann hatte da so eine Methode: Zerlege ein Problem in seine Einzelteile und baue es dann so wieder zusammen, dass es zu verstehen ist. Zeitgenossen zeigten sich beeindruckt von dieser Fähigkeit von Neu-

---

2)   [2016Dys]

manns und seinem Talent, die Denkergebnisse klar und eloquent mitzuteilen.

Graue Theorie war all das keineswegs. Von Neumanns Wissen über Stoßwellen floss ein in die Entwicklung von effektiveren Bomben, die gegen Nazideutschland eingesetzt wurden, und schließlich in den Bau der Atombomben, deren Abwürfe 1945 über Japan den Zweiten Weltkrieg beendeten.

Auch Computer halfen beim Gewinnen des Zweiten Weltkriegs, dienten etwa der Berechnung der Flugbahnen von Geschossen oder der Entschlüsselung der feindlichen Kommunikation. Von Neumann kannte Turings Arbeit und sah das Potenzial einer Maschine, die andere Maschinen emulieren, also nachahmen konnte.

So tat er der Turingmaschine Ähnliches an wie anderen Ideen vor ihr: Er zerlegte sie und fügte sie so wieder zusammen, dass ein praxistauglicher Computer daraus wurde. Das Ergebnis ist die so genannte Von-Neumann-Architektur[3]. Praktisch alle Computer seit dem Röhrencomputer EDVAC aus den 1940ern, an dessen Bau von Neumann mitwirkte, folgen ihr. Statt von »Architektur« könnte man anschaulicher von »Bauplan« sprechen: die wesentlichen Bausteine eines Computers und wie sie zusammenwirken. Von Neumann gab der Universalmaschine eine konkrete Gestalt. Der Bauplan ist nicht auf irgendwelche speziellen Probleme zugeschnitten, keiner festgelegten Funktion gewidmet. Anhand der Bauteile und ihrer Anordnung kann niemand auflisten, was diese Maschine jemals tun wird. Wie ein Gebäude, dem man nicht ansieht, ob es ein Hotel, eine Fabrikhalle oder ein Rathaus ist.

Ein Plan für den ersten Computer

Nun, wie sieht von Neumanns Allzweckmaschine aus?

Als Erstes braucht die Maschine etwas, um mit ihrer Umwelt zu kommunizieren. Ein Computer nimmt Daten entgegen und gibt sie in modifizierter Form wieder ab. Ein Beispiel: Beim Arbeiten mit einem Textverarbeitungsprogramm gibt man an der Tastatur Buchstaben und Satzzeichen ein. Der Computer nimmt sie entgegen, verarbeitet sie und gibt am Bildschirm oder Drucker einen Geschäftsbrief aus.

---

3) [1945Neu]

Abstrakt formuliert: *Der Computer hat ein Eingabe- und ein Ausgabewerk*. In Abbildung 3–1 sind das »E« und »A«. Dazwischen gibt es einen so genannten Bus, kurz »B«, eine Leitung für den Informationsfluss durch den Computer. An den Bus sind auch die weiteren Bauteile des Rechners angeschlossen.

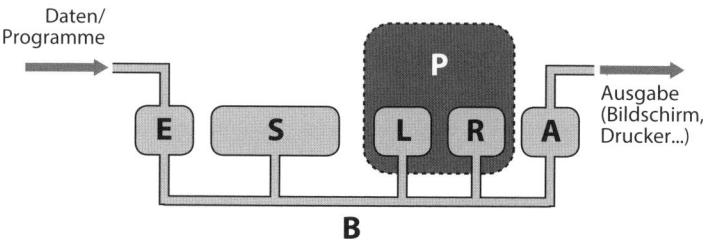

Abb. 3–1   Schema der Von-Neumann-Architektur

Als Erstes der *Speicher*, »S« in Abbildung 3–1. Und der hat es in sich, er ist die entscheidende Komponente, das, was wir heute als Arbeitsspeicher bezeichnen. Zunächst braucht es ihn, um Zwischenergebnisse zu speichern, auf die im weiteren Verlauf zugegriffen wird. Sie können bei der Textverarbeitung zum Beispiel einen gerade gelöschten Satz wieder auf den Bildschirm holen. Aber der eigentliche Witz ist, dass der Speicher nicht nur die Daten, sondern auch die Anweisungen enthält, wie mit den Daten zu verfahren ist, das Programm also. Der Speicher »kennt« nun also einen Zweck: das, was der Programmierer mit den Daten vorhat. Die Maschine lässt sich mit einer spezifischen Funktion »impfen«, in dem man über E die Software einschleust.

Ein Programm besteht aus vielen einzelnen Befehlen. Dass diese Befehle zusammen mit den Daten im Speicher abgelegt sind, hat einen weiteren Vorteil: Sie lassen sich flexibel abrufen. Es gibt keine starre Reihenfolge. Wie schon bei der Turingmaschine erläutert, kann der Programmierer elastische Befehle und dem Computer somit Entscheidungsfreiheit geben. Etwa durch Wenn-dann-Entscheidungen: Wenn das Kriterium X erfüllt ist, soll der Befehl Y bearbeitet werden, sonst ein anderer.

Die zweite Komponente, die am Bus angeschlossen ist, ist das Hirn des Rechners, der *Prozessor*, kurz »P«. Der Prozessor hat zwei Teile. Erstens ein Rechenwerk (»R«), das die konkrete Arbeit macht. Es bearbeitet die Daten, addiert, multipliziert, zieht Wurzeln oder verknüpft Informationen, etwa über das logische UND. Es formt also aus der Eingabe X die Ausgabe Y. Allerdings auf einer sehr tiefen Ebene. Ein Taschenrechner ist viel komplexer als das Rechenwerk eines PC. Die Operationen, die das Rechenwerk ausführt, sind sehr elementar. Es nimmt zum Beispiel eine 1 und eine 0 entgegen, wendet das logische UND darauf an und gibt dann 0 aus. Es verarbeitet also binäre Werte, einen nach dem anderen, ohne dem Gesamtzusammenhang Beachtung zu schenken. Ein bisschen wie ein Industrieroboter, der sich zu einem exakt bestimmten Punkt im Raum bewegt und dort eine Punktschweißung ausführt. Es ist interessiert ihn nicht, ob er am Bau eines Autos oder eines Kühlschranks mitwirkt.

Daher braucht man einen Manager, das »Leitwerk« (»L«), die zweite Komponente des Prozessors. Es holt Befehle aus dem Speicher, interpretiert sie und dirigiert dann den Datenfluss zwischen Speicher und Rechenwerk. Es sagt dem Rechenwert, was es konkret mit dem jeweiligen Input tun soll. Es managt auch die Ein- und Ausgabe.

Die gesamte Kommunikation läuft über den Bus: Befehle und Daten fließen durch ihn zwischen den Bauteilen des Rechners. Der Bus ist weniger mit einer Pipeline vergleichbar als mit einem Korridor in einem Bürogebäude. Durch die Pipeline fließt ein kontinuierlicher Strom von A nach B. Durch den Korridor hingegen gehen einzelne Personen von einem Zimmer zum anderen, in verschiedenen Richtungen. Ähnlich transportiert der Bus einzelne Datenpakete oder Befehle zwischen E, S, R und L.

Über allem herrscht die zentrale Uhr. Wie ein Galeerentrommler gibt sie den Takt vor, an den sich alle Bauteile zu halten haben. Sie müssen synchron arbeiten. Denn durch den Bus kann immer nur ein Datenpaket gleichzeitig gesendet werden. Wie bei einem sehr engen Korridor auf einer Büroetage, durch den nur eine Person passt. Die Beschäftigten in den Büros täten in diesem Fall gut daran, ihre Arbeitsschritte abzustimmen, damit es im Gang nicht zu Kollisionen kommt. Genau dieser Engpass, auch »Von-Neumann-Flaschenhals« genannt, schränkt heutige Computer ein.

Doch zunächst ebnete die Von-Neumann-Architektur den Weg in die digitale Revolution, wie sich heute noch in Manchester besichtigen lässt. Das »Baby«, dessen Rekonstruktion im Museum für Wissenschaft und Industrie in der alten Industriestadt steht, war weltweit der erste Rechner nach von Neumanns Bauplan. »Der erste Computer«, murmelt eine deutsche Besucherin ehrfürchtig.

Babys Kopie steht keine hundert Meter neben einem noch existierenden Bahnhof von 1830, dem einen Ende der weltweit ersten Bahnverbindung ins 40 Meilen entfernte Liverpool, und anderen Zeugen der frühen Industrialisierung, die ebenfalls in Manchester startete. Ganz falsch scheint Oasis-Star Noel Gallagher nicht zu liegen mit folgender Feststellung über seine Heimatstadt: »Das Ding mit Manchester ist, dass alles von hier kommt.«

»Baby« sieht wie ein überdimensionaler Schaltschrank aus. Es füllt eine wohnzimmergroße Ecke des Museums. An fünf mannshohen Stellwänden ragen Schaltbretter wie Regalböden hervor. Daran hängen Hunderte silbergrauer Zylinder und darüber, Glühbirnen ähnlich, Vakuumröhren aus der Frühzeit der Elektrotechnik. Zwischen all den Bauteilen ein Gewirr aus Drähten, deren Anschlüsse handschriftliche Bezeichnungen tragen wie: »A OUT« oder »B IN«. Gebaut haben das Baby die Elektroingenieure Freddie Williams und Tom Kilburn. Im Sommer 1948 führte es sein erstes Programm aus: den größten Teiler der Zahl 262144 zu finden. Die Maschine brauchte dafür fast eine Stunde.

Ein heutiger Computer würde dafür vielleicht ein paar Millisekunden brauchen und passt in die Hosentasche. Was ist in der Zwischenzeit passiert?

Drei Faktoren:

- *Erstens* erfanden Physiker sehr viel schnellere und zuverlässigere elektronische Bauteile, die Transistoren.
- *Zweitens* schaffte man es, die Bauelemente mit Lichtstrahlen in Siliziumkristalle zu *schreiben*. Man nennt das Verfahren »Lithographie«. Dabei entstehen so genannte integrierte Schaltkreise. Das ist ungefähr so, als würde man ein funktionierendes Auto aus einem Block Stahl herausgravieren. Die Lithographie ersparte den Computerbauern das zeit- und platzraubende Zusammenlöten Tausender Transistoren und anderer elektronischer Bauteile samt deren Verdrahtung. Das ebnete den Weg in die billige und schnelle Massenproduktion.
- Und *drittens* entwickelte sich die Halbleiterbranche zu einer Art Jahrzehnte währender Planwirtschaft. Sie tat alles, um den Fahrplan des Fortschritts einzuhalten: das schon öfter angesprochene Moore'sche Gesetz. Die Firmen setzten sich zusammen und einigten sich auf eine »International Technology Roadmap of Semiconductors« (zu deutsch:

»Internationaler Technologie-Fahrplan für Halbleiter«). Die Halbleiterbranche ist ein ganzes Ökosystem aus Chipfabriken, deren Zulieferern, den Herstellern von Anlagen und Endgeräten wie Smartphones. Den Zweijahrestakt des Moore'schen Gesetzes einzuhalten erfordert das koordinierte Vorgehen Hunderter Firmen in den USA, Europa und Fernost. Gordon Moore, Mitbegründer der Firma Intel, hatte 1965 geschätzt, dass seine Prognose zehn Jahre gelten würde. Der Schulterschluss der Halbleiterbranche machte aus der Vorhersage eine sich selbst erfüllende Prophezeiung. Dabei wurden immer wieder Wege gefunden, Moore um weitere Jahre zu bestätigen. Bis 2016 jedenfalls.

Um zu verstehen, warum die Fortschrittsmaschine zunächst immer mehr stockte und schließlich stillstand, müssen wir uns ein wenig mit der Chiptechnik befassen.

Das erfolgreichste Stück Technik aller Zeiten

Im Prinzip kann man aus allem Möglichen Computer bauen, die mit Nullen und Einsen rechnen. Leibniz wollte dafür Dosen durchlöchern. Ein Loch bedeutet »1«, kein Loch bedeutet »0«. Diese Information sollte verarbeitet werden, indem ein Kügelchen durch das Loch fällt oder durch das fehlende Loch eben nicht.

Konrad Zuse war der erste, der mit einem ähnlichen Rezept im Jahr 1936 einen binären Computer baute, seine »Z1«.[4] Zuses Freunde sägten Schlitze in Blechkärtchen. Durch diese ragte in der Maschine je eine Stange. Stange am einen Ende des Schlitzes bedeutete »1«, am anderen Ende »0«. Es kommt nicht darauf an, ob man Schlitze oder Löcher benutzt, Stangen oder Kügelchen: Wichtig ist ein *Schalter* mit zwei Zuständen, nenne man sie nun »0« und »1«, Ja und Nein, Hase und Igel. Zuse benutzte für einen seiner nächsten Rechner, die »Z3« von 1941, präzisere und etwas schnellere Schalter. Denn die Z1 hatte nicht wirklich funktioniert. Stattdessen benutzte er für die Z3 Fernmelderelais als Schalter. Typisch für den notorischen Improvisierer: Zuse kaufte sie im Altwarenhandel. Die Z3 gilt als erster *programmierbarer* Computer der Welt.

---

4) Auf ihn zurückführen lässt sich der binäre Computer aber nicht. Denn Zuse war in Nazideutschland isoliert von seinen Fachkollegen in England und den USA, die die Entwicklung des Computers nach dem Krieg vorantrieben.

Die Relais waren ein Mittelding aus mechanischem und elektronischem Schalter: Ein Stromfluss durch eine Spule erzeugt ein Magnetfeld, das wiederum einen Klöppel anzieht, was einen Kontakt schließt. Eine Türglocke funktioniert ähnlich. Man könnte deren »Ding« als »0« definieren und ihr »Dong« als »1«.

Der nächste Meilenstein waren dann vollelektronische Schalter. Die Elektronenröhren, aus denen das »Baby« in Manchester besteht, oder der wenig später aktivierte »EDVAC« an der Universität von Pennsylvania in Philadelphia. Röhren haben keine beweglichen Teile und schalten daher sehr viel schneller zwischen »0« und »1« hin und her als Relais. Der EDVAC besaß Tausende Elektronenröhren. Alle zwei Tage fielen ein paar davon aus und mussten gewechselt werden.

Hätte die Maschine die Leistungsfähigkeit eines heutigen Rechners haben sollen, dann hätte sie die Fläche einer Millionenmetropole okkupiert, jede Minute wären eine bis zwei Röhren ausgefallen und für die Stromversorgung wären mehrere Atomkraftwerke nötig gewesen. So ein Röhrenrechner ließ sich also nicht viel weiter ausbauen, er war nicht »skalierbar«, wie es im Fachjargon heißt.

Erst die nächste Art von Schalter ermöglichte das Wachsen der Rechenkraft in schwindelnde Höhen: der Transistor. Dieses Halbleiterbauelement ist das erfolgreichste Stück Technik aller Zeiten: Kein Bauteil ist bis heute in einer größeren Stückzahl hergestellt worden.

Erfunden wurde es von mehreren Forschern parallel, in Deutschland und den USA.

Der Clou daran ist die Materialklasse der Halbleiter, ein Mittelding aus elektrischen Leitern und Isolatoren. Sie können beides: Strom leiten und ihn sperren. Letzteres gelingt auf sehr simple Weise durch Anlegen einer elektrischen Spannung. Anfangs konnte man Transistoren aus dem Halbleiter Germanium kaufen. In den 1950ern obsiegte das Silizium wegen diverser technischer Vorteile.

Ein Transistor funktioniert ähnlich wie eine Schleuse. An einem Ende eines Halbleiterkanals spuckt eine Quelle Elektronen aus, die am anderen Ende in einer Art Abfluss verschwinden. Fachleute nutzen für »Quelle« und »Abfluss« die englischen Begriffe »Source« und »Drain«. In der Mitte ist ein »Schleusentor« (Fachbegriff: »Gate«), das den Fluss der

Ladungsträger durch den Kanal abschneidet. Bitte nicht vergessen, dass die Analogie mit Wasser eben nur eine Analogie ist. Es schließt sich kein mechanisches Tor. Vielmehr wird an das Gate eine elektrische Spannung gelegt. Das so erzeugte elektrische Feld drängt Ladungsträger aus dem Kanal. Er wird dadurch zum Isolator. Durch Ein- und Ausschalten der Spannung lässt sich also der Stromfluss durch den Kanal regeln. Ähnlich wie die Elektronenröhre ist der Transistor also ein elektronischer Schalter für die binären Werte »0« und »1«.

Er hat aber einige entscheidende Vorteile. Als Festkörper ist er robust, wenig störungsanfällig und langlebig. Der Transistor ist sofort nach dem Einschalten betriebsbereit und erzeugt relativ wenig Abwärme.

Der für die digitale Revolution entscheidende Vorteile ist aber: Transistoren lassen sich fast beliebig schrumpfen. In den 1950er-Jahren erreichten sie Salzkorngröße, um 2000 herum waren sie schon kleiner als ein Virus. Heute sind sie kaum größer als ein *Molekül*! Und je winziger die »Schleusenanlage« wird, desto schneller kann sie umschalten. Denn die Wege zwischen Source, Drain und Gate werden ja immer kürzer. Schnelles Schalten erlaubt schnelles Rechnen. Zudem nimmt die Anzahl der Ladungsträger ab, die zur Unterscheidung zwischen »0« und »1« benötigt werden. Mit der gleichen Strommenge lassen sich mehr Transistoren schalten. Die Rechenpower pro Watt konsumierter Energie steigt an.

Das atomdünne Gravierwerkzeug

Der Schlüssel zum Schrumpfen der Transistoren ist die »Lithographie«. Man kennt den Ausdruck von einem Steindruckverfahren, bei dem die seitenverkehrte Druckvorlage in einen Stein graviert wird. Auch mit Licht lässt sich gravieren, man spricht dann genauer von Fotolithographie. Dazu werden Halbleiterscheiben mit Fotolack beschichtet. Ein Laserstrahl wird auf einen winzigen Fokus gebündelt, was einem sehr feinen Stichel entspricht. Dieser graviert das Muster des Schaltkreises (Transistoren, Dioden, Widerstände, Leitungen). Nachdem der Lack »entwickelt« wurde, liegt er als Negativmaske des Schaltkreises auf der Halbleiterscheibe. Dort, wo Bauelemente vorgesehen sind, ist der Lack entfernt worden. Nun kann der Schaltkreis mit Chemikalien in den Halbleiter geätzt werden.

→

Die Lithographie funktionierte über die Jahre mit immer kleineren Lichtwellenlängen. Hier zeigt sich der Vorteil eines Fahrplans für den Fortschritt: Man weiß, wie winzig der »Stichel« in zehn Jahren sein muss und kann schon heute anfangen, die dafür nötige Technik zu entwickeln. So ließen Lichtwellenlängen sich auf eine immer winzigere Fläche fokussieren. Dadurch erhält man sozusagen einen Stichel mit einer extrem spitzen Spitze. Heute kann er Strukturen auf den Halbleiter schreiben, die unvorstellbare 14 Nanometer[a] klein sind. Der oft noch gebrauchte Ausdruck »Mikroprozessor« ist also veraltet, denn er bezieht sich auf die vor Jahrzehnten übliche Größenordnung der Strukturen auf einem Chip, den Mikrometer, der 1000 Nanometer lang ist. Um noch weiter zu schrumpfen, sollen bald statt sichtbarem Licht viel kürzere Wellenlängen verwendet werden, ultraviolettes Licht oder Röntgenstrahlung. Damit könnten Strukturen graviert werden, fast so fein wie einzelne Atome. Für die Serientauglichkeit solcher Verfahren müssen allerdings noch enorme technische Hürden überwunden werden.

a. Ein Nanometer ist der milliardste Teil eines Meters. Ein Ball mit einem Nanometer Durchmesser ist im Verhältnis zu einem Fußball so winzig, wie eben dieser Fußball zur Erde. Würde Ihre Körpergröße den 7 Nanometern Genauigkeit der derzeit in Entwicklung befindlichen Fotolithographie entsprechen, würden Sie einen Fußball wahrnehmen wie die Erde.

Die Vorteile des Transistors zeigten sich schon beim ersten Transistorrechner der Welt, dem so genannten TRADIC, der Mitte der 1950er von Bell Labs in Murray Hill bei New York gebaut wurde: Bei etwa gleicher Rechenkraft wie die Röhrencomputer seiner Zeit war er zuverlässiger und deutlich energiesparender.

Richtig abgehoben haben Transistor-Computer in den 1960er-Jahren, als die bereits erwähnten integrierten Schaltkreise erfunden wurden. Nun kamen zu robust, schnell, platz- und energiesparend noch billig und massenwarentauglich dazu.

Die Rechenkraft explodierte, während die Kosten implodierten. Was heißt »explodieren« bzw. »implodieren«? Am Anfang des Kapitels ging es kurz um das Wachstum von Bakterienkolonien. Ähnlich ist es bei der Weltbevölkerung: Jahrtausendelang passiert wenig, dann im 20. Jahrhundert ging es auf einmal ab. In den 1920ern lebten etwa 2 Milliarden Menschen auf dem Erdball, heute sind es über 7 Milliarden. Mitte dieses Jahrhunderts werden es rund 10 Milliarden sein. Von einem »exponentiellen«

Wachstum sprechen Mathematiker in so einem Fall. Ein exponentielles Wachstum ergibt sich immer dann, wenn sich etwas innerhalb einer gegebenen Zeitspanne verdoppelt. Die Menschheit verdoppelt sich etwa alle 50 Jahre.

Ähnlich ging es auf einem Mikrochip zu, wie Gordon Moore 1965 feststellte. Der Chef der Entwicklungsabteilung beim kalifornischen Halbleiterhersteller Fairchild beäugte er stets kritisch die Herstellungskosten von integrierten Schaltungen. Er hatte beobachtet, dass die geringsten Kosten bei Chips anfielen, die weder zu viele elektronische Bauelemente (im Wesentlichen Transistoren) noch zu wenige beherbergten. Und die kostentechnisch optimale Anzahl der Bauteile machte eine erfreuliche Entwicklung: Sie verdoppele sich etwa in jedem Jahr, schrieb Moore. Ähnlich lautende Feststellungen hatte es zwar schon zuvor gegeben.[5] Doch Moore wagte eine Prognose: Dieser Trend werde die nächsten zehn Jahre, bis 1975 also, anhalten.

Als Moore das sagte, passten rund weniger als 60 Bauteile auf den Chip. Bis 1975 würde sich diese Zahl zehnmal verdoppeln.

1965: 60
1966: 120
1967: 240
1968: 480
1969: 960
1970: 1920
1971: 3840
1972: 7680
1973: 15360
1974: 30720
1975: 61440

Es ging nicht ganz so schnell, weshalb Moore 1975 seine ursprüngliche Einschätzung etwas nach unten korrigierte: Verdopplung der Zahl der Transistoren alle zwei Jahre. Das ist, was wir heute als Moore'sches Gesetz kennen.

---

5) [2015Sti]

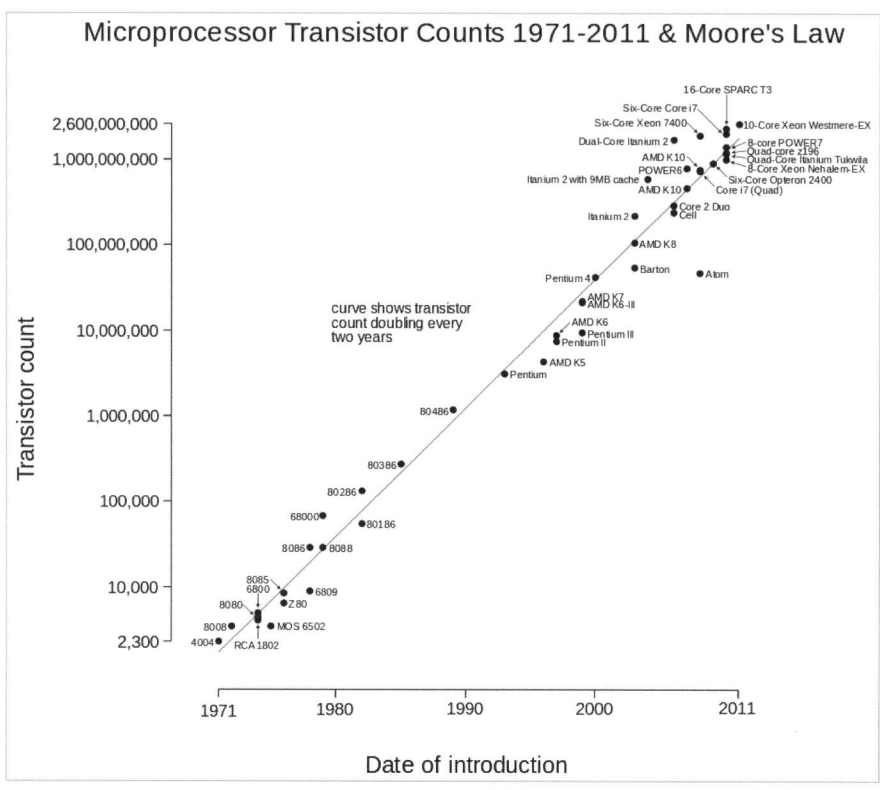

Abb. 3–2   Das Moore'sche Gesetz: Die Anzahl der Transistoren auf einem Computerchip wuchs von ein paar Tausend in den 1970ern auf mehrere Milliarden Anfang der 2010er-Jahre. (Quelle: Wikipedia)

Es ist immer noch ein sehr schnelles exponentielles Wachstum. Wäre die Rate nur etwas geringer, sagen wir: fünf Jahre für eine Verdopplung, wären wir keine Zeugen der digitalen Revolution geworden. Dann wären Chips heute so langsam wie in den frühen 1980er-Jahren, als mit dem Commodore 64 einer der ersten Heimcomputer auf den Markt kam und man für das Laden eines Spiels mit pixeliger Grafik von der »Datasette« eine gefühlte Stunde brauchte.[6] Das Smartphone würde erst um das Jahr 2100 eingeführt werden, hundert Jahre später! Als »Revolution« würde das niemand bezeichnen.

---

6)   *http://www.silicon.de/41628261/das-ende-des-mooreschen-gesetzes-was-treibt-den-fort-schritt-nun-voran* (abgerufen am 7.2.2017)

Füllhorn der Rechenkraft

Aber es ging viel schneller und mit der Zahl der Transistoren explodierte die Rechenpower. Stellt man sich den Chip als Fabrik vor und die Transistoren als Arbeiter, so hatte ein Chip aus 1971 die Größe einer mittelständischen Firma: 2300 »Arbeiter«. Seitdem explodierte die Arbeitskraft der Prozessoren. Schon 1982 ist man bei den Dimensionen eines Konzerns wie dem Autobauer BMW gelandet: Mehr als 130.000 »Arbeiter« pro Chip. Zur Jahrtausendwende muss man von der Betriebswirtschaft zur Volkswirtschaft wechseln, will man in dem Bild mit den »Arbeitern« bleiben. Ein Chip beherbergte im Jahr 2000 etwa so viele Transistoren wie es Erwerbstätige in Deutschland gibt, mehr als 40 Millionen nämlich. Und schon gut zehn Jahre später, im Jahr 2011, reicht selbst dieser Rahmen nicht mehr: Mit 1,3 Milliarden Transistoren arbeiten mehr Bauelemente auf einem Chip (Intel Core i7) als China Einwohner hat. Inzwischen toppt der »arbeiterreichste« Chip die Weltwirtschaft bei Weitem mit über 7 Milliarden Transistoren (Nvidia GK110-GPU).[7]

Entsprechend explodierte das Tempo der Rechner. Mit den frühen Computern konnten begnadete Kopfrechner fast noch mithalten. Zuses Z3 brauchte für eine Multiplikation oder Addition etwa zwei zehntel Sekunden. Informatiker messen die Rechenpower gerne in »Operationen pro Sekunde«, kurz »Ops«, und meinen mit Operationen simple Additionen oder Multiplikationen. Große Röhrenrechner aus den späten 1940er-Jahren schafften schon 50.000 Ops. Der erste Transistorrechner TRADIC knackte die Grenze von einer Million Ops.

Ab den Sechziger-Jahren ging dann die Rakete richtig ab. Supercomputer brachen eine Schallmauer nach der anderen. Im Kalten Krieg gab es eine Art Rechenpower-Wettrüsten zwischen den USA und der Sowjetunion. Die Russen überwanden mit ihrem Supercomputer M-13 im Jahr 1984 als erste die Grenze von einer Milliarde Ops. Gerade mal 13 Jahre später fiel die Marke von einer Billion Ops durch einen Superrechner in den USA mit Intel-Prozessoren. In letzter Zeit hat China die Führung übernommen. Der Rechner »Sunway Taihu Light« schafft fast 100 *Trillionen* Ops. Der nächste Meilenstein ist schon sichtbar: Eine Milliarde mal eine Milliarde Ops.

---

7)   *https://www.heise.de/newsticker/meldung/GTC-2012-GK110-Grafikchip-hat-bis-zu-2880-Shader-Kerne-1576464.html* (abgerufen am 8.2.2017)

Doch selbst stinknormale Chips heben in Sachen Rechenpower ab. Grafikkarten brauchen für die flüssige Bildschirmdarstellung anspruchsvoller Grafik viel davon. Sie erreichen bis zu einer Billion Ops.

Genauso steil bergauf ging es mit der Speicherkapazität, denn der Transistor kann auch Daten und Instruktionen bevorraten. Zuses Z3 konnte etwa mehr als 0,1 Kilobyte vorhalten, womit man gerade mal eine E-Mail speichern könnte. Der EDVAC schaffte schon mehr als 5 Kilobyte, womit immerhin ein paar Buchseiten füllbar wären. Freilich ist beides ein Witz gegen die Arbeitsspeicher heutiger Prozessoren, die mehrere Gigabyte umfassen. Darin könnte man den Text von mehr als 1000 Büchern speichern.

Spiegelbildlich zur exponentiellen Vermehrung der Transistoren fielen die Kosten bis nahe an die Nullmarke. Denn die Stückzahlen explodierten und gleichzeitig änderten sich die Verfahren für die Massenfertigung nicht wesentlich; grob gesagt, fertigten die Halbleiterfabriken mit der gleichen Technik immer mehr Einheiten. So stürzte der Preis für einen Transistor ab: Heute kostet ein Transistor weniger als drei Millionstel Cent.

Das Einsickern von Rechenpower in jeden Lebensbereich – heute steckt in einer Allerweltshandtasche tausendmal mehr Rechenleistung als in einem ganzen Rechenzentrum der Siebziger – liegt indessen nicht nur am Preisdumping. Das Schrumpfen erhielt zwei weitere Kompagnons, die dem Siliziumchip bis in die 2000er hinein ein Abo auf Konkurrenzlosigkeit bescherten. »Immer wenn wir zu kleineren Strukturbreiten gingen, passierten die guten Dinge automatisch«, erinnert sich Bill Bottoms, Chef der kalifornischen Halbleiterfirma Third Millennium Test Solutions, an die goldenen Zeiten seiner Branche.[8] Mit Strukturbreite meint Bottoms die minimale Bauteilgröße, die das jeweils aktuelle Fotolithographieverfahren herzustellen vermag. Die Chips wurden mit jeder kleineren Generation schneller und energieeffizienter. Warum, wurde oben schon erklärt. *Beides*, Tempo und Energieeffizienz, wuchs exponentiell.

Über all die Jahre und Chipgenerationen hinweg verlangte ein Quadratzentimeter Chip nicht mehr elektrische Leistung, obwohl immer mehr Transistoren darauf passten, die noch dazu immer schneller arbeiteten. Eine Tatsache, die unter Experten Skalierung nach Dennard (engl. »Denn-

---

8) *http://www.nature.com/news/the-chips-are-down-for-moore-s-law-1.19338*

ard scaling«) heißt, benannt nach dem amerikanischen Elektroingenieur Robert Dennard. Die Zahl der Arbeiter in der Fabrik stieg explosionsartig, doch die Milliarden brauchten nicht mehr Nahrung als zuvor die Tausende. Davon könnte jeder Fabrikbetreiber nur träumen. Für die IT-Branche war das glückselige Realität!

Damit nicht genug, konnten die Hersteller binnen dreißig Jahren das Ticken der zentralen Uhr des Prozessors um das Zehntausendfache steigern, auf etwa vier Milliarden Mal pro Sekunde Mitte der Nuller-Jahre. Das ist unvorstellbar schnell: Würde man mit dieser Frequenz die Namen aller Erdenbewohner aufzählen – einen Namen pro Takt – wäre man nach weniger als zwei Sekunden fertig! Frequenzen misst man in »Hertz«, was so viel bedeutet wie »pro Sekunde«. Den Takt der zentralen Uhr nennt man Taktfrequenz und misst ihn in »Gigahertz«, wobei die Vorsilbe »Giga« für »Milliarde« steht. Die Taktfrequenz war eines der Symbole des rasenden Fortschritts und ein wichtiges Verkaufsargument. Hersteller überboten sich damit.

Der Alptraum vom glühenden Laptop

Doch das hörte 2004 auf. Das goldene Zeitalter der Fortschrittsmaschine hörte auf. Denn Dennards Skalierung hörte auf. Sprich: Der Energiehunger eines Quadratzentimeters Chips stieg an.

Das war ein schwerer Dämpfer. Denn wie sollte die Forstschrittsmaschine weiter surren? Noch mehr Leistung würde noch mehr Abwärme bedeuten und niemand will ein glühendes Laptop auf dem Schoß. Katzenjammer nach dem rauschenden Fortschrittsfest!

Was war passiert?

Die Transistoren hatten sich einer anderen Welt entgegengeschrumpft. Die gewohnten Gesetze der Elektrotechnik büßten an Gültigkeit ein. Die Transistoren hatten nun Virengröße, Teile von ihnen aber waren noch viel kleiner. Und darin lag das Problem.

Vordergründig lief alles nach Plan: Intel stellte auch noch im November 2007 einen Chip vor, der doppelt so viele Transistoren enthielt wie sein Vorgänger, 800 Millionen Stück. Die Chiphersteller IBM und AMD kündigten Chips an mit Bauteilen, die sogar kleiner sein sollten als ein Virus. Die Message: Business as usual.

Doch hinter den Kulissen hatten die Ingenieursköpfe geraucht wie noch nie in ihrem Bemühen, das Moore'sche Gesetz am Laufen zu halten. »Wir stoßen allmählich an die Grenzen des Schrumpfens«, gab damals der IBM-Forscher Paul Seidler zu Protokoll.[9]

Der Bösewicht war eine dünne Schicht Siliziumdioxid. Sie isolierte das Gate eines Transistors und seinen Kanal voneinander, damit kein Kurzschluss entsteht. Über die Jahre ist sie mitgeschrumpft und war nur noch so dünn wie fünf aneinandergereihte Atome. Ein Blatt Papier ist 100.000 Mal so dick.

An diesem Punkt meldete sich die Quantenphysik. Denn ihr Reich beginnt dort, wo die Dinge kaum noch größer sind als einzelne Atome. Sie erlaubt es Teilchen, Barrieren zu überwinden, die höher sind als es der Energie der Teilchen entspricht. So als würde eine Murmel einen Teller verlassen, obwohl sie nicht genügend Schwung hat, über dessen Rand zu rollen. Physiker nennen das Tunneleffekt. Denn es tut sich eine Art Tunnel für das Teilchen auf. Dumm für die Chipindustrie. Ein Teil der Elektronen tunnelte aus dem Kanal des Transistors heraus. Das Bauteil hatte ein Leck, der Fachbegriff lautet denn auch »Leckstrom«. Ähnlich wie bei einer undichten Wasserleitung musste der entfleuchte Strom nachgeliefert werden. Die Chips brauchten mehr Energie und erzeugten zusätzliche Abwärme.

The Show Must Go On!

Um zu verhindern, dass Handynutzer sich die Ohren verbrannten, froren die Ingenieure die Taktfrequenz ein. Seit 2004 stagniert sie bei etwa vier Gigahertz. Das Leck zu stopfen ist bis heute nicht wirklich gelungen. Intel wich zwar um 2007 zu diesem Zweck erstmals vom reinen Siliziumchip ab und mischte das Metall Hafnium in die Isolierschicht. Das erlaubte eine etwas dickere Isolierschicht, ohne den Schaltvorgang zu bremsen. Mit der neuen Rezeptur konnte das Schrumpfen der Transistoren erst mal weitergehen. Aber nur mit angezogener Handbremse, also mit eingefrorener Taktfrequenz. Moores Gesetz war formal gerettet, denn es spricht nur von der Anzahl der Bauteile, nicht von der Schnelligkeit der Schaltungen.

---

9)   [2007Mei]

Dabei wollte es die Halbleiterindustrie aber nicht belassen. Die Fortschrittsmaschine sollte weiter brummen wie zuvor. Gerade war Apples iPhone auf den Markt gekommen. Die Verbraucher waren es gewohnt, im Zweijahrestakt mit immer smarteren, kleineren und potenteren Produkten unterhalten zu werden. The Show Must Go On!

Und man wollte sich die Hoheit über den Computermarkt bewahren. Die Halbleiterbranche war nie konkurrenzlos. Etwa zehn Jahre zuvor hatte eine Idee die Computerentwickler weltweit elektrisiert. Sie wollten Computer bauen, die ohne elektronische Komponenten auskamen. Stattdessen sollten sie mit Lichtsignalen arbeiten. Lichtwellen können Daten sehr viel dichter packen als eine elektrische Leitung. Forscher haben Transistoren gebaut, bei denen Lichtsignale andere Lichtsignale schalten. Im Prinzip geht das schneller als mit herkömmlichen Transistoren. Lichtcomputer könnten auch völlig anders gestrickt sein als herkömmliche, ganz ohne Leitungen und Transistoren. Indem Lichtwellen sich gegenseitig verstärken oder auslöschen, ein Effekt namens Interferenz, ahmen sie Addition und Subtraktion nach. Interferierende Lichtwellen rechnen also. Sie tun das nicht nur sehr schnell, sondern auch parallel, wenn sehr viele Lichtwellen simultan zur Interferenz gebracht werden.

Auf den Seitenkanälen des Fortschritts dümpelten noch weitere Ideen für alternative Computer vor sich hin, von der Fortschrittsmaschine abgedrängt. Statt aus Silizium, schlugen Forscher in den 1990ern vor, könnten Computer auch aus Kohlenstoff gebaut werden. Bestimmte Erscheinungsformen des Kohlenstoffs zeigten nämlich phänomenale Eigenschaften, die sehr viel schnellere und energiesparendere elektronische Schaltungen versprachen.

Eine der revolutionärsten Ideen brachte der kalifornische Elektroingenieur Carver Mead noch sehr viel früher aufs Tapet. Auf der steten Suche nach neuen und vermarktbaren technischen Ideen hatte sich der Forscher von dem deutschstämmigen Physiker Max Delbrück inspirieren lassen. Der hatte sich mit dem Rätsel des Lebens beschäftigt, insbesondere mit der Wahrnehmung: Wie wandeln Sinnesorgane und das Nervensystem einen physikalischen Reiz in einen Sinneseindruck um? Das brachte Mead auf die Idee, Sinnesorgane und das Nervensystem inklusive Gehirn in Form elektronischer Schaltkreise nachzuahmen. Er hatte beobachtet, dass ein Transistor weit komplexer ist als nur ein Schalter mit zwei Zuständen, »0« und »1«, dass die Ladungen darin auf ähnliche Weise flossen wie in einem Neuron. Mit elektronischen Bauelementen ließen sich also Nervenzellen simulieren. Somit gründete Mead das Feld der neuromorphen Computer. Maschinen, verdrahtet wie das Gehirn, wurden in der Folgezeit tatsächlich gebaut (siehe Kap. 8).

Doch die Wucht, mit der die Fortschrittsmaschine voranpreschte, drängte all diese Ansätze beiseite. Die Halbleiterindustrie wollte, dass das so bleibt. Ein ganz normales Beharrungsvermögen einer Industrie: Man will ein Erfolgsmodell so lange wie möglich als Cashcow behalten.

Also ließen die Ingenieure ihre Köpfe weiter rauchen. Das Ergebnis war der Mehrkernprozessor. Wenn man einen einzelnen Prozessor nicht mehr schneller mit Daten und Instruktionen füttern konnte, weil die Taktfrequenz stagnierte, dann gravierte man eben mehrere Prozessoren in den Chip. Auf ein Fabrikgelände mit mehreren statt nur einer Produktionshalle können mehr Einzelteile geliefert werden, während am anderen Ende mehr fertige Autos aus den Hallen rollen. So hoffte man, immer mehr Transistoren auf den Chip zu bringen und diese auch beschäftigen zu können.

Doch die Hoffnungen erfüllten sich nur zum Teil. Zwar wuchsen die Transistorzahlen weiterhin exponentiell. Doch das zahlte sich längst nicht mehr in einem verhältnisgleichen Gewinn an Rechenleistung aus. Zuvor hatten sich Programmierer nicht um die Prozessorarchitektur kümmern müssen. Doch der Mehrkernprozessor verlangte nun von ihnen, das Programm aufzuspalten in parallel zu erledigende Einzelteile. Nur dann ließen sich die vielen Kerne überhaupt auslasten. Doch nicht alle Aufgaben lassen sich aufspalten. Vor allem dann nicht, wenn eine Teilaufgabe von den Ergebnissen anderer Teilaufgaben abhängt. Ein Fließband steht ja auch still, wenn ein Zulieferer streikt oder selbst Nachschubprobleme hat. Für Aufgaben, die sich gar nicht parallelisieren lassen, hat sich die Rechenleistung seit 2005 kaum noch erhöht.[10]

Heiß wie ein Kernreaktor

Dann kam noch die Überhitzung dazu. Das schiere Dichtepacken der Transistoren erhöhte die Abwärmeentwicklung, trotz stagnierender Taktfrequenz. Auf immer engerem Raum fließen die Daten zwischen Arbeitsspeicher und Prozessor hin und her. Das Senden von elektrischen Signalen

---

10) [2015Sti]

kostet Energie und erzeugt weitere Abwärme. Die Von-Neumann-Architektur ähnelt einer modernen Stadt, wo Geschäfts- und Wohnviertel weit auseinanderliegen. Je mehr Einwohner sich dort drängen, desto verstopfter sind die Straßen. Der Stau entspricht im Fall des Computers der Abwärme.

Eine Herdplatte reicht als Vergleich nicht mehr. Ein Kernreaktor kommt der Sache schon deutlich näher (freilich pro Quadratzentimeter gemessen. Weil sich im Prozessor nur eine kleine Fläche erhitzt, ist die gesamte Wärmeentwicklung überschaubar). Damit Smartphones den Absatz von Brandsalbe nicht ankurbeln, mussten die Hersteller erneut die Bremse anziehen. »Dark Silicon« – »Dunkles Silizium« spötteln Kritiker: Teile der Prozessorkerne müssen schlafengelegt werden, um zum Schutz für die Elektronik die Abwärme unter einem bestimmten Wert zu halten.[11]

Das ernüchternde Fazit: Das Mehr an Transistoren ist nur noch eine Zahl, die nicht mehr viel über die Leistung des Chips sagt. Das Moore'sche Gesetz hat allein deshalb seine Bedeutung verloren.

Dazu kommen noch weitere Probleme. Der Von-Neumann-Flaschenhals bremst die Chips, weil der Bus die Prozessoren nur mit begrenztem Tempo mit Datennachschub versorgen kann. Sie erinnern sich an das Bild mit dem engen Korridor? Ein ähnliches Problem ist die so genannte Memory Wall (Speicherwand). Sie bedeutet, dass die Speicherbausteine langsamer sind als die Prozessoren. Das ist so, als würden die Zulieferer nicht mit der modernen Produktionstechnik der Autofabrik, die sie beliefern, mithalten.

Dann ist da noch die Ökonomie. Die Chips und ihre Herstellungsverfahren sind inzwischen derart komplex und damit teuer, dass es sich nur noch wenige Firmen leisten können, an der Front der Miniaturisierung zu arbeiten. Mehr als 16 Milliarden US-Dollar investierte die taiwanische Firma TSMC, größter Chiphersteller der Welt, in seine jüngste Fabrik. »Spätestens seit dem vorletzten Miniaturisierungsschritt gilt die ökonomische Komponente des Moore'schen Gesetzes nicht mehr«, sagt Andreas Koch von der TU Darmstadt. Mehr Rechenleistung wird teurer statt billiger.

---

11) Unter der so genannten »Thermal design power«.

Da die Kosten aber zur *Definition* von Gordon Moores Prognose gehören, ist klar: Das Moore'sche Gesetz ist tot.

Zwar werden die Hersteller die Transistoren weiter schrumpfen. Aber nur noch bis sie fünf Nanometer klein sein werden, also etwa bis 2025, wie Intel-Chefentwickler Josh Fryman meint. Kleinere Transistoren seien einfach nicht mehr zuverlässig genug. Diese winzigen Transistoren wird man auch nicht mehr in jedem Computer anwenden, einfach weil sie zu teuer sein werden.

Die Universalmaschine steckt in der Sackgasse. Jedenfalls in der Gestalt, die ihr John von Neumann und seine Nachfolger gegeben haben, kann sie ihr Potenzial nicht ausschöpfen.

Von der Rechenleistung der Natur ist sie noch Lichtjahre entfernt.

Aber wie »rechnet« die Natur eigentlich?

4 Ausbruch aus dem Käfig

Es ist eines der großen Rätsel der Wissenschaft: Wie wuchs aus einer gestaltlosen Ursuppe das Leben? Einfach gestrickte Moleküle, nicht viel komplexer als das, was in Ihrer Teetasse herumschwimmt, verbinden sich von selbst zu molekularen Maschinen, die vollbringen, was keine menschengemachte Maschine kann: sich selbst vermehren. Nachdem sich das Leben selbst einen Anfang gesetzt hat, ordnet es das, was es an Zutaten auf der Erde findet, zu immer raffinierteren Überlebensmaschinen. Schon simple Einzeller sind ein hoch organisierter Mechanismus, dessen Beschreibung Hunderte Seiten in einem Fachbuch füllen kann: Antriebsmotoren, ein Mechanismus für die Selbstreproduktion, Vorratstanks für Nährstoffe, eine »Haut« mit »Poren«, die wie Türsteher nur die benötigten Stoffe hineinlassen usw. Schließlich spross aus dem vielverzweigten Baum des Lebens das komplexeste Gebilde des bekannten Universums: das Gehirn des Menschen. Kurz zusammengefasst fragen sich Forscher: Wie entstand aus dem Chaos die Ordnung?

Das Leben scheint ein Geisterfahrer zu sein. Unsere Alltagserfahrung sagt: Alles andere steuert, sich selbst überlassen, in die entgegengesetzte Richtung. Von der Ordnung zum Chaos. Ein Schokonikolaus schmilzt in der Sonne zu einem braunen Klecks. Eine Hütte zerfällt zu einem Haufen verfaulter Bretter und Balken usw. Wer hätte je einen Berg Bretter sich von selbst zu einer Hütte zusammenfinden sehen?

Noch in einer weiteren Hinsicht unterscheiden sich Lebewesen von toter Materie. Ihr Verhalten lässt sich nicht allein durch physikalische Gesetze vorhersagen. Bei einem Stein weiß man, wie er fallen wird, *bevor* man ihn loslässt. Eine Taube hingegen wird nicht sklavisch der Gravitationskraft zum Boden folgen wie ein Stein, sondern dahin fliegen, wohin ihr Instinkt sie leitet. Pflanzen, Tiere und Menschen haben ihre eigene Agenda: Sie wollen überleben und sich vermehren. Man könnte auch sagen: Sie wollen die Ordnung gegen das Chaos verteidigen.

Denn Unordnung bedeutet Tod. Etwas wissenschaftlicher formuliert: Lebewesen leben nur so lange, wie sie das »thermische Gleichgewicht« meiden. Das ist ein Zustand maximaler Unordnung, wobei Physiker statt Unordnung »Entropie« sagen. In einem nach außen hin isolierten System strebt alles der maximalen Entropie zu. Eine chemische Reaktion kann heftig verlaufen, knallen, blubbern und stinken. Doch irgendwann ist die Show vorbei und im Reagenzglas schwappt ein träges Tümpelchen. Das »thermische Gleichgewicht« hat sich eingestellt.

Diesen deprimierenden Gang geht wohl auch das Universum. In ein paar Milliarden Jahren könnte sich alle Materie und Energie zu einer gestaltlosen Suppe aufgelöst haben, als so genannter Wärmetod des Universums.[1] In diesem Zustand gäbe es keine Zeit mehr. Der »Zeitpfeil«, zuvor durch die Richtung des Entropiezuwachses definiert, verlöre seine Orientierung, falls das Universum die maximale Entropie erreicht.

Pflanzen, Tieren und Menschen hingegen gelingt es über Jahre oder gar Jahrtausende, wie einige kalifornische Bäume beweisen, dieses tote Gleichgewicht aktiv zu umschiffen. Früher wollten Forscher die rätselhafte Eigensinnigkeit des Lebens mit einer spezifischen Lebenskraft erklären, die sie vis vitalis nannten. Doch an derart Wolkiges glaubt heute kaum noch ein Wissenschaftler.

Stattdessen macht eine greifbarere Größe Karriere unter jenen Forschern, die erklären wollen, *wie* das Leben Ordnung hält: *Information*.

Information ernten

Wie das? Man kann Ordnung durch Verarbeitung von Information schaffen. Ordnung ist, wenn das Unwahrscheinliche eintritt. Wenn das Zimmer des pubertierenden Sohnes eines Morgens, gerade noch rechtzeitig, ehe sich darin eine Ursuppe gebildet hätte, aufgeräumt ist. Oder wenn aus dem Rauschen eines Radios, das auf keinen Sender eingestellt ist, auf einmal das Gitarrenintro von »Satisfaction« von den Stones erklingt. Dann hätten sich auf eine gespenstische Weise die zufällig aufeinanderfolgenden Signale von selbst geordnet und in die Reihenfolge des berühmten Gitar-

---

1)   Vorausgesetzt, das Universum ist ein abgeschlossenes System.

renriffs gebracht. *Möglich* wäre das, denn im Rauschen sind hohe und tiefe Frequenzen enthalten. Die Zutaten sind da, nur die Ordnung fehlt. Sie könnte sich *zufällig* ergeben. Nur ist das astronomisch unwahrscheinlich. Es wäre wie zehn Wochen hintereinander ein Sechser mit Zusatzzahl. Einen solchen Glückspilz gibt es nicht, *jede* Wette!

Man kann das gnadenlose Walten der Unwahrscheinlichkeit jedoch durch die Nutzung von Information bekämpfen.

Dazu ein Gedankenexperiment (siehe auch Abb. 4–1): Eine Box bestehe aus zwei getrennten Kammern. Beide enthalten zimmerwarme Luft. Stellen wir uns eine Kamera vor, die so stark vergrößert, dass einzelne Luft-

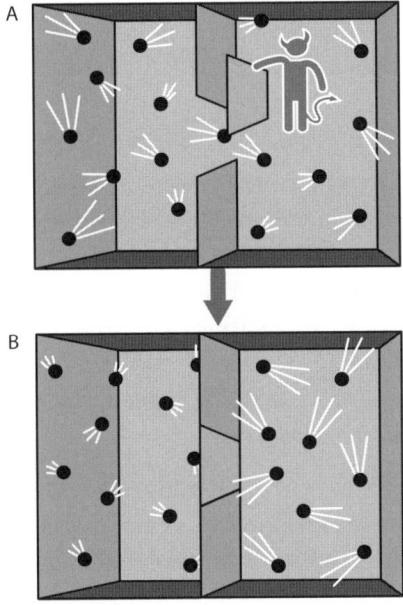

Abb. 4–1   Wie der »Maxwell'sche Dämon« Ordnung ins Chaos bringt. Das hypothetische Teufelchen beobachtet die einzelnen Luftmoleküle. Wenn sich ein schnelles Teilchen der Tür von links nähert, öffnet der Dämon ein Türchen und lässt es in die rechte Kammer. Das Gleiche macht er mit langsamen Teilchen, die von der rechten zur linken Kammer fliegen.

Nach getaner Arbeit hat sich ein geordneter Zustand B eingestellt, bei dem alle langsamen Moleküle in der linken Kammer sind und alle schnellen in der rechten. Links ist es somit kühler als rechts. Allein durch Verarbeitung der beobachteten Information hat das Teufelchen einen Temperaturunterschied zwischen den beiden Kammern geschaffen.

moleküle sichtbar werden. Sie würde ein Chaos von kreuz und quer herumfliegenden Teilchen zeigen. Nicht nur die Flugrichtung eines Teilchens, das in das Blickfeld der Kamera gerät, wäre zufällig, sondern auch seine Geschwindigkeit. Es gibt langsame, mittelschnelle und schnelle. Dazu ein Häppchen Physik: Je höher die *mittlere* Geschwindigkeit der Luftteilchen, desto höher ist die Lufttemperatur.

Könnte man die Information, die die Kamera liefert, also wie schnell und in welche Richtung ein Teilchen fliegt, zu etwas benutzen? Ja, das könnte man! Dazu brauchen wir zwei weitere Zutaten: Ein Türchen in der Trennwand und einen kleinen Computer, der die Kamera mit diesem Türchen koppelt. Immer wenn ein besonders schnelles Teilchen von rechts in die Richtung der Tür fliegt, öffnet sie der Computer, sodass es in die linke Kammer fliegen kann. Zum Ausgleich lässt der Computer für jedes hinübergelassene schnelle Teilchen ein besonders langsames Teilchen, das sich der Tür von links nähert, in die rechte Kammer. Nach einer Weile sammeln sich in der linken Kammer die schnellen und in der rechten die langsamen Luftmoleküle an. Das aber bedeutet, dass unser Information verarbeitendes System die Teilchen *sortiert*, also Ordnung hergestellt hat. Jetzt ist es in der linken Kammer wärmer als in der rechten. Bemerkenswert daran ist, dass kein einziges Teilchen angefasst und transportiert wurde. Nur durch Informationsverarbeitung wurde der Temperaturunterschied geschaffen. Unser fiktives System – Wissenschaftler nennen es den »Maxwell'schen Dämon« – hat den Zeitpfeil umgekehrt. Es hat das thermische Gleichgewicht aufgehoben.

Lebewesen holen die Fiktion in die Realität. Die Maschinerie in ihren Zellen ist so winzig, dass sie einzelne Moleküle wirklich registriert. Die Zelle kann Information tatsächlich so feinkörnig verarbeiten wie es unser Gedankenexperiment nur unterstellt.

Dazu schauen wir uns Bakterien an.

Ein Ziel anzusteuern, statt aufs Geratewohl in beliebige Richtungen zu schwimmen, ist für viele Mikroorganismen lebenswichtig. »Die Evolution hat einen enormen Aufwand betrieben, um ihnen Orientierungsfähigkeit zu geben«, sagt Clemens Bechinger vom Max-Planck-Institut für Intelligente Systeme in Stuttgart.

Als Wegweiser dienen ihnen oft zu- oder abnehmende Konzentrationen von Stoffen. Spermien schwimmen dahin, wo bestimmte von der Eizelle abgegebene chemische Substanzen am höchsten konzentriert sind. Bakterien steuern auf Nahrungsstoffe zu oder aber sie fliehen vor Giftstoffen, indem sie zu- oder abnehmender Konzentration folgen.

Darmbakterien tragen für solche Navigationskünste extrem sensitive Sinnesorgane, die einzelne Moleküle ihres Futters detektieren. Das Problem dabei: Eine Schwalbe macht noch keinen Sommer. Wenn das Tierchen auf ein paar mehr Moleküle des gesuchten Stoffs stößt als üblich, ist das noch keine ansteigende Konzentration. Es kann schnell wieder weniger werden, weshalb es sich möglicherweise nicht lohnt, in die entsprechende Richtung zu schwimmen. In der Umwelt herrscht eben Chaos in Form zufälliger Schwankungen der Konzentration.

Es gilt, die Ordnung im Chaos aufzuspüren. An den Sensor ist zu diesem Zweck ein Information verarbeitendes System angeschlossen. Es stellt zunächst sicher, dass das Tierchen nur dann anfängt, sich in die Richtung der vermeintlich steigenden Konzentration zu bewegen, wenn die Zahl der anströmenden Moleküle eine gewisse Schwelle überschreitet. Ist dies der Fall, hält das Tierchen zunächst Kurs. Beim Schwimmen steigt indessen die Schwelle an. Das Bakterium »gewöhnt« sich sozusagen an die neue Nährstoffkonzentration und stellt höhere Ansprüche. Wie ein Süchtiger, der immer mehr von seiner Droge aufnehmen muss. Der Kurs wird nur dann weiter gehalten, wenn die Nährstoffkonzentration über die nun *erhöhte* Schwelle hinaus ansteigt. Bleibt der Gehalt an Nahrung hingegen konstant, hört das zielgerichtete Schwimmen auf, weil die neue Schwelle wieder unterschritten wird.

Die Natur hat diese Regelungsautomatik mithilfe von Information tragenden Proteinen umgesetzt. Es gibt einen Sensor, der die Moleküle zählt, und ein Speicherprotein, das den jeweiligen Schwellwert vorhält. Ein Signalprotein schaltet die Geißel des Tierchens (seinen Antriebsmotor) an und aktiviert gleichzeitig ein zweites Signalprotein, das den im Speicherprotein vorgehaltenen Schwellwert erhöht.[2]

Das Sensorsystem des Bakteriums macht somit etwas Ähnliches wie das Kamerasystem in unserer luftgefüllten Box. Es filtert die für ein Ziel *relevante* Information aus dem Wust heraus. Das ist nur ein Beispiel für überlebenswichtige Informationsverarbeitung in der Biologie. Viele Lebewesen seien mit ihrer Umwelt »korrelliert«, sagt David Wolpert vom Santa Fe

---

2) *http://www.nature.com/articles/ncomms8498*

Institute (US-Staat New Mexico) aus. Grob gesagt, meint er damit, dass die Lebewesen versuchen, trotz der verrauschten Information zu *erraten*, was in ihrer Umwelt vor sich geht. Wie Marktforscher nehmen sie statistische Proben ihrer Umwelt und stimmen ihr Verhalten darauf ab. Dabei können sie sich manchmal täuschen und schwimmen nach rechts, wenn das Futter links ist.

Zusammengefasst kann man sagen: Lebewesen *ernten* regelrecht Information aus ihrer Umwelt. Sie sind gut darin, nicht in der Informationsflut zu ertrinken, die sie umgibt. Sie filtern die Daten heraus, die für sie Bedeutung haben. Das ist das *Wie* des Kampfs gegen das Chaos: Für das Überleben bedeutungsvolle Information wird geerntet. Die Ernte nutzen sie, um das thermische Gleichgewicht zu umschiffen und somit in einem geordneten Zustand zu verharren.

Das *Warum* ist etwas diffiziler. Warum Moleküle sich zu komplexen Molekülen ordnen, diese sich zu noch komplizierter aufgebauten Einzellern zusammenfinden und diese sich wiederum zu höchst komplexen Pflanzen und Tieren bis hin zum Menschen organisieren, lässt sich aber auch aus dem Blickwinkel der Informationsverarbeitung beantworten.

Die Evolution ist demnach eine Art Computer. Aber einer, der völlig anders arbeitet als ein Siliziumchip. Was würde dieser Evolutionscomputer tun, wenn er folgende Aufgabe bekäme: Hier in der Tiefsee ist ein geiler, nährstoffreicher Lebensraum, nur leider ist es stockdunkel. Was *nicht* passiert ist Folgendes: Irgendetwas überlegt, was man machen könnte: eine Lichtquelle in das Lebewesen einbauen wie bei Glühwürmchen? Oder große Augen, die möglichst viel vom spärlichen Restlicht sammeln?

Die von Charles Darwin im frühen 19. Jahrhundert entwickelte Evolutionstheorie braucht keine Instanz, die Überlegungen anstellt, sondern etwas, das Informatiker als massiv-parallelen Rechner bezeichnen würden, einen Computer also, der Tausende, Millionen oder mehr unabhängige Prozessoren einsetzt. Informatiker würden von einer Brute-Force-Attacke auf die Fragestellung sprechen. Grob gesagt: Ich habe jede Menge Rechenleistung, also probiere ich eine erschöpfende Anzahl von Lösungsmöglichkeiten aus. Darunter ist höchstwahrscheinlich auch eine, die passt. Es ist wie wenn ein hypothetischer Lottospieler 100 Millionen Lottoscheine mit lauter verschiedenen Tippmustern aufgeben würde: Er könnte praktisch sicher sein, dass einer davon gewinnt.

Übersetzt in die Sprache der Evolution sind die Prozessoren die Millionen oder Milliarden schon existierender Lebewesen, in unserem Beispiel Fische. Die Brute-Force-Attacke sind zufällige Mutationen ihrer genetischen Information. Träger dieser Information ist das Erbgutmolekül DNA. Die DNA codiert Information als Abfolge von vier Molekülen, die so genannten »Basen« Adenin, Guanin, Cytosin und Thymin, kurz: A, G, C und T. Eine Folge wie »AGTTAGCTAA...« symbolisiert etwas, ein Protein zum Beispiel, ähnlich wie im Computer Folgen aus »0« und »1« codierte Bedeutungen haben. Mutationen verändern diese Abfolge und damit ihre Bedeutung. Ein C wird durch ein G ersetzt, zum Beispiel. Ein derart geringer Anlass *kann* Folgen für die Überlebensfähigkeit haben, ja sogar den Grundstein für den durchschlagenden Erfolg einer ganzen Spezies legen. Der unseren zum Beispiel. Vor anderthalb Millionen Jahren gefiel es dem Spiel der Mutationen, *einen* Buchstaben im Genom früher Menschen zu verändern. Diese winzige Änderung brachte Stammzellen dazu, mehr Nervenzellen zu erzeugen. So konnte das Großhirn groß genug für Sprache und Denken werden.[3]

Mutationen passieren ständig, ausgelöst etwa durch kosmische Strahlung oder chemische Substanzen in der Zelle. So entstehen in unseren Fischen über einen langen Zeitraum hinweg eine Unzahl von Varianten, bis einmal die richtige dabei ist: Ein Fisch mit großen Augen, der in der Tiefsee sehen kann. Voilà: Der massiv-parallele Computer hat die richtige Lösung ausgespuckt.

Kurz zusammengefasst: Die Evolution probiert aufs Geratewohl so lange Lösungsansätze aus, bis unter Myriaden von Versuchen zufällig einer entsteht, der sich in der Umwelt behaupten kann. Die Ergebnisse der erfolglosen Versuche verschwinden von der Bildfläche. Die Fitness der erfolgreichen Versuche führt zu deren dauerhaftem Überleben. Der Sinn, das Überleben, steckt also im der Arbeitsweise dieses Computers.

So gesehen löst sich die Frage der Zielverfolgung oder Zweckbestimmung auf. »Die Evolution« als handelndes Subjekt existiert nicht. Der in einer bestimmten Umgebung perfekt funktionierende Organismus taucht einfach auf. Was funktioniert, ist da und bleibt da, weil es funktioniert. Das Verfolgen von Zielen, das Lebewesen an den Tag legen, verstehen viele Naturwissenschaftler als eine natürliche Konsequenz von Variation und

---

3)   *https://www.mpg.de/10849060* (abgerufen am 13.3.2017)

Auswahl. Man könnte auch sagen: als Folge der Arbeitsweise des Evolution-Computers. Weil das Überleben zum Programm der Evolution gehört, tauchen mit der Zeit immer komplexere Überlebensmaschinen auf. Das Chaos weicht der Ordnung.

Kosmische Schuldentilgung

Ach ja, Kreationisten dürfen sich nicht zu früh freuen. Dass das Leben die Entropie auf der Erde erniedrigt ist kein Beweis, dass überirdische Kräfte im Spiel seien. Das Leben verstößt nur *scheinbar* gegen das universelle Gesetz, wonach die Ordnung dem Chaos weichen muss. Dazu wieder ein kleiner Ausflug in die Physik. Der so genannte zweite Hauptsatz der Thermodynamik sagt: Die Entropie muss in einem *abgeschlossenen System* stets zunehmen, bis sie ein Maximum erreicht. Die Erde ist aber kein abgeschlossenes System, sondern erhält Energie von der Sonne. Mit dieser Energie lässt sich die Ordnung auf der Erde erhöhen. Der Stoffwechsel von Mikroorganismen, Pflanzen und Tieren tut genau das. Dabei wandeln sie die Energie in Wärmeenergie um. Diese wird als Wärmestrahlung an das All zurückgegeben (ansonsten würde sich die Erde erhitzen wie die Venus). Ohne auf die Details einzugehen: Die Wärmestrahlung hat mehr Entropie als die von der Sonne kommende Lichtmenge. Das Leben *erhöht* also die Unordnung des Weltalls. Somit stimmt, auf das Universum als anzes bezogen, die Rechnung wieder: Die Entropie steigt an.

Rechenleistung des Lebens

Wenn Lebewesen und die Evolution als Ganzes Computer sind: Kann man ihre Rechenleistung beziffern?

Kurze Antwort: Zum Teil ja, und das Ergebnis lässt *alle* vom Menschen geschaffenen Computer *zusammengenommen* alt aussehen.

Die etwas längere Antwort:

Als Maßstab nehmen wir das Erbgutmolekül DNA, schließlich trägt es den genetischen Code, der alles Leben programmiert. Sie ist so etwas wie Speicher und Hauptprozessor des großen Evolutionscomputers.

Schon als Informationsträger ist die DNA einsame Spitze. Sie überdauert Hunderttausende Jahre (Deutsche Forscher haben z.B. die über 300.000 Jahre alte DNA eines urzeitlichen Bären isoliert)[4], weshalb sie auch für

---

4)   *http://www.pnas.org/content/110/39/15758.abstract* (abgerufen am 10.3.2017)

die Langzeitspeicherung wichtiger Daten eingesetzt werden soll. Der Softwarekonzern Microsoft forscht daran.[5]

Festplatten oder Magnetspeicher hingegen halten höchstens ein paar Jahrzehnte durch. Mit künstlichen DNA-Speichern will man auch des stetig anwachsenden Datenbergs Herr werden, erzeugt durch Millionen von Sensoren oder Forschungsmaschinen wie Teilchenbeschleuniger oder Satelliten, die den Sternenhimmel hochauflösend abscannen.

Die Datenexplosion verläuft exponentiell. Die Menschheit hat allein in den letzten zweieinhalb Jahren so viel Information erzeugt wie seit den ersten Felszeichnungen. Gesucht ist also nicht nur ein stabiles Speichermedium, sondern auch ein besonders platzsparendes. Wir wollen ja den Planeten nicht in Festplattenlaufwerke umwandeln.

Jeder Buchstabe des genetischen Codes, die oben genannten Basen, besteht aus wenigen *Atomen*. Ein Bit Information verbraucht in der DNA lediglich etwa einen Kubiknanometer Raum. In einen Kubik*millimeter* passen somit etwa eine Milliarde mal eine Milliarde Bit. Dafür bräuchte man 125.000 Terabyte-Festplatten. Ein DNA-Speicher, der die gesamte, von allen Festplatten, Magnetbändern usw. getragene Datenmenge enthielte, kurz: das gesamte digitale Universum, würde locker in eine Bierflasche passen.

Noch Fragen?

Auch die Rechenleistung der DNA toppt alles Menschengemachte. Im folgenden Kapitel will ich erklären, wie man mit DNA überlegene Computer bauen will. Hier nur so viel: Ein DNA-Computer von der Größe eines PC wäre etwa tausendmal so schnell wie der weltweit schnellste Supercomputer Sunway Taihu Light.

Das lebenswichtige Vergessen

Doch was brächte der schnellste, platzsparendste Computer, wenn er die Stromrechnung in die Höhe jagt? Was ein gescheiter Zukunftscomputer sein will, sollte also möglichst sparsam mit Energie umgehen. Auch hier enttäuscht uns die Biologie nicht.

---

5) *http://www.spiegel.de/netzwelt/gadgets/microsoft-testet-kuenstliche-dna-als-speichermedium-a-1089824.html* (abgerufen am 10.3.2017)

Zwar gibt es kein freies Mittagessen, wie es bei dem Gedankenexperiment mit den beiden Luftkammern auf den ersten Blick aussieht: Allein das Verarbeiten von Information schuf einen Temperaturunterschied (was die Realisierung eines perpetuum mobile wäre, denn einen Temperaturunterschied kann man als Energiequelle nutzen). Denn das Sammeln der Information kostet notgedrungen Energie. Genauer gesagt, das Löschen der Information. Information existiert nicht nur geistig, sondern sie hat stets eine materielle Verkörperung. Die Kamera in unserem Mechanismus hat einen Bildsensor, dessen Pixel sich bei Belichtung elektrisch aufladen. Die Bildinformation wird also von den elektrischen Ladungen verkörpert. Die Kamera muss die Daten jedoch immer mal wieder löschen, sonst versinkt bald jedes neu abgebildete Teilchen in einem immer chaotischeren Gewirr. Weil sich die elektrischen Ladungen auf den Pixeln nicht einfach dematerialisieren lassen, müssen sie unter Energieaufwand wegtransportiert werden. Letztlich entsteht dadurch Abwärme.

Doch muss es nicht viel Energie kosten, das Mittagessen ist potenziell *fast* umsonst. Der deutsch-amerikanische Physiker Rolf Landauer hat das theoretische Minimum ausgerechnet. Diese Landauer-Grenze ist eine winzige Energiemenge. Pro Bit gelöschter Information fällt demnach mikroskopisch wenig Abwärme an. Um ein Gramm Wasser um ein Viertel Grad Celsius zu erwärmen, müsste eine Informationsmenge von 40 Millionen Terabyte-Festplatten gelöscht werden. Dass Landauers Grenze tatsächlich gilt, wurde von einem deutsch-französischen Team experimentell bestätigt.[6]

Auch Darmbakterien müssen Information löschen, wenn sie zum Futter finden wollen, wie wir oben gesehen haben. Lebewesen seien aber sehr nah an Landauers Minimalwert dran, haben David Wolpert und sein Mitarbeiter Artemy Kolchinsky berechnet.[7] Die Evolution hat Mittel gefunden, die Kosten für das lebenswichtige Vergessen so weit wie möglich zu begrenzen. Nur zehnmal mehr als Landauers Minimalenergie brauchen Lebewesen. »Die Natur tut alles, um den Rechenaufwand zu minimieren, den eine Zelle ausführen muss«, sagt Wolpert. Auch so gesehen ist die Evolution eine Optimierungsmaschine: Das Überleben wird so ökono-

---

6) [2012Ber]
7) *https://www.quantamagazine.org/20170126-information-theory-and-the-foundation-of-life* (abgerufen 10.3.2017)

misch gestaltet wie es nur geht. Denn wer Energie spart, hat bessere Überlebenschancen.

Computer sind sehr viel verschwenderischer. Zieht man als Vergleich die Energie heran, die ein Transistor braucht, um von »0« auf »1« zu schalten oder umgekehrt, verbrennt ein Computer mehr als 100.000 Mal Landauers Minimalenergie. Das Bit hat sozusagen einen großen Körper, der mitgeschleppt werden muss. Das Schalten eines Transistors schiebt Milliarden von Elektronen von A nach B.

Der Supercomputer in einer Schaufel voll Gartenerde

Zurück zur biologischen Rechenpower. Wie groß die Rechenleistung des *gesamten* Lebens auf der Erde ist, lässt sich nicht sagen. Welch titanische Ausmaße sie hat, lassen folgende Beispiele aber immerhin erahnen:

- Eine einzige Körperzelle führe zehn Millionen Rechenoperationen pro Sekunde aus, rechnet der Physiker Rahul Sarpeshkar vom Massachusetts Institute of Technology vor. Der menschliche Körper mit seinen hundert Billionen Zellen rechnet demnach hundertmal schneller als der leistungsstärkste Supercomputer.

- Proteine erfüllen ihre Funktion, indem sie ganz bestimmte komplexe Formen annehmen. Die Form wirkt wie ein Schloss, in das genau ein Schlüssel passt. Auf diese Weise passen Hämoglobin und das von ihm transportierte Sauerstoffmolekül exakt zusammen. Die komplexe Form des Proteins ergibt sich, indem sich Tausende Glieder einer langen Molekülkette im jeweils genau richtigen Winkel zueinander positionieren. Da jedes Molekül auch einen anderen Winkel einnehmen könnte, gibt es für das Protein eine Unzahl von Möglichkeiten, sich zu falten. Ein Computer bräuchte Jahrmillionen, um das auszurechnen. Ein Protein faltet sich zielsicher binnen Sekundenbruchteilen in die richtige Form.

Aber selbst die Rechenleistung des Lebens verblasst vor dem, was tote Materie, zumindest theoretisch, an Information verarbeiten könnte. Mit diesem Thema beschäftigt sich ein schrulliger Physiker vom Massachusetts Institute of Technology (MIT) in Boston. Seth Lloyd glaubt daran, dass künftige Computer irrsinnig leistungsfähig sein werden. Er wollte es genau wissen: Wie viel mehr ist möglich? Daher fragte er sich, welche unüberwindbaren Grenzen die Naturgesetze der Rechenleistung ziehen.[8]

Bei seinen Arbeiten geht es um die Frage, welche Rechenleistung sich, egal welche Technik man anwendet und egal mit welchen Materialien man arbeitet, maximal herausholen lässt. Lloyd hat dafür das »ultimative Laptop« ersonnen. Das ist ein hypothetischer Rechner mit typischem Laptop-Gewicht von einem Kilogramm.

Was an diesem Kilogramm zählt, ist wirklich nur das Kilogramm. Ob es Gartenerde ist, Silizium, Gold oder Vogelscheiße, spielt keine Rolle. Lloyd betrachtet die Rechenkraft von Materie an sich. Diese kann unglaublich groß werden, denn schon ein *einzelnes Elektron* kann mehrere Bits an Information tragen: Es kann sich hier oder dort aufhalten (1 Bit), kann sich links oder rechts herum drehen (noch 1 Bit). Als Teil eines Atoms kann es dieses Atom in zwei Richtungen umrunden (ein weiteres Bit). Diese Reihe ließe sich noch fortsetzen. Der Komplexität von Teilchenverbünden sind kaum Grenzen gesetzt.

Lloyd versucht, dieses »kaum« zu quantifizieren. Zunächst, so der Physiker, begrenze die verfügbare Energie das Rechentempo. Man kann sich diesen Zusammenhang veranschaulichen mit einem Elektron, das ein Bit Information dadurch codiert, dass es entweder links oder rechts in einem Kästchen ist. Es gelangt umso schneller von links nach rechts, je mehr Energie es besitzt.

Laut Einsteins berühmter Formel $E = mc^2$ steckt in einem Kilogramm Masse eine gewaltige Energie. Wie gewaltig, kann man in etwa erahnen, wenn man bedenkt, dass eine Atombombe nur einen Bruchteil der Masse des in ihr enthaltenen Urans oder Plutoniums in Energie verwandelt. Aus der Energie, die in einem Kilo Masse steckt, berechnete Lloyd die Geschwindigkeit des ultimativen Laptops.

Es sind, naja, verdammt viele Operationen pro Sekunde: eine fünf gefolgt von 50 Nullen. Für diese Zahl gibt es keinen Namen. Sie entspricht etwa der Anzahl der Atome von zehn Erden.

Das ultimative Laptop hat es auch in puncto Speicher in sich. Ohne einen großen Speicher taugt auch der schnellste Computer nichts. Eine zwei, gefolgt von 31 Nullen: So viele Bits kann das ultimative Laptop speichern. Das ist 100 Milliarden Mal mehr, als die Menschheit mit all ihren

8)   [2000Llo]

Computern im Jahr 2007 speichern konnte: Es ist ein einziges »Laptop«, das das schaffen könnte!

Besonders realistisch ist Lloyds Vision indessen nicht, wie er selbst einräumt. Das ultimative Laptop wäre kein flaches Stück Kunststoff mit Siliziumchips im Innern, sondern aufgrund seiner irren Energie ein Teilchengemisch mit einer Milliarde Grad Celsius. »Es würde wie ein Stück vom Big Bang aussehen«, schreibt Lloyd. Für machbar hält er indessen eine abgespeckte Version, die aber immer noch mit astronomischen Eckdaten aufwartet:

Tempo in Bits pro Sekunde: eine eins mit vierzig Nullen
Speicherkapazität in Bits: eine eins mit 25 Nullen

Wir können ein Fazit ziehen: Verglichen mit der lebenden Natur lassen unsere Rechner also viel Energie zu Abwärme verpuffen und verglichen mit der möglichen Rechenleistung von toter Materie sind sie wirkliche Krücken.

Aber ist das ein Problem?

Der Energiehunger der Computer

Der Energiehunger ist es in jedem Fall.

Was die eigenen Computer an Strom verbrauchen, mag einem marginal erscheinen. Der Strom fürs Smartphone kostet etwa 30 Cent pro Jahr. Der Kühlschrank hingegen 30 Euro im Jahr, also das 100-Fache. Doch das Smartphone ist nur das Ende einer Kette. Es kommuniziert über WLAN und das Internet mit diversen Datenzentren. Der Betrieb der Infrastruktur kostet natürlich ebenfalls Energie. Rechnet man die ganze Kette mit hinein, verbraucht ein Smartphone mehr als 700 Kilowattstunden im Jahr, die etwa 200 Euro kosten (verteilt auf die Stromrechnungen mehrerer Beteiligter der Kette).[9]

Die ganze Informations- und Kommunikationstechnologie (IKT), also alle Computer, Handys, Fernsehen, Radio, Datenzentren und das ganze Netzwerk, verbrauchten im Jahr 2013 mehr elektrische Energie als Deutschland und Japan zusammengenommen. Das waren damals 10 Prozent der Weltenergieerzeugung (auch in Deutschland liegt dieser Anteil

9)   [2013Mil]

etwa bei 10 %)[10]. Die IKT fraß mehr Energie als der Luftverkehr. Allein das Internet verbraucht die Hälfte davon.

Zwar bastelt man fleißig an Energiespartechniken. Doch der Stromverbrauch des Internets steigt, relativ gesehen, immer noch schneller als der Stromhunger der Welt.[11] Und verglichen mit dem, was da kommen soll, steckt das Internet noch in den Kinderschuhen. Das »Internet der Dinge« soll bald alles Mögliche einschließen, neben mobilen Geräten auch den halben Haushalt, Kühlschränke, Heizungen sowie Maschinen und allerlei Sensoren miteinander vernetzen. Zwanzig Milliarden computergesteuerte Geräte sollen miteinander agieren. Ach ja: und dem Menschen das Leben erleichtern. Heute hängen etwa so viele Geräte am Netz wie es Erdenbürger gibt, um 2020 sollen es dreimal so viele Geräte sein.[12] Und schon zehn Jahre später könnte dieses »Allesnetz« die Hälfte der Weltenergieversorgung auffressen, fürchten Forscher um Mark P. Mills von der University of Lancaster.

Besonders Rechenzentren verbraten immer mehr Energie, denn immer mehr Aktivität verlagert sich in die Cloud. Die Leute brauchen durch Videostreaming oder Online-Games sehr viel Rechenkraft. Allein Googles Rechenzentren brauchen so viel Elektrizität wie eine Stadt von der Größe Bochums.[13]

Google für das Gehirn

In einer Energiefalle stecken auch die Supercomputer. Also die etagenfüllenden Rechner, die künftig das Wetter möglichst lange im Voraus und für jedes Dorf vorhersagen, das Klima 100 Jahren tunlichst treffend einschätzen, das nächste Erdbeben mehr als nur erahnen oder ein ganzes menschliches Gehirn, Nervenzelle für Nervenzelle, simulieren sollen.

Nur etwa die Hälfte der Energie, die sie verbrauchen, geht in die Nutzarbeit, also das Rechnen. Sie verpufft nach getaner Arbeit fast komplett als Abwärme, weshalb die andere Hälfte der Energie für die Kühlung gebraucht wird. Allein die Kosten für die Kühlung betragen oft mehrere Millionen Euro pro Jahr.

---

10) [2015Bor]
11) [2016Haz]
12) *http://www.gartner.com/newsroom/id/3165317* (abgerufen am 28.2.2017)
13) *https://www.bloomberg.com/news/articles/2016-07-19/google-cuts-its-giant-electricity-bill-with-deepmind-powered-ai* (abgerufen am 28.2.2017)

Zwar sind neue Kühltechniken sehr viel effizienter und brauchen nur noch etwa ein Fünftel des Stroms. Obwohl dreimal so schnell wie sein Vorgänger an der Spitze der Weltrangliste für Supercomputer, braucht der chinesische Sunway Taihu Light etwas weniger Energie als dieser. Doch den Weg zu immer noch schnelleren Supercomputern ebnet das noch lange nicht.

Das Ende des Moore'schen Gesetzes schlägt hier besonders schmerzhaft zu. Die USA, China, Japan und Frankreich veranstalten derzeit ein Wettrüsten um das nächste große Ziel, den so genannten Exascale-Rechner. Anfang der 2020er-Jahre wollen alle vier Länder solch einen Monsterrechner installiert haben.[14] Die Maschinen wären über 100 Mal schneller als Sunway Taihu Light.

Supercomputer ähneln einem Verkehrsmittel: Per Fahrrad komme ich an einem Tag von einer größeren Stadt zur nächsten, mit dem Auto schaffe ich es in dieser Zeit nach Süditalien, mit dem Flugzeug nach Mexiko und mit einer Rakete etwa ein Drittel der Strecke zum Mond.

Ein Exascale-Rechner könnte weiter in die Zukunft oder tiefer in die Funktionsweise des Gehirns blicken als die besten derzeitigen Superrechner. Wetter- oder Klimamodelle zum Beispiel: Sie haben eine begrenzte Genauigkeit. Sie berechnen das Wetter nicht für jeden einzelnen Punkt der Atmosphäre und nicht für jeden Zeitpunkt, sondern zerlegen die Lufthülle in Würfel von einigen Kilometern Kantenlänge und Zeitintervalle von einer halben Minute.[15] Kleinere Pakete würden die Genauigkeit erhöhen, also lokale Wetterphänomene besser prophezeien und Vorhersagen über mehr Tage erlauben als heute. Der Preis für die größere Auflösung des Wettermodells ist aber eine weit höhere benötigte Rechenpower.

Besonders freuen über einen Exascale-Rechner würden sich neben den Wetterfröschen auch die Hirnforscher. Denn sie könnten damit die Aktivität des menschlichen Gehirns simulieren. »Wir möchten eine Art Google für das Gehirn entwickeln«, sagt Katrin Amunts vom Forschungszentrum Jülich. »Damit könnten wir in das Gehirn hineinzoomen, es aus verschiedenen Blickwinkeln betrachten und so verstehen, wie die Struktur des Hirns und seine Funktion zusammenhängen.« Das soll vor allem der

---

14) *https://www.top500.org/news/the-four-way-race-to-exascale* (abgerufen am 2.3.2017)
15) *http://www.weltderphysik.de/gebiet/planeten/atmosphaere/wetter/wettervorhersage* (abgerufen am 2.3.2017)

Medizin helfen. Wüsste man in solchem Detail, wie das Gehirn tickt, dann wäre Kommunikation mit Menschen möglich, die nicht sprechen können, oder die Verbesserung der geschädigten Hirnfunktionen bei Demenz- oder Schlaganfallpatienten. Die Wirkung von neuen Medikamenten auf das Denkorgan könnte simuliert werden, bevor man sie einsetzt, und Vieles mehr.

Indessen fragen sich Experten, welchen Sinn das Aufrüsten, die schiere Jagd nach mehr Rechenoperationen pro Sekunde, überhaupt hat. »Die höhere Schnelligkeit wird nur durch immer mehr Prozessoren erreicht«, erklärt Stefan Petri vom Potsdam Institut für Klimaforschung. Die einzelnen Prozessoren hingegen werden wegen des Todes des Moore'schen Gesetzes nicht mehr schneller. »Nur das aber würde wirklich etwas bringen«, sagt der Informatiker, am PIK für das Supercomputing zuständig.

Er erklärt auch, warum. Nutzer von Rechnern, die aus Millionen von einzelnen Prozessoren bestehen, müssen ihre Aufgaben in kleine Teilaufgaben zerlegen. Um eine komplexe Gesamtaufgabe zu lösen, müssen die Prozessoren ständig Zwischenergebnisse austauschen.

Nicht jedes Problem lasse sich beliebig fein zerteilen, sagt Petri. Ob zehn- oder hunderttausend Prozessoren: Das nehme sich bei Klimarechnungen nicht viel. Teilt man die Aufgabe zu fein auf, ist jeder Chip mehr mit der Kommunikation mit anderen Chips beschäftigt als mit der eigentlichen Berechnung.

Dann frisst die Kommunikation Einsparungen bei der Kühlung wieder auf. »Bei einem Exascale-Rechner würde der Datenaustausch den meisten Strom kosten«, sagt Paul Gibbon vom Supercomputing-Center des Forschungszentrums Jülich. Dieser Traumcomputer würde mit derzeitiger Technik ein Gigawatt verbrauchen, sagt Gibbon. Das entspricht dem Verbrauch einer Millionenmetropole. Die jährliche Stromrechnung ginge in die Milliarden Euro.

Wo der Ochs vorm Berg steht

Noch in einer anderen Hinsicht gleicht die Jagd nach neuen Temporekorden dem Hasen, der vergeblich versucht, den Igel einzuholen. Letztlich wird *jeder* nach herkömmlicher Art gebaute Computer eine Schnecke bleiben. Relativ gesehen.

Mal *angenommen*, die Menschheit würde all ihre Ressourcen in einen Ober-Mega-Super-Giga-Computer stecken. Sie würde Mitteleuropa mit mannshohen, schwarzen Regalen für die Computerchips vollstellen und Skandinavien mit Kühlanlagen bedecken. Die Kosten wären fast eine Million Mal so hoch wie das Bruttosozialprodukt Deutschlands. Im Vollbetrieb würde dieses Gebilde sämtliche fossilen Energiereserven schlucken – an einem einzigen Tag! Und doch würde es zehn Jahre brauchen für eine nicht besonders kompliziert klingende Aufgabe: Zwei Teiler einer Zahl mit 600 Dezimalstellen zu finden, die sich selbst nicht weiter teilen lassen, also deren Primfaktoren. Einfach alle Möglichkeiten durchprobieren sollte für so eine hyperschnelle Maschine wohl kein Problem sein, oder? Ist es aber, denn es gälte mehr Zahlen durchzuprobieren als es Teilchen im bekannten Universum gibt. Selbst für einen solchen Godzilla von Computer wäre das zu viel.

Von dieser Sorte Aufgaben gibt es mehr als man denkt. Beim Brettspiel Go steigt die Zahl der möglichen Spielverläufe mit der Zahl der Züge. Schon nach 30 Zügen gibt es mehr mögliche Verläufe als Atome im bekannten All.

Derart harte Nüsse beschäftigen nicht nur Akademiker oder Go-Meister. Sie sind im Alltag allgegenwärtig. Sie schweben weit über den Versuchen des Menschen, ihrer Herr zu werden. Die praktische Nicht-Berechenbarkeit der Primzahlzerlegung etwa dient der Verschlüsselung im Internet. Beim Online Banking, Einkaufen im Internet oder bei digitalen Signaturen wird diese RSA genannte Technik ebenfalls genutzt. Wer den Code binnen Minuten brechen wollte, bräuchte einen Computer von Planetengröße (bildlich gesprochen). Außer, er hätte einen Quantencomputer. Doch davon später.

Zu lösen sind diese Aufgaben im Grunde leicht, solange sie klein sind. Man kann ihnen dann mit Papier und Bleistift beikommen. Ein Beispiel: Paketdienste, Vertreter oder Touristen mit wenig Zeit und knappen Ressourcen fragen sich oft, was die kürzeste Rundreise durch mehrere Städte ist.

Bei vier Städten muss der Reisewillige nur drei mögliche Routen vergleichen. In ein paar Minuten hat er das ausgerechnet. Bei sechs Städten sind es schon 60 Reiserouten, unter denen sich die kürzeste versteckt. Da braucht man schon einen Computer. Die Zahl der Wahlmöglichkeiten steigt immer schneller und läuft schon bei relativ wenigen Städten aus dem Ruder. Will der Vertreter die 15 größten Städte Deutschlands abklappern, muss sein Computer mehr als 43 Millionen Alternativen prüfen (Abb. 4–2). Dafür braucht auch ein Rechner eine Weile. Bei nur einer Stadt mehr umfasst die Prüfung eine halbe Milliarde Routen, bei 18 Städten dann 177 Billionen. Irgendwann wird dieses so genannte Problem des Handlungsreisenden sogar für Supercomputer zu groß.

Was schade ist, denn das Rundreiseproblem hätte viele Anwendungen. Kürzeste Reiseverbindungen sind nur eine Variante davon. Allgemein geht es um optimale Reihenfolgen von etwas, zum Beispiel Arbeitsschritten in einer Fabrik, Leitungsverbindungen auf Computerchips oder Durchmusterungen des Sternenhimmels, wie sie Astronomen machen.

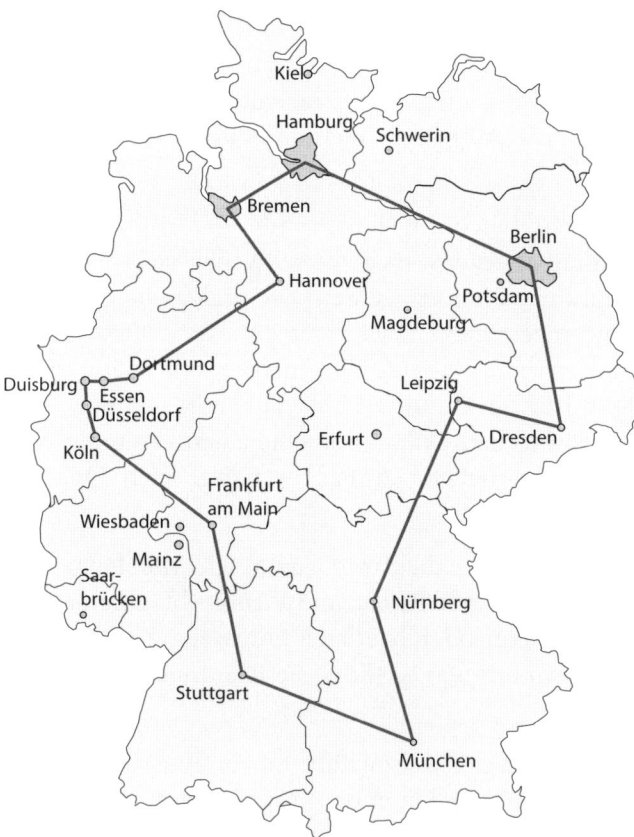

Abb. 4–2 Kürzester Rundreiseweg durch die 15 größten deutschen Städte. Eine von mehr als 43 Millionen möglichen Routen. (Quelle: Wikipedia)

Es gibt eine ganze Klasse von Aufgaben, die sich ähnlich unfreundlich verhalten wie das Problem des Handlungsreisenden. Der Aufwand, sie zu lösen, steigt exponentiell mit der Komplexität der Eingabe. Sprich: Jede einzelne neu hinzukommende Eingabe, eine weitere Stadt zum Beispiel, vervielfacht die Zahl der Kombinationsmöglichkeiten, aus denen die optimale herauszufiltern ist.

Das heißt nicht, dass es keine eleganten Verfahren gibt, die Probleme anzugehen. Ein Bonner Forscherteam hat ein Verfahren entdeckt, das in akzeptabler Rechenzeit zwar nicht die beste Lösung findet, aber immerhin eine sehr gute, deren Strecke nur um 40 Prozent länger ist als das Optimum.[16]

Dass die exakte Lösung unerreichbar bleibt, ist indessen nicht in Stein gemeißelt. Andere Arten von Computern könnten es schaffen. Zu unseren herkömmlichen Computern sind diese Aufgaben nur deshalb so unfreundlich, weil diese im Grunde nichts weiter sind als Zählmaschinen, die gelernt haben, *sehr schnell* zu zählen. Und oft kann man eben nicht schnell *genug* zählen.

Alan Turing hatte eine Maschine erfunden, die alles berechnen kann, was sich berechnen lässt. Allerdings unter einer Voraussetzung, wie sie nur der Theoretiker machen kann: unbegrenzter Speicherplatz und unbegrenzte Rechenzeit. Entscheidend war für Turing nur, *dass* die Maschine stoppt, nicht *wann* sie stoppt. Bei solchen Hämmern von Aufgaben wie den beschriebenen braucht sie eben länger.

Wie die Grenzen von Raum und Zeit überwinden?

Aber Rettung naht. Ein Ausbruch aus dem Käfig von Raum und Zeit ist möglich.

Es gibt Varianten[17] der Turingmaschine, die skizzieren, wie künftige Rechner die den gegenwärtigen Computern auferlegten Grenzen von Raum und Zeit überwinden. Mit beiden Ressourcen gehen unsere Rechner nicht besonders effizient um – trotz der Winzigkeit der Transistoren. Warum Zeit ein Problem ist, haben wir gerade gesehen. Dass Rechner auch Platz verschwenden, hat neben den oben geschilderten noch weitere

---

16) *https://www.uni-bonn.de/neues/254-2014* (abgerufen am 3.3.2017)
17) Nicht von Turing selbst entwickelte Varianten. Da die Turingmaschine ein beliebtes Rechnermodell ist, lehnen sich auch die Modelle für weitergehende Rechner an ihr an.

Gründe. Zum einen die Von-Neumann-Architektur, die aus einem Computer einen Verschiebebahnhof für Bits und Bytes macht. Oft müssen Daten zentimeterweit zwischen Speicher und Prozessor reisen. Dass auf einem Chip alle Transistoren nebeneinander in einer einzigen Schicht angeordnet sind, ist auch nicht gerade platzsparend. Ähnlich verschwendete eine Millionenmetropole wertvolle Fläche, wenn sie nur aus eingeschossigen Häusern bestünde.

Was würden die viel versprechenden Spielarten der Turingmaschine daran ändern?

Da ist zum einen die so genannte »Nicht-deterministische Turingmaschine«. Sie ist nicht so langweilig wie die »deterministische«, deren Arbeitsschritte logisch aufeinanderfolgen und dadurch von vornherein festgelegt sind, wie die Reihenfolge der Stunden auf einem Ziffernblatt. Zwischen zwei Schritten der Turingmaschine herrscht eine klare 1:1-Beziehung: Auf A folgt B, auf B folgt C usw. Wir erinnern uns: Die Eingabedaten und das Programm legen den Weg der Maschine und damit auch die Lösung fest.

Die nicht deterministische Turingmaschine, nennen wir sie NDTM, hingegen ist die sprunghafte, ziemlich chaotische Schwester der herkömmlichen Turingmaschine. Sie kann sich vom Schritt A ausgehend zwischen mehreren Folgeschritten – B, D oder vielleicht lieber G? – entscheiden. Ihr Ablauf ist viel freier. Allerdings hat sie das gleiche Ziel wie ihre dröge Schwester: die Lösung des Problems. Sie ist keine Leichtfüßin, die nicht klarkommt. Sie erreicht die Lösung sogar schneller: Eine Mischung aus Glück und Spürsinn lässt sie die richtigen Zwischenschritte wählen, sodass sie eine Abkürzung zur Lösung findet. Sie kann daher hoch komplexe Probleme wie die Faktorisierung von Zahlen in einer überschaubaren Zeit lösen.

Eine Variante davon umgeht das Raten. Die NDTM könnte auch mehrere Folgeschritte und damit mehrere Lösungswege *gleichzeitig* ausführen. Auf A folgt also B, D *und* G., wie jemand, der sich an einer Weggabelung eines Labyrinths nicht zwischen links und rechts entscheiden muss, sondern sich aufspaltet und einfach beide Wege geht (Abb. 4–3). Wenn er das zehnmal tut, geht er schon 1024 Wege simultan, und spaltet er sich 160 Mal, dann gibt es so viele Versionen von ihm wie alle Atome der Erde. Alle Irrwege werden zusammen mit dem richtigen gegangen. Eine Brute-

Force-Attacke auf das Labyrinth, ähnlich wie die Evolution ihre Kreaturen durch das Labyrinth der irdischen Umwelt führt.

Die Kopie, die als Erste ins Ziel kommt, ist den schnellsten Weg gegangen. Besser geht's nicht.

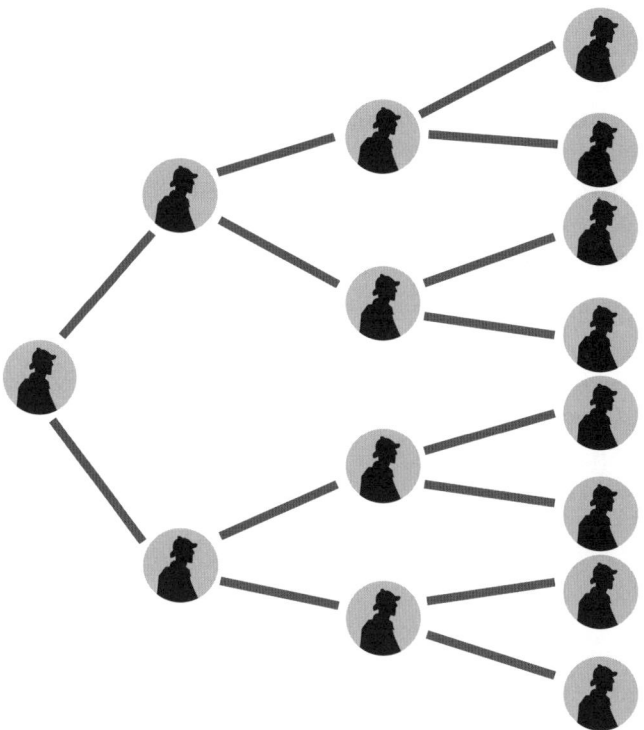

Abb. 4–3 Ein Sherlock Holmes findet schon ziemlich schnell ziemlich viel heraus. Doch würde er sich vervielfachen, dann würde auch Sherlocks Spürsinn in exponentiell wachsenden Mengen zur Verfügung stehen. So würde er bald auch einer explodierenden Kriminalität Herr werden. Dies ist eine Metapher für Rechenpower, die sich bei jedem Rechenschritt verdoppelt, wie das bei der nicht deterministischen Turingmaschine angedacht ist.

Einen Haken hat die Sache freilich. Es ist ein Tauschgeschäft *Zeit gegen Raum*. Das Rechentempo der Labyrinth-Maschine verdoppelt sich mit jeder Teilung des Gängers. Sie steigt exponentiell und verliert somit nicht den Anschluss an ein exponentiell komplexer werdendes Problem. Will man aber so eine Maschine tatsächlich *bauen*, muss man irgendeine Verkörperung des Gängers finden, sagen wir Kügelchen in Nanogröße. Nach nur etwas mehr als 100 Teilungen wären all diese Nanokügelchen schwerer als die Erde.

Praktisch umsetzbar klingt anders. Auch einen real existierenden Computer mit einem glücklichen Händchen bei der Wahl der richtigen Zufallsschritte kann man sich schlecht vorstellen. Das wäre ja eine Maschine mit Instinkt oder Bauchgefühl.

Lange Zeit galt die NDTM denn auch als ein rein theoretisches Konstrukt – ein Fantasierechner, der sich nicht wirklich bauen lässt. Britische Forscher haben jedoch 2017 gezeigt, dass die Vervielfältigungsmethode tatsächlich umsetzbar ist und haben Teile einer NDTM sogar im Labor verwirklicht. Mit Hilfe des Erbgutmoleküls DNA. Wir werden darauf zurückkommen.

Auf andere Weise überwindet die Quanten-Turingmaschine, kurz QTM, eine weitere Variante von Turings Rechnermodell, Raum und Zeit. Die Mehrzahl der derzeit existierenden Quantencomputer (meist handelt es sich um Laborprototypen) sind QTMs. Warum ein Quantencomputer schneller rechnet, habe ich schon skizziert. Hier nur kurz, wie das aus dem Blickwinkel einer QTM aussieht.

Die QTM meidet die Grenzen des normalen dreidimensionalen Raums, der uns umgibt, indem sie auf eine andere Art von *Raum* ausweicht. Das Problem bei der Realisierung einer Turingmaschine ist, dass sich kein unbegrenzt langes Band herstellen lässt. Übersetzt in die Sprache unserer Computer: Transistoren oder die Speicherzellen einer Festplatte können zwar weiter schrumpfen, aber nicht unbegrenzt. Kleiner als ein einzelnes Atom kann ein Transistor schwerlich werden. Der Platz nach unten wird immer enger.

In der geistigen Welt der Mathematik gibt es eine solche Enge nicht. Für Mathematiker existiert nicht nur der dreidimensionale Raum. Nichts spricht dagegen, einem Koordinatensystem mit drei Achsen x, y und z, die links-rechts, oben-unten und vorne-hinten anzeigen, im Geiste eine weitere Achse, x' hinzuzufügen, dann noch eine und noch eine etc. In einem abstrakten Sinne ist das ebenfalls ein Raum, auch wenn unser dreidimensional gepolter Geist ihn sich nicht vorstellen kann. Raumachsen müssen zudem nicht in Meter gemessen werden. Ein Raum kann auch durch andere Konzepte aufgespannt werden als »links-rechts« oder »oben-unten«.

Ein Beispiel aus dem Alltag zur Veranschaulichung: Ein Bauherr kann zwischen verschiedenen Heizungsvarianten wählen und gleichzeitig zwischen mehreren Dämmmaterialien und Bodenbelägen etc. Wer schon mal ein Haus gebaut hat, weiß, wie komplex dieser vieldimensionale Raum von Möglichkeiten ist.

Auch in der Quantenphysik gibt es eine Art Möglichkeitsraum, Physiker nennen ihn Hilbertraum (nach unserem alten Bekannten David Hilbert). Grob gesagt ist das der Raum, der durch die Zustände aufgespannt wird, den ein Quantensystem, zum Beispiel ein Atom, einnehmen kann. Bei einem Ensemble von Hunderten Atomen, wie es in einem Quantencomputer genutzt werden soll, gibt es mehr solcher Zustände als Elementarteilchen im bekannten Universum. Ebenso viele Dimensionen hat der Hilbertraum. Jeder einzelnen Dimension kann eine Information, ein Symbol oder ein numerischer Wert zugeordnet werden. Ein paar hundert Atome nehmen fast keinen Platz ein und doch spannen sie einen gigantischen Raum auf, der ein Universum an Information fasst. Das ist wahre Platzökonomie.

Der Hilbertraum staucht nicht nur den benötigten Raum, sondern auch die Zeit. Ein Ort im Hilbertraum enthält alle Zustände des betreffenden Quantensystems. Stellen wir uns vor, man bewegt sich im Hilbertraum vom »Ort« A zum »Ort« B. Damit verändert man entlang des Wegs kontinuierlich die Beiträge jedes einzelnen Zustands zum gegenwärtigen Aufenthalts»ort«. Sprich: Man bearbeitet viele Zustände, oder anders gesagt, viele Informationen, gleichzeitig. Das ist der Quantenparallelismus, von dem im ersten Kapitel schon die Rede war.

Zwei zentrale Bauteile der Turingmaschine werden bei der QTM durch je einen Hilbertraum ersetzt:

1. Der Kopf der Turingmaschine, genauer die Zustände, die er einnehmen kann und

2. das Band, somit also die Symbolfolgen, die darauf geschrieben sein können.

Also kann der Kopf alle Zustände gleichzeitig einnehmen und ebenso das Band jede speicherbare Information simultan darstellen. So gerüstet kann die QTM potenziell alle Schritte durch einen Algorithmus in einem einzigen Moment ausführen. Seth Lloyd hat ausgerechnet, dass die Laborprototypen von Quantencomputern das laut Naturgesetzen überhaupt mögliche Maximaltempo tatsächlich erreichen. *Unendlich* schnell sind sie nicht, weil sie nicht unendlich viel Information speichern können. Und weil der eine Schritt, den sie gehen müssen, eine gewisse Zeit beansprucht.

Indem sie viele Lösungsmöglichkeiten simultan ausführt, erinnert die QTM an die NDTM. Doch es gibt für beide Varianten der Turingmaschine Einschränkungen, wie die der oben genannten explodierenden Masse. Derzeit gehen Experten davon aus, dass jede der beiden andere Grenzen hat, sodass sie sich beide gut ergänzen könnten.

Die Unendlichkeitsmaschine

Manche Form der Turingmaschine gilt als reine Science-Fiction oder eher Fantasy, denn gute Science-Fiction zeichnet sich durch potenzielle Machbarkeit der geschilderten Technologien aus. Diese zweifeln die meisten Experten bei der »Zenomaschine« an. Zeno von Elea war ein vorchristlicher griechischer Philosoph. Von ihm stammt das bekannte Paradoxon von Achilles und der Schildkröte. Man nimmt an, dass er damit zeigen wollte, dass die vom Menschen wahrgenommene Bewegung nur Schein ist. Es klingt denn auch plausibel, wie Zeno zeigt, dass ein schneller Läufer wie Achilles eine langsame Schildkröte niemals einholen kann, sobald er ihr einen Vorsprung gewährt. Denn gelangt er an den Punkt, an dem die Schildkröte losgekrochen ist, ist diese ja schon ein Stück weiter. Das Reptil behält einen, wenn auch zusammengeschmolzenen Vorsprung. Laut Zeno geht dieses Spiel nun bis in alle Ewigkeit weiter: Jedes Mal, wenn Achilles den neuen Vorsprung eingeholt hat, ist die Schildkröte ein Stückchen weiter gekrochen. Zwar schmilzt dieses Stückchen der Null entgegen, erreicht diese aber nie (Abb. 4–4). Heute wissen wir, dass Zeno unrecht hatte: Das Aufaddieren von unendlich vielen Zahlen, die sich der Null beliebig annähern, ergibt nicht unendlich, sondern eine endliche Zahl. Achilles kann diesen Punkt also in endlicher Zeit erreichen und die Schildkröte einholen.

Darauf baut die Zenomaschine auf. Sie ist eine Turingmaschine, bei der jeder Rechenschritt nur halb so lange dauert wie der vorhergehende. Dauert der erste Schritt eine Minute, dann der zweite eine halbe Minute, der dritte eine Viertelminute usw. Nach zwei Minuten wird die Maschine unendlich viele Rechenschritte ausgeführt haben.

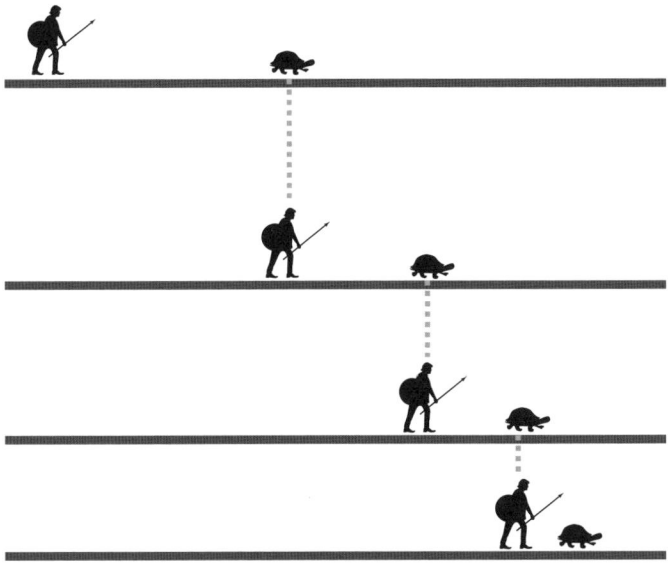

Usw., usw. ...

Abb. 4–4 Paradox von Zeno: Immer wenn der schnelle Achilles an den Punkt kommt, an dem die langsame Schildkröte gerade war, ist diese schon wieder ein Stückchen weiter. Zwar wird dieses Stückchen von Mal zu Mal kleiner. Doch es wird nie null. Es scheint, als könnte Achilles die Schildkröte nie einholen.

Das in Kapitel 2 erwähnte Halteproblem wäre mit der Zenomaschine lösbar. Denn sie könnte alle Schritte eines Programms simulieren, und selbst wenn es unendlich viele sind, wäre sie nach zwei Minuten fertig. Sie könnte entscheiden, ob das fragliche Programm zu einem Ende kommt oder nicht. Akademisch ist diese Frage nicht. »In der Softwareindustrie prüfen Heerscharen von Softwaringenieuren Programme daraufhin, ob sie in Endlosschleifen laufen«, sagt Martin Ziegler von der KAIST School of Computing im koreanischen Daejeon. Die würde eine Zenomaschine arbeitslos machen.

Die Zenomaschine würde auch andere Aufgaben lösen, vor denen selbst die Turingmaschine kapituliert. Die Turingmaschine kann doch aber schon alles berechnen, was überhaupt berechenbar ist, oder etwa nicht? Das stimmt. Würde es eine Zenomaschine tatsächlich geben, müsste man den Begriff »Berechenbarkeit« neu definieren. Man spricht daher von »Hypercomputern«.

Aber wie soll die Zenomaschine ohne Zaubertricks verwirklicht werden? Wie soll man die Zeit für einen Rechenschritt beliebig weit zusammenschrumpfen lassen? Laut Physik kann eine Zeitdauer gar nicht beliebig winzig werden. Es gibt so etwas wie ein Atom der Zeit, das sich nicht weiter teilen lässt, die so genannte Planck-Zeit.

Das ist nur ein Einwand von vielen, die gegen Hypercomputer sprechen. Dennoch gibt es Verfechter der These. Sie verweisen auf Alltagsphänomene, die einer Zenomaschine ähneln. Das Rennen von Achilles und der Schildkröte komme in der Natur tatsächlich vor, führt Martin Ziegler ins Feld. In abgewandelter Form freilich. »Ein hüpfender Ball, der bei jedem Aufdotzer nur noch halb so hoch fliegt zum Beispiel«, erklärt der Mathematiker und Physiker. Die Anhänger des Hypercomputers wollen ihren Traum mit Hilfe von Schwarzen Löchern und Zeitschleifen verwirklichen. Ich werde wegen ihres stark hypothetischen Charakters nicht näher auf Hypercomputer eingehen. Im Folgenden geht es um neue Computer, die tatsächlich realisiert werden – zumindest im Labor.

Über den Tellerrand schauen

Wer neue und bessere Computer bauen will, muss indessen nicht am Konzept der Turingmaschine kleben bleiben. Das menschliche Gehirn ist keine Turingmaschine. Genauso wenig wie ein Bakterium, das nach der Nahrungsquelle sucht. Auch ein Stück Metall, das seine Atome unter Hitzeeinwirkung optimal anordnet, ist keine. Andy Adamatzky zeigt eine Karikatur, in der er die Computerwissenschaftler als eine Horde Ratten darstellt, die einem Flöte spielenden Turing blind folgen.

Was eine Turingmaschine bereitstellt, ist Rechenleistung. Sie rechnet langsamer oder schneller, ebenso wie es langsamere oder schnellere Autos gibt. Welche Strecke der Wagen aber fahren wird, davon weiß er nichts. Er ist nur ein Stück Blech. Das Fahrtziel bestimmt der Fahrer. Die Intelligenz kommt also von außen. Bei der Turingmaschine in Form des Algorithmus, den der Nutzer ihr aufs Band schreibt. Beim Computer ist das die Software, die jemand entwickelt. Dieser Jemand will damit eine konkrete Problemstellung lösen. Wie intelligent sein Programm gestrickt ist, wie elegant es die gestellte Frage beantwortet, hängt von Programmierer ab, von seinem Wissen, seiner Erfahrung etc.

Eine Turingmaschine wird sich nie von selbst ordnen, wie es das Leben auf der Erde tut. Sie wird nie selbsttätig ein Problem lösen, das ihr ihre Umwelt stellt. Wer zu sehr auf eine tote Maschine starrt, übersieht womöglich die Problemlösungskompetenz, die überall um ihn herum geradezu wuchert. Was schade wäre angesichts der Ökonomie der Natur beim Lösen der gestellten Aufgaben. Sie erreicht viel mit wenig Aufwand an Material und Energie.

Es gibt sie denn ja auch, die Forscher, die es der Natur gleichtun wollen. Ihre Traumcomputer funktionieren wie das Gehirn, wie eine lebende Zelle oder wie eine sich selbst ordnende chemische Reaktion oder ein sich selbst ordnendes Stück Metall.

Sie träumen von Problemlösungsmaschinen, die nicht wie ein Uhrwerk ticken, sondern Aufgaben unschärfer behandeln, dafür aber mit Intuition und Erfahrungswissen. »Wir brauchen Computer mit gesundem Menschenverstand«, drückte es ein Pionier der Künstlichen Intelligenz aus, der inzwischen verstorbene Marvin Minsky.

Wer versteht, wie die Natur rechnet, kann sie auch programmieren. Genau das wollen Forscher tun: Doktorzellen, die durch den Körper patrouillieren und einen Giftstoff herstellen, wenn sie auf eine Krebszelle treffen, oder Mikroben in trockenen Böden, die einen Feuchtigkeit haltenden Stoff ausscheiden, sobald der Boden zu stark auszutrocknen droht. Biologische Computer könnten in jede Umwelt geimpft werden und sich dort kontrolliert vermehren. Eine weitere Grenze des klassischen Chips wäre überwunden: Dieser kann nicht in lebende Zellen eingebaut werden.

Die Entwickler all dieser Rechner werden wir besuchen.

Fangen wir an mit einem Informatiker, der zunächst die Sicherheit des Internets ermöglichte, dann statt Computerviren den AIDS-Virus besiegen wollte und dem schließlich beim Studium der Molekularbiologie auffiel, dass ein bestimmtes Enzym wie eine Turingmaschine arbeitet.

5 Parship für Moleküle

Die Geschichte des Computers ist eine Geschichte über Nicht-Experten, Leute mit einem weiten Sichtfeld, wie John von Neumann, der an schweren Rätseln interessiert war, egal welcher Fachschublade diese angehörten. Die unbelastete Sicht des Dilettanten hat den Computer Mitte der 1990er neu erfunden. Der Amateur heißt Len Adleman, eigentlich ein kalifornischer Mathematiker, und das Fach, dem er sich unbefangen näherte, war die Molekularbiologie.

Er schrieb eine Publikation, die geradezu einen Goldrausch auslöste. Forscher überboten sich mit kühnen Ideen, etwa einen wie das Gehirn funktionierenden Datenspeicher zu bauen – nur viel größer.[1]

Vor allem aber ließ Adlemans Idee hoffen, einen Supercomputer in einem Reagenzglas unterzubringen und damit hoch komplexe Aufgaben zu lösen, denen sonst nur durch stupides Durchprobieren aller Lösungen beizukommen war. Und das mit der unerreichten Effizienz der Natur.

Adlemans Spuren schwirren heute mit fast jedem Mausklick durchs Internet. Als 33-Jähriger entwickelte er zusammen mit den Kryptologen Ronald Rivest und Adi Shamir das so genannte RSA-Kryptosystem, das heute Online-Banking absichert oder E-Mails verschlüsselt. Für seine Firma RSA Data Security wurden 18 Jahre später 200 Millionen US-Dollar bezahlt. Doch auf diesen Lorbeeren ruhte sich der aus San Francisco stammende Forscher nicht aus. »Ich werde das weitermachen, was ich schon immer machte – neue Dinge entdecken«,[2] sagte er. Um »neue Fragen« stellen zu können, erklärte Adleman, habe er stets auf ihm zuvor unbekannte Felder geschaut, wie Biologie, Immunologie oder Physik.

---

1) [1995Bau]
2) Martyn Amos, »Genesis machines«, S. 55

Adleman erkannte in den 1980ern die Verwandtschaft zwischen Biologie und Technik. Die Idee von Programmen, die andere Programme infizierten, um sich selbst zu vervielfältigen, nannte er schon damals »Computervirus«[3]. Umgekehrt verstand er Biologie als technischen Prozess. Das Immunsystem beschrieb Adleman als einen Regelkreis, einem Thermostat ähnlich, das die Raumtemperatur konstant hält. Der Mathematiker wollte Anfang der 1990er helfen, die Immunschwächekrankheit AIDS zu bekämpfen. Er versuchte, seine Sichtweise in die AIDS-Forschung einzubringen. Der Virus hebele den Regelkreis des Immunsystems aus, sodass zerstörte Immunzellen nicht mehr ersetzt würden, glaubte Adleman. Doch er fand bei AIDS-Forschern kaum Gehör. Um von ihnen ernster genommen zu werden, schaffte er sich Biologie von der Pike auf drauf.

»Meine Güte, diese Dinger könnten rechnen!«

Eines Nachts, im Bett liegend, las Adleman in einem Buch, das einer der Entdecker der DNA-Doppelhelix, James Watson, geschrieben hat. Eine Helix ist eine sich emporschraubende Linie, wie der Handlauf einer Wendeltreppe. Bei einer *Doppel*helix umschlingen sich zwei solcher Helices gegenseitig. Zwischen den beiden »Handläufen« kann man sich Sprossen vorstellen, sodass das Ganze aussieht wie eine verdrillte Strickleiter. Bei der DNA werden die »Handläufe« von einer langen Kette aus Molekülen gebildet, den so genannten Nukleotiden. Paare von Basen, jenen genetischen Buchstaben A, T, C und G, die wir schon kennen, bilden die Sprossen. Jeweils zwei Basen können miteinander: A und T sowie G und C. Man nennt die zueinander passenden Basen »komplementär«. Die »Sprossen« bestehen somit entweder aus dem Paar A-T oder C-G. Der Physiker Francis Crick und der Molekularbiologe James Watson haben diese Struktur erstmals 1953 beschrieben.[4]

---

3) Als Erfinder des Begriffs »Computervirus« sieht sich Adleman aber nicht, Science-Fiction-Autoren hätten ihn schon lange vor ihm benutzt.

4) [1953Wat]

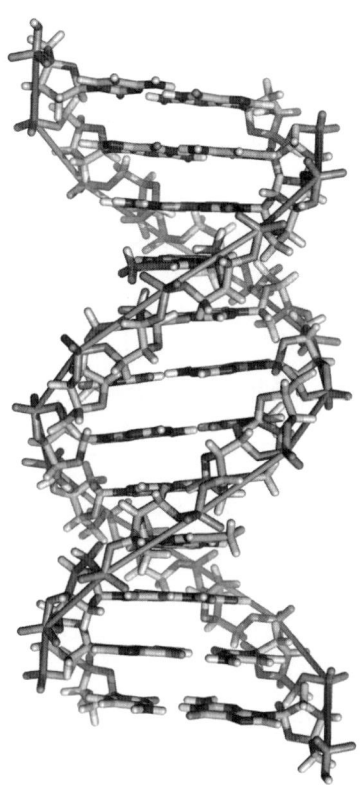

Abb. 5–1   Die DNA-Doppelhelix

In Watsons Buch las Adleman von einem Enzym, das für einen Moleku-
larbiologen den Urvorgang des Lebens verkörpert: die »DNA-Polymerase«. Es reproduziert die DNA. Was Zellen erlaubt, sich zu vermehren,
was wiederum der Fortpflanzung des Menschen zu Grunde liegt.

Adleman war wie vom Blitz getroffen, als er nachvollzog, *wie* dieses
Enzym arbeitet. Nachdem andere Enzyme die Doppelhelix wie einen
Reißverschluss geöffnet haben, heftet sich die DNA-Polymerase an eine
der beiden Helices. Dann, und das ist das Entscheidende, gleitet sie an
dieser Helix entlang und »liest« die Folge der genetischen Buchstaben
Base für Base. Zu der Base, die sie gerade gelesen hat, sucht sie deren
Kompagnon,. Die neuen Basen verknüpft sie zu einem neuen Strang. So
bildet sich simultan zum Lesen eines DNA-Strangs dessen komplementä-
rer Strang aus. Dieser verbindet sich mit dem schon gelesenen Teil des
Strangs. Das Gleiche macht eine zweite Polymerase an der gegenüberlie-

genden Hälfte der zuvor geöffneten Doppelhelix, sodass am Ende zwei identische Versionen des ursprünglichen Erbguts vorliegen. Die DNA hat sich verdoppelt – »repliziert« wie der Biologe sagt.

Adleman sprang die Ähnlichkeit dieser biologischen Maschine mit der Turingmaschine ins Auge.

Die einzelnen Arbeitsschritte der Polymerase – Symbole von einem Strang lesen, verarbeiten und neue Symbole auf einen neuen Strang schreiben – entsprachen genau den Arbeitsschritten von Turings Modell eines Rechners: Symbole von einem Band lesen, verarbeiten und neue Symbole auf das Band schreiben. Adleman dachte an die Universalität der Turingmaschine: Sie kann Schach spielen, Texte verarbeiten und Jobs automatisieren. Wenn die Polymerase eine Turingmaschine ist, dann ...

Adleman richtete sich im Bett auf und rief seiner Frau zu: »Meine Güte! Diese Dinger könnten rechnen!«[5]

Den Rest der Nacht schlief er nicht mehr, sondern überlegte, welche Aufgabe er als Demonstrationsbeispiel aussuchen sollte. Er stieß auf das so genannte Hamiltonkreisproblem.

Es ähnelt dem Problem des Handlungsreisenden. Angenommen, ein Vertreter möchte von Atlanta nach Detroit fliegen und dabei Zwischenstation in Boston und Chicago machen. Es gebe nur die in Abbildung 5–2 gezeigten Direktflüge. Jede Station soll nur einmal passiert werden. Die Frage lautet: Gibt es so eine Strecke, ja oder nein?

Mit vier Städten findet man die Antwort noch problemlos durch Überlegen. Doch wie beim Problem des Handlungsreisenden läuft die Zahl der zu prüfenden Möglichkeiten schon bei wenig mehr Städten aus dem Ruder und überfordert bald jeden Supercomputer.

Wie könnte man die DNA nutzen, um diese kombinatorische Explosion aufzufangen? Billiarden von DNA-Strängen müssten in der Lage sein, binnen eines Augenzwinkerns alle möglichen Reiseverbindungen auszubilden, war Adlemans Grundidee.

---

5)   [1998Adl]

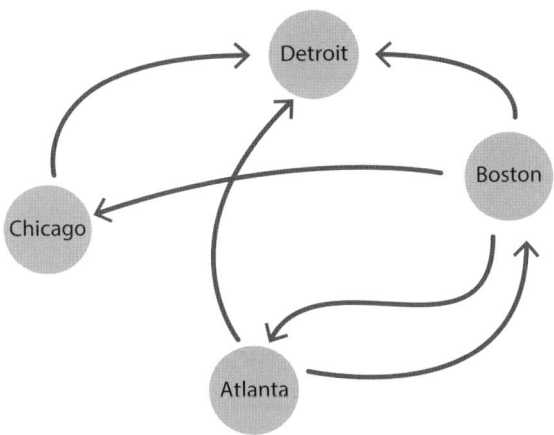

Abb. 5–2 Die im Gedankenspiel verfügbaren Direktflüge zwischen Atlanta, Boston, Chicago und Detroit.

DNA-Stränge finden sich gegenseitig ziemlich attraktiv, sind dabei allerdings sehr wählerisch. Wenn sie den perfekten Partner gefunden haben, verbinden sie sich zu einer Doppelhelix. Was sie zusammenbringt, ist ihre Spiegelbildlichkeit: Jeder Base gegenüber liegt die ihr komplementäre Base. Wenn also zum Beispiel der eine Strang die Sequenz »ATCGAATTG« speichert, dann lautet die gegenüberliegende Sequenz: »TAGCTTAAC«. Der Witz ist nun: In einem Reagenzglas mit Milliarden anderen Sequenzen zusammengeschüttet, werden sich diese beiden Stränge ganz von selbst finden und verbinden. Wie bei einer Partnerbörse, wo die Profile abgeglichen werden, um den (vermeintlichen) Traumpartner möglichst schnell zu finden.

Ein Reagenzglas voller DNA-Stränge kann also ein Pool sein, in dem schnell zusammenfindet, was zusammengehört. Das können auch Städtepaare und ihre Flugverbindungen sein. Weil DNA sich künstlich herstellen lässt, mit beliebigen Sequenzen, konnte Adleman Städtenamen und Flugverbindungen in künstliche DNA-Stränge *schreiben*, genauso frei wie sie sich in eine Computertastatur tippen lassen, nur dass man eben nur vier Buchstaben – A, T, C und G – zur Verfügung hat. Daher muss man einen Code benutzen.

Adleman codierte Städtenamen als Folge von acht Basen. Zwei Beispiele:

Atlanta = TGAACGTC
Boston = **AGCC**TGAC

Die DNA-Städtenamen haben jeweils zwei Teile, nennen wir sie Vorname und Nachname (im obigen Beispiel durch Formatierung voneinander abgesetzt).

Jede Flugverbindung bekam eine »DNA-Flugnummer«, die ebenfalls mit acht Basen codiert wurde.

Flug von Atlanta nach Boston = *GCAG*TCGG

Diese DNA-Flugnummer wirkt wie eine Kupplung zwischen den DNA-Städtenamen von Atlanta und Boston. Denn der kursiv gedruckte Teil ist komplementär zum Nachnamen von Atlanta und der fett gedruckte ist komplementär zum Vornamen von Boston. Befänden sich die DNA-Städtenamen von Atlanta und Boston sowie die DNA-Flugnummer Atlanta-Boston in einem Reagenzglas, würde sich nun eine Doppelhelix bilden, die die Teilroute Atlanta-Boston symbolisiert (siehe Abb. 5–3).

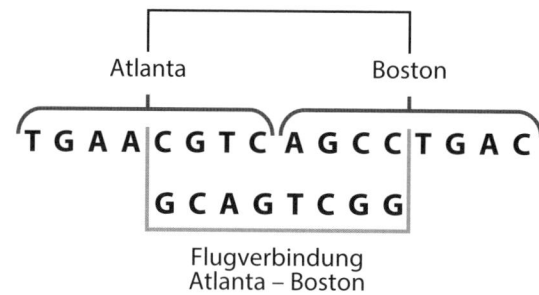

Flugverbindung
Atlanta – Boston

Abb. 5–3 Die DNA-Symbole der Städte Atlanta und Boston (die beiden obigen Stränge) werden vom DNA-Symbol der Flugverbindung Atlanta-Boston (unterer Strang) miteinander verknüpft.

Ähnlich macht man es mit den anderen Städtenamen und Flugverbindungen. Schüttet man sehr viele Versionen all dieser DNA-Schnipsel ins Reagenzglas, so finden sich *alle möglichen* Reiserouten. Neben falschen Lösungen, z.B. *Boston-Atlanta-Boston-Chicago-Detroit* (beginnt nicht in Atlanta und passiert Boston zwei Mal) oder *Atlanta-Boston-Detroit* (lässt Chicago aus), auch die einzig richtige Lösung: *Atlanta-Boston-Chicago-Detroit*.

Adleman löste ein etwas komplexeres Problem mit sechs Städten und 15 Flugnummern.[6] Er schüttete insgesamt 100 Billionen DNA-Stränge ins Reagenzglas, die binnen Sekundenbruchteilen zusammenfanden.

Die damals schnellsten Supercomputer hätten länger gebraucht, denn sie schafften lediglich eine Billion Rechenschritte pro Sekunde. In Adlemans Labor hatte ein Fünfzigstel eines Teelöffels Flüssigkeit die damals potentesten Rechnermonster ausgestochen!

Das Beste daran aber ist, dass die Schnelligkeit dieser Kombinationsmaschine im Reagenzglas nicht von der Anzahl der Städte und Flugnummern abhängt. Dass die Anzahl der möglichen Routen schon bei wenig mehr Städten in die Höhe schießt, macht dem DNA-Computer nichts aus, weil sich im Reagenzglas die möglichen Reiserouten unabhängig voneinander finden. Wie auf einem Heiratsmarkt, bei dem sich Paare durch das Spiel des Zufalls aufspüren, ohne dass dafür Schritt für Schritt und systematisch jeder Mann mit jeder Frau sprechen müsste (der Versuch, dies dennoch so zu organisieren, heißt »Speed-Dating«, und allein die dafür nötige Hektik beweist, dass es nicht wirklich ein effektives Verfahren sein kann).

Adleman schätzte, dass seine Methode auch noch mit einer Million Mal mehr DNA-Strängen genauso schnell funktionieren könnte. Damit wäre sein DNA-Computer hundert Mal schneller gewesen als der derzeit schnellste Supercomputer. Gepasst hätte er in einen 100-Liter-Tank. Und das bei einem phänomenal niedrigen Energieverbrauch von weniger als einem Joule; eine Energiemenge, mit der man gerade mal ein Gramm Wasser um weniger als ein Viertel Grad erwärmen könnte.

Ein Computer ist allerdings nur dann ein brauchbarer Computer, wenn er das richtige Ergebnis am Ende der Rechnung *ausspuckt*. Das tut das Reagenzglas leider nicht. Es bedurfte weiterer Schritte, um die falschen Reiserouten aus dem Reagenzglas zu entfernen, damit die richtige als Lösung übrig blieb.

Adleman nutzte hierfür das biotechnologische Wissen, das er zuvor aufgesogen hatte. Allerdings dauerte die Filterung, nun ja: ein *bisschen* länger.

Die DNA-Polymerase nutzte Adleman im folgenden Schritt zur Vermehrung von Lösungen, die in Atlanta starteten, und solchen, die in Detroit endeten. Das funktioniert, weil die DNA-Polymerase ihre Replikation bei

---

6)   [1994Adl]

bestimmten Startsignalen beginnt. Diese Signale programmierte Adleman als »Atlanta« und »Detroit«. In zwei weiteren Schritten filterte er

1. Wege der falschen Länge (weniger oder mehr als 4 Stationen)
2. Wege, die eine der Zwischenstationen ausließen.

Wenn nun noch DNA im Reagenzglas nachweisbar war, lautete die Antwort auf die Frage, ob ein Hamiltonpfad existiert: ja. Andernfalls nein. In jedem Fall war das Problem gelöst.

Der Goldrausch

»Auf einmal wusste ich nicht mehr, was ein Computer ist«, war eine der vielen Reaktionen auf Len Adlemans Experiment. Sie stammt von dem US-amerikanischen Informatiker Richard Lipton, der damals an der Princeton University lehrte. Die Definition von »Computer« war erweitert worden. Es konnte nun auch ein DNA-Süppchen in einem Reagenzglas sein. Es war ein Versprechen dieser intelligenten Suppe, die einen wahren »Goldrausch« auslöste, wie es Martyn Amos von der Manchester Metropolitan University ausdrückt.

Es bestand darin, Komplexität auflösen zu können. Wobei mit Komplexität hier der Aufwand gemeint ist, den ich treiben muss, um eine Aufgabe zu lösen. Reichen Papier und Bleistift, brauche ich einen Laptop, einen Großrechner, oder reicht nicht einmal ein Supercomputer? In Fachchinesisch ausgedrückt, hofften viele Forscher so genannte NP-vollständige Probleme lösen zu können. Diese Problemklasse ist sozusagen das New York unter den schweren Problemen: Schafft man diese, schafft man alle. Andere schwere Aufgaben kann man so umformen, dass ein NP-vollständiges Problem dabei herauskommt.

Zu diesen Repräsentanten des Begriffs »Harte Nuss« gehören unser »Problem des Handlungsreisenden« und noch viele weitere für die Anwendung sehr interessante Aufgaben, etwa das »Cliquenproblem«, das »Rucksackproblem« oder das »Erfüllbarkeitsproblem«.

Alle drei verraten durch ihren Namen, um was es geht. Das Cliquenproblem sucht nach Gruppen bestimmter Größe in einem Netzwerk aus Beziehungen, fragt also zum Beispiel, wie viele Fünfergruppen von untereinander befreundeten Leuten es an einer bestimmten Schule oder in einem digitalen sozialen Netzwerk wie Facebook gibt. Das Netzwerk kann aber auch die biologische Nahrungskette sein, die man besser als »Nahrungs-netz« bezeichnen sollte, da ein Beutetier oft nicht nur einen Fressfeind hat und überhaupt das »Wer-frisst-wen« in einem Ökosystem sehr komplex ist. Wenn Biologen ökologische Nischen in diesen Nahrungsnetzen finden wollen, sind sie mit dem Cliquenproblem konfrontiert. Desgleichen Kommunikationstechniker, die Telekom-Netze untersuchen, oder Chemiker, die Ähnlichkeiten zwischen Chemikalien auffinden wollen.

Das Rucksackproblem wiederum fragt: Welche Sachen soll ich in meinen Rucksack packen, damit ich bei minimalem Gewicht maximalen Nutzen herausziehe? Was nach beherrschbarer Urlaubsplanung klingt, kann sich zu einem hoch komplexen Wust auswachsen, wenn der »Rucksack« größer und die Ladung vielfältiger wird. Speditionen schlagen sich damit herum oder Planer von Raummissionen.

Weil das Hamiltonkreisproblem zu der interessanten Klasse der NP-voll-ständigen Probleme gehört, läuteten bei Informatikern wie Lipton die Alarmglocken. Dumm war nur, dass Adlemans DNA-Kochrezept auf das Hamilton-Problem zugeschnitten war. Adleman war seinem ursprüng-lichen Anspruch, aus der DNA und ihren Enzymen einen universellen Computer zu bauen, nicht gerecht geworden. Es war ein Spezialcomputer für ein einziges Problem geworden. Man konnte ihm noch nicht einmal per Tastatur unterschiedlich komplexe Beispiele für dieses Problem eingeben, sondern musste ihn aufwendig für ein ganz bestimmtes programmieren.

Lipton wollte einen flexibleren DNA-Computer als Adleman entwickeln. Er übertrug den Code des klassischen Computers, Folgen von Nullen und Einsen, auch Strings genannt, auf den DNA-Computer. Dieser war, wie Adleman gezeigt hatte, gut darin, Netzwerke, so genannte Graphen wie der in Abbildung 5–2 gezeigte, zu analysieren. Lipton führte vor, wie sich Strings als solche Netzwerke darstellen lassen: Nämlich als eine Perlen-kette von Knoten, zwischen denen man jeweils zwei Wege wählen kann, einer davon symbolisiert die »1«, der andere die »0« (siehe Abb. 5–4). Damit hatte Lipton eine flexiblere Programmiersprache für DNA-Com-puter gefunden. Er zeigte, dass DNA-Computer eines der schwersten NP-vollständigen Probleme lösen konnten. Viele Aufgaben lassen sich in Form dieses Erfüllbarkeitsproblems darstellen, auch das Cliquen- und das Rucksackproblem.[7]

---

7)   [1995Bau]

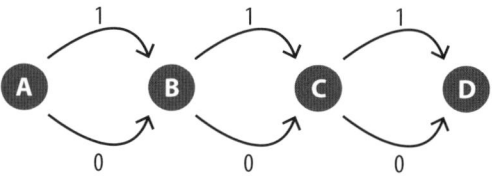

Abb. 5–4 Wie sich ein String aus Nullen und Einsen als Graph darstellen lässt.

Einer von Liptons Studenten, Dan Boneh, erweckte den Eindruck, die Leistung seines Chefs zu missbrauchen. Er wollte die Rechenpower der DNA zum Hacken von Verschlüsselungen nutzen. Hm, mochte sich Boneh gedacht haben, was ist das Knacken eines Codes anderes als das Durchprobieren vieler Möglichkeiten? Ein (nicht besonders cleverer) Einbrecher könnte einen LKW voller Schlüssel dabei haben und diese an einer fremden Wohnungstür alle durchprobieren, nach dem Motto: Einer wird schon passen. Dieses Szenario wird fiktiv bleiben. Es ist aber ein passendes Bild für die einzige Möglichkeit, bestimmte Verschlüsselungen zu knacken. Eines davon ist DES (Data Encryption Standard), von IBM einst für den US-Geheimdienst NSA entwickelt. DES wird von Geldautomaten, der Polizei und dem Verfassungsschutz genutzt. Vereinfacht gesagt, funktioniert DES wie folgt. Der Schlüssel besteht aus einer zufälligen Folge von Nullen und Einsen. Er hat also, bildlich gesagt, zufällig gesetzte Zacken (Einsen) und Senken (Nullen), wie ein Türschlüssel. Nur Sender und Empfänger besitzen diesen Schlüssel. Auch die zu verschlüsselnde Nachricht ist eine Folge von Bits. Der Sender verwandelt diesen String mit dem Schlüssel in einen *anderen* String. Der neue String geht eindeutig aus dem ursprünglichen String und dem Schlüssel hervor, ähnlich wie die Addition von 232 + 343 eindeutig die Zahl 575 ergibt. Der Empfänger kann nun aus dem neuen String und dem Schlüssel wieder den Klartext erzeugen, ähnlich wie er mit der Zahl 575 und der Kenntnis des »Schlüssels« 343 durch Subtraktion wieder den »Klartext« 232 machen könnte. Für einen Lauschangreifer hingegen ergibt die verschlüsselte Botschaft nur Kauderwelsch, da sie als eine rein zufällige Folge keine Information enthält.

Somit bleibt nur das Durchprobieren aller Möglichkeiten. Bei DES sind das läppische 72 Billiarden.

Aussichtslos? Nicht für einen DNA-Computer. Denn so viele DNA-Stränge passen in einen Teelöffel. Also warum nicht alle möglichen Schlüssel als DNA-Strang darstellen, alle parallel testen und den richtigen herausfiltern? Boneh zeigte, dass das geht.[8] Wenn man vier Monate Laborarbeit investiert. Und auch nur, wenn der Angreifer einen kleinen Teil des Klartexts schon kennt. Im Zweiten Weltkrieg schmuggelten die Engländer zu diesem Zweck noch Textschnipsel in den deutschen Nachrichtenverkehr. Doch heute enthalten viele Dateien solche verräterischen Daten von Haus aus. Word-Dokumente zum Beispiel enthalten so genannte »Header«, in denen Informationen über die Programmversion oder Ähnliches stehen. Sie bieten damit einen Angriffspunkt.

Die enorme Speicherdichte der DNA und die Fähigkeit von Molekülen, sich in einer Suppe schnell einen Partner zu suchen, ließ auch die Fantasie von Eric Baum blühen, der 1995 beim japanischen Elektronikkonzern NEC arbeitete. Es müsse doch möglich sein, einen Datenspeicher aus DNA zu basteln, der ähnlich arbeite wie das Gehirn, also unscharf und über Assoziationen.[9] Ganz im Gegensatz zu Computerspeichern: Denen muss man exakt die Speicherzelle angeben, die so genannte Adresse, wo die abzurufende Information liegt. Das Gehirn hingegen erinnert sich kontextbezogen. Nach Jahren erneut in einer Stadt, fällt einem plötzlich wieder ein, dass um die Ecke ein nettes Café ist. Das Café selbst sieht man noch gar nicht, aber der Anblick seiner Umgebung holt die Erinnerung aus den Tiefen des Gedächtnisses hervor.

Baum wollte ähnliche Hinweise, oder besser gesagt: Stichwörter, benutzen, um aus einem Gefäß voller DNA-codierter Begriffe jene herauszufischen, die zu diesen Stichwörtern passen. Die Stichwörter sollten komplementäre DNA-Stränge sein, die sich an einen gespeicherten DNA-Strang heften sollten, wenn eine gewisse, nicht unbedingt hundertprozentige, Übereinstimmung vorhanden wäre. Die Stichwort-Moleküle sollten mit einem magnetischen Kügelchen verbunden sein, damit man sie nach der Suche zusammen mit dem wie an einem Angelhaken hängenden Begriff per Magnet herausziehen könnte.

---

8)   https://pdfs.semanticscholar.org/7120/b5322afdedfac627c89b726b32afd8f062e2.pdf
9)   [1995Bau]

In einem Assoziativgedächtnis aus DNA lasse sich etwa eine Million Mal mehr Information speichern als in einem Gehirn, schrieb Baum. Für die Computertechnik wäre das durchaus interessant, da Assoziativspeicher auf herkömmliche Art nur schwer realisierbar sind.

Die Absicht, DNA als Datenspeicher zu nutzen, lebt bis heute fort. Forscher arbeiten daran, die theoretisch maximal mögliche Speicherdichte der DNA auch wirklich zu erreichen. Der Rekord liegt derzeit (April 2017) bei 85 Prozent, aufgestellt von einem Team um Yaniv Erlich von der New Yorker Columbia University.[10]

Der alles bauende Computer

All die schönen Ideen des Goldrauschs waren etwas engstirnig. Sie lehnten sich zu sehr an konventionellen Computern an, die nichts anderes können als Folgen von Nullen und Einsen zu verarbeiten. Den DNA-Strang sahen Adleman und seine Kollegen auch nur als eine Folge von Symbolen, den vier Buchstaben des genetischen Codes. Etwas, das analog zu einem geschriebenen Wort oder einer Zahl ist. Aber die DNA ist mehr als das.

Ein Bild des niederländischen Malers M. C. Escher, bekannt für seine verwirrenden Graphiken, löste die Scheuklappen und öffnete den Blick auf eine ganz neue Art, die im Erbgutmolekül gespeicherte Information zu nutzen. Damit erhielt auch die Bedeutung von »Computer« weitere Auswölbungen.

Ned Seeman wartete im Jahr 1980 bei einem Drink in einer Kneipe auf dem Campus der State University of New York auf dringend benötigte Inspiration. Er wollte winzige Kristalle regelmäßig anordnen, um ihre Struktur mit Röntgenstrahlen analysieren zu können. Eine Art Gerüst wäre gut, dachte er. Der Physiker erinnerte sich an Eschers Lithographie »Tiefe« (Abb. 5–5). Seeman, ein ganz von seinem Problem eingenommener Forscher, sah darin nicht Fische mit vier Flossen, sondern erkannte in den nach sechs Richtungen zeigenden Körpern eine bestimmte Form des Erbgutmoleküls DNA.

---

10) *http://www.sciencemag.org/news/2017/03/dna-could-store-all-worlds-data-one-room*

Abb. 5–5 M. C. Eschers Bild »Tiefe« inspirierte den Physiker Ned Seeman dazu, mit der Erbsubstanz DNA 3-D-Strukturen zu programmieren. (Quelle: Wikipedia)

Man nehme statt zwei DNA-Strängen einfach einmal vier. Diese könnten sich nicht nur zu einem langweiligen Doppelstrang verbinden, sondern zu einer Kreuzung, wie Abbildung 5–6 zeigt. Das Spiel lässt sich weitertreiben: Sechs Stränge machen eine dreidimensionale Kreuzung, mit sechs jeweils zueinander senkrechten Armen, die eben in ihrer Form an Eschers fliegende Fische erinnern (Abb. 5–7). Wenn er viele solcher 3-D-Kreuzungen aneinanderreihte, erkannte Seeman, könnte er ein Gerüst schaffen, das seine Kristalle halten könnte.

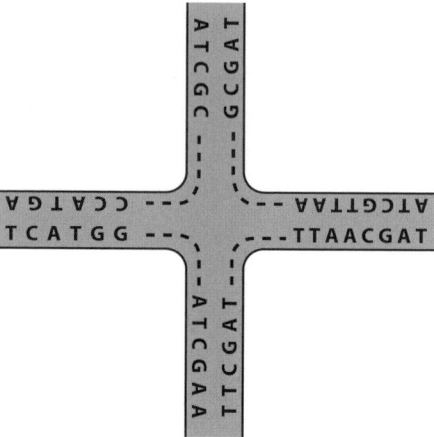

Abb. 5–6 Prinzip einer DNA-Kreuzung. Die beiden Hälften von vier DNA-Einzelsträngen verbinden sich jeweils mit den Hälften zweier anderer Einzelsträngе.

Abb. 5–7 Prinzip einer dreidimensionalen sechsarmigen DNA-Kreuzung. Seeman wollte ein ganzes Gerüst aus sechsarmigen DNA-Kreuzungen aufbauen (das ihm als Halterung für Kristalle dienen sollte, die er untersuchte).

Naja, eigentlich hat er dieses Gerüst nicht selbst aufgebaut, da würde er heute noch dransitzen. Vielmehr hat er es die Natur bauen *lassen*. Der Trick heißt Selbstorganisation. Das ist Ordnung, die ohne Einflussnahme von außen entsteht. Niemand muss die Einzelteile lenken, während sie eine Struktur aufbauen. All die hierfür nötige Information steckt in ihnen selbst.

Sie können etwas in der Art selbst ausprobieren. Geben Sie ein bisschen Milch in einen Teller und verteilen sie ein Paar Cornflakes gleichmäßig auf der Milch. Die Cornflakes werden in Schneckentempo aufeinander zu schwimmen und sich aneinanderlagern, als wären sie kleine Magnete. Schließlich bilden sie eine Kette mit einigen Verzweigungen. Aus einer formlosen Suppe ist ein Muster entstanden, das an einen Baum erinnert. Der Grund für die gegenseitige Attraktion: Die einzelnen Cornflakes drücken kleine Mulden in die Milchoberfläche. In die Mulde des einen Cornflakes schwimmt das andere Cornflake hinein.

Allerdings lässt sich so nur ungenau vorherbestimmen, *welches* Muster entsteht. Beim nächsten Versuch wird zwar auch ein »Baum« entstehen, aber nur ein ähnlicher, nicht der gleiche.

Seeman hingegen hat die DNA-Bausteine so *programmiert*, dass sie exakt die von ihm gewollte Struktur ausbilden.[11] Aus dieser Perspektive heraus war auch Adlemans Experiment schon eine Selbstorganisation. Denn es fanden sich die jeweils komplementären DNA-Stränge *eigenständig* zusammen. DNA-Sequenzen sind so unverwechselbar wie das Wort »unverwechselbar« selbst: Man kann also exakt steuern, welche DNA-Stränge sich verbinden sollen.

Will man Seemans Sechsfachkreuzungen genauso verbinden wie die Fische in Eschers Bild, kann man an ihre Enden Kupplungen aus DNA hinzufügen, die jeweils komplementäre Codes tragen und sich dann von selbst finden und verbinden.

So lässt sich eine Art 3-D-Puzzle realisieren, das beliebig komplex sein kann. Denn im Prinzip kann man jedes einzelne Bauteil programmieren, sich mit einem ganz bestimmten anderen Bauteil zu verbinden. Damit dies funktioniert, muss man viel Information in die DNA-Kupplungen stecken. Ein weiteres Mal sehen wir die Macht der Information, diesmal als Mittel, die Selbstorganisation zu steuern.

Wer sich an das letzte Kapitel erinnert, liegt richtig. Auch die Evolution steuert die selbstorganisierenden Kräfte der Natur mithilfe von Information. Sie hat den genetischen Code so verfeinert, dass er sowohl die Bestandteile als auch deren Montage zu einem Organismus lenkt. Ein

---

11) Daraus wird oft »Selbstassemblierung«, um den Vorgang von Selbstorganisation abzugrenzen, bei der die Komponenten keine solche prädestinierende Information enthalten müssen.

Paradebeispiel dafür ist der so genannte Tabakmosaikvirus, einer der verbreitetsten Viren. Der sperrige Name rührt daher, dass der Erreger befallene Pflanzen mit einem Mosaik von Flecken auf ihren Blättern zeichnet.

Der »Körper« des Virus ist eine mikroskopisch kleine Röhre, 300 Nanometer lang und 18 Nanometer dünn. Man könnte sagen, ein um den Faktor 2000 verkleinertes Menschenhaar. In der Röhre steckt das Erbgut des Virus, das 6400 genetische Buchstaben umfasst. Der Virus missbraucht die infizierte Pflanzenzelle, um Kopien von sich herzustellen. Die Maschinerie der Wirtszelle produziert allerdings nur die Einzelteile: Die 2000 identischen Proteinbausteine und das Erbgut des Virus. Alles andere geschieht von selbst: Die Proteine ordnen sich in einer Helixstruktur um das Erbgutmolekül herum an.

Das funktioniert sogar im Reagenzglas, weshalb die selbstorganisierende Kraft des Virus zur Produktion winziger technischer Komponenten genutzt werden soll. Etwa um die Oberfläche von Elektroden in Batterien zu steigern, was deren Kapazität um das Sechsfache steigert.[12]

Zu mindestens ebenso komplexer Formgebung lässt sich DNA programmieren. Forscher haben einen Nanoroboter aus DNA hergestellt: Einen Container mit Wänden, Deckel, Scharnieren, einem Schloss und einem Sensor aus DNA.[13] Der Sensor erkennt bestimmte Krebszellen, woraufhin das Schloss und der Deckel sich öffnen. Im Container könnten einmal Krebsmedikamente untergebracht werden, die der Nanoroboter quasi direkt vor der Haustür der kranken Zellen abliefert und durch diese Direktzustellung das gesunde Gewebe schont. (Der Nanoroboter ist ein höflicher Lieferdienst, denn er behelligt die Nachbarn nicht.)

Computerfachleute griffen Seemans Ideen auf. Sie erkannten die große Flexibilität der zwei- oder dreidimensionalen Selbstorganisation von DNA. Paul Rothemund von der University of Southern California und Erik Winfree vom California Institute of Technology in Pasadena bewiesen schließlich, was Len Adleman knapp zehn Jahre zuvor den Schlaf geraubt hatte: dass sich mit der Selbstorganisation von DNA ein universeller Computer machen ließ, genau wie mit einer Turingmaschine. Sie setzten das auch experimentell um.

---

12) *http://ieeexplore.ieee.org/document/4443817/?arnumber=4443817*
     (abgerufen am 30.3.2017)
13) *http://science.sciencemag.org/content/335/6070/831/tab-pdf* (abgerufen am 25.4.2017)

Die beiden reitet nicht nur der Traum von einer neuen Art Computer. Mit ihrer Arbeit gehen sie sehr fundamentalen Fragen nach.[14]

- Wie kann Leben aus einer Mixtur inaktiver Moleküle entstehen?
- Wie entwickelt sich der Körper aus vielen einzelnen Zellen?
- Wie geht aus einer Ansammlung simpler Neuronen der Geist hervor?

Gemeinsam ist diesen Fragen das Entstehen von etwas unfassbar Komplexem aus relativ simpel gestrickten Einheiten. In der Fachsprache heißt so etwas »zellulärer Automat«. Dieser ähnelt einem Schachbrett, allerdings einem, das seine Felder zwischen schwarz und weiß umschalten kann. Jedes Feld folgt simplen Regeln, zum Beispiel: Wenn zwei deiner Nachbarn schwarz sind, dann wechsle deine Farbe. Das ähnelt den logischen Schaltkreisen in einem herkömmlichen Computer. Im Rechenwerk desselben sind lediglich einige Operationen der Bool'schen Logik fest verdrahtet. Dennoch ist die Maschine sehr mächtig. Ähnlich potent könnten auch zelluläre Automaten sein.

Rothemund und Winfree stellten im Jahr 2004 einen zellulären Automaten aus DNA her: Kacheln, die sich ohne Zutun eines Fliesenlegers zu einem Muster zusammenfinden, komplexer als alles, was sich in normalen Bädern oder Küchen findet.

In ihrem Versuch gibt es weiße und graue Kacheln. Wie bei einem Fliesenboden setzen sie sich Reihe für Reihe in einem Halbverband aneinander. Mitten in der ersten Reihe sitzt, zwischen lauter grauen, eine einzige weiße Kachel. Weiße Kacheln werden in den darauffolgenden Reihen immer dann gesetzt, wenn eine der zwei angrenzenden Kacheln der letzten Reihe ebenfalls weiß ist (siehe Abb. 5–8a). Dies lässt sich über entsprechende DNA-Kupplungen in die Kacheln programmieren. In der Sprache der Boole'schen Logik sind diese Kacheln als »Exklusives Oder«, abgekürzt XOR, programmiert. Diese Operation gibt nur dann eine »Eins« (weiße Kachel) aus, wenn beide Eingaben verschieden sind, ansonsten ist der Output »Null« (graue Kachel).

Überlässt man diese Kacheln sich selbst, formen sie ein so genanntes Sierpinski-Dreieck (Abb. 5–8b). Es besteht aus gleichseitigen Dreiecken, die in Form gleichseitiger Dreiecke angeordnet sind. Das lässt sich bis ins Unendliche fortsetzen. Egal unter welcher Vergrößerungsstufe man so ein

---

14) *http://www.dna.caltech.edu/DNAresearch_perspective.html* (abgerufen am 30.3.2017)

Dreieck ansieht, es sieht immer gleich aus, man kann beliebig hinein- oder herauszoomen, ohne dass sich etwas ändert. Es ist ein bisschen wie bei einem Fernsehbild, das dasselbe Fernsehbild zeigt, das dasselbe Fernsehbild zeigt ... usw. Fragen Sie mal Ihren Fliesenleger, ob er Ihren Wohnzimmerboden dergestalt schmücken kann.

Rothemund und Winfree zeigten mit ihrem Versuch: Einfache Instruktionen an einen Schwarm identischer Teile führen zu komplexen Ergebnissen. Wie beim Tabakmosaikvirus. Sie nennen diese Methode »algorithmische Selbstorganisation«.

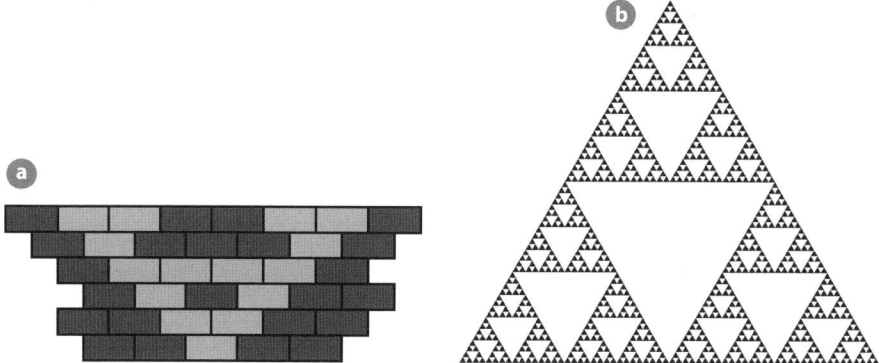

Abb. 5–8 a) Programmierung der DNA-Kacheln nach [2004Rot]. Das erste Dreieck hat sich nach vier Reihen gebildet. In den nächsten Reihen bilden sich gerade zwei weitere Dreiecke.

           b) Sierpinski-Dreieck (Quelle: Wikipedia)

Paul Rothemund demonstrierte später, dass sich *jede beliebige* Form in die DNA programmieren lässt. Der Informatiker *faltete* einen langen Erbgutfaden zu mikroskopisch kleinen Smileys oder den Umrissen der beiden Amerikas, ähnlich wie bei der japanischen Papierfaltkunst Origami. Er nannte seine Methode denn auch »DNA-Origami«. Auch diese Methode funktioniert durch Selbstorganisation. Die Faltung des Faden wird durch vorprogrammierte Kopplungsstellen gelenkt.

Die Universalität solcher DNA-Computer wurde seitdem noch öfter unter Beweis gestellt. Die Kachel-Technik wurde etwa auch benutzt, um Additionen und Divisionen auszuführen.[15]

---

15) *http://www.sciencedirect.com/science/article/pii/S1002007108003973* (abgerufen am 30.3.2017)

Zusammen mit der Fähigkeit der massiv-parallelen Verarbeitung von Information auf kleinstem Raum wäre ein solcher Computer eine echte Konkurrenz für den Silizium-Chip.

Was den DNA-Computer behindert

Doch ein DNA-Computer, der im Alltag schwere Probleme löst oder das Gehirn imitiert, wurde noch nicht gesichtet. Auch der für seine umfassende Spionage berüchtigte US-Geheimdienst NSA hat, soviel man weiß, keinen DNA-Computer, um Verschlüsselungen zu knacken. Denn einen alltagstauglichen DNA-Computer gibt es nicht.

Was ist das Problem?

Es sind deren mehrere.

Durch sein massiv-paralleles Arbeiten spart der DNA-Computer zwar jede Menge *Zeit*. Doch, wie im letzten Kapitel schon angedeutet: Er braucht immer noch *Raum*. Zwar pressen DNA-Moleküle Information denkbar eng zusammen. Aber selbst ein Molekül ist nicht *unendlich* klein. Wenn es astronomisch viele Lösungen zu prüfen gälte, würde auch ein DNA-Computer ins Astronomische wachsen müssen. »Auch DNA-Computer unterliegen dem Fluch des Exponentiellen«, drückt Martyn Amos es aus. Schon ein Hamiltonkreisproblem mit 50 Städten hat mehr Lösungsmöglichkeiten als die Anzahl der Atome der Erde. Ein DNA-Computer, der nach Adlemans einfachem Rezept arbeitete, müsste somit deutlich schwerer als die Erde sein. Amos glaubt daher nicht, dass DNA-Computer eine große Rolle bei der Lösung von NP-vollständigen Problemen spielen werden. Andere sehen das anders, dazu weiter unten.

Ein weiteres Problem ist die Fehleranfälligkeit von DNA-Computern. Bei Adlemans Methode darf unter den Billionen von DNA-Paarungen keine einzige falsch sein. Dies kann aber passieren, weil einzelne DNA-Stränge sich mitunter verbinden, obwohl sie nicht hundertprozentig komplementär zueinander sind. In diesem Fall könnte das Vorhandensein einer Lösung vorgegaukelt werden, wo gar keine ist. Die algorithmische Programmierung Rothemunds und Winfrees läuft auch nicht fehlerfrei ab. Die Kacheln setzten sich zu oft an einen falschen Ort.

Ein dritter Hemmschuh für den DNA-Computer: Sein Betrieb fordert fundierte biotechnologische Kenntnisse. Der Rechner besteht aus Pipetten und Schläuchen und man trägt bei seiner Bedienung Gummihandschuhe. Interessanterweise versucht die gleiche Firma, das zu ändern, die vor 40 Jahren dem einfachen Mann von der Straße die Brücke zum elektronischen Computer gebaut hat: Microsoft. Auch dazu gleich mehr.

Den DNA-Computer fit für den Alltag machen

Auch der DNA-Computer kann also dem »exponentiellen Fluch« nicht entrinnen. Doch seine Anhänger betonen, dass er sowohl Zeit als auch Raum einsparen kann. »Es macht absolut Sinn, die kleinsten möglichen Prozessoren zu verwenden: Moleküle«, sagt Ross King von der University of Manchester. Noch dazu, wo diese parallel arbeiten können. Es gebe sicherlich ein Fenster für DNA-Computer, meint der Professor für Maschinenintelligenz. Darin befinden sich die NP-vollständigen Probleme, die schon zu groß für Supercomputer seien, aber noch nicht für einen DNA-Rechner.

Forscher arbeiten daran, dieses Fenster so groß wie möglich zu machen. Durch das Einsparen von DNA etwa. Ein Modell chinesischer Forscher startet mit einem leeren Reagenzglas und lässt die Lösungen wachsen. Entpuppt sich eine Lösung während des Wachsens als falsch (bei jedem Wachstumsschritt wird getestet, ob die Lösung noch verträglich mit den Bedingungen ist), wird der entsprechende DNA-Strang zerstört.[16] So müssen nicht alle möglichen Lösungen gleichzeitig vorliegen.

Einen ähnlichen Ansatz verfolgt Ross King. Er hat auch einen DNA-Computer entworfen, der während der Arbeit wächst.[17] Man könnte es als eine Evolution im Bioreaktor bezeichnen: DNA-Stränge vermehren sich wie in der Natur, verändern sich aber bei jeder Teilung. Das ähnelt den Mutationen, denen das Erbgut in der Natur ausgesetzt ist. »So entsteht ein weit verzweigter Baum von allen möglichen Berechnungen«, erklärt King. Das geschieht so lange, bis auf diese Weise die Lösung zufällig entsteht. Anders gesagt: Der Computer geht alle Wege durch ein Labyrinth, indem er an jeder Weggabelung den vorhandenen DNA-Strang teilt und in beide Richtungen schickt. Die grundlegenden Arbeitsschritte eines solchen Rechners hat Kings Team im Labor realisiert. Die britischen For-

---

16) *https://www.researchgate.net/publication/229433047_Solving_the_SAT_problem_using_a_DNA_computing_algorithm_based_on_ligase_chain_reaction* (abgerufen am 31.3.2017)
17) [2017Cur]

scher haben somit die Machbarkeit einer nicht deterministischen Turing-maschine bewiesen.

Indessen fordern andere Forscher den klassischen Computer auf seinem eigenen Spielfeld heraus, ohne auf das problematische Gebiet der NP-vollständigen Probleme auszuweichen. Der DNA-Computer gehe bei Weitem nicht so verschwenderisch mit Raum und Zeit um wie der Silizi-umchip, lautet ihr Credo. Einen Erbgut-Computer auf dem Schreibtisch betrachten sie nicht als Illusion.

Also bauen sie einen digitalen DNA-Computer, der Nullen und Einsen mithilfe von logischen Schaltkreisen verarbeitet; eine biologische Imita-tion des Laptops sozusagen. Rothemunds und Winfrees zelluläre Auto-maten haben bewiesen, dass das im Prinzip geht. Winfree schuf daraufhin logische Schaltungen aus DNA-Strängen, die nur schalten, wenn sie zwei bestimmten Sequenzen begegnen. Auf diese Weise werden Fehler stark minimiert, wie sein Team experimentell beobachten konnte.[18]

Denn anstatt fälschlicherweise miteinander zu wechselwirken, gehen die DNA-Informationen fein säuberlich getrennte Wege, ähnlich wie in einem elektronischen Computer, wo Signale durch verschiedene Drähte laufen, ohne sich dabei beeinflussen zu können. Im Detail ist das zu kompliziert, um es hier zu erklären. Grob kann man sagen, dass die Codierung der DNA-Sequenzen weniger Einschränkungen unterworfen ist, wenn diese keine analogen Bedeutungen wie »Boston« oder »Flugverbindung zwi-schen Detroit und Atlanta« tragen müssen. Daher kann man Sequenzen, die nicht fälschlich zusammenkommen sollen, mit maximal unterschiedli-chen Codierungen versehen. Sie laufen dann nicht Gefahr, sich wegen allzu großer Ähnlichkeit zu verbinden.

Ein Vorteil dieser Methode ist, dass sie nur DNA benötigt: Enzyme wie die Polymerase braucht sie nicht. Das macht sie schon deutlich nutzer-freundlicher als Adlemans Lösung.

Microsoft will den DNA-Computer noch weiter demokratisieren. Nutzer eines solchen exotischen Rechners sollen sich nicht ins Labor stellen müs-sen, sondern an der Tastatur sitzenbleiben können. Ein heutiger Compu-terprogrammierer muss ja auch nicht wissen, wie die logischen Schalt-kreise im Rechenwerk des Prozessors funktionieren. Microsoft hat eine

---

18) *http://science.sciencemag.org/content/314/5805/1585*

Programmiersprache entwickelt, die »es erleichtern soll, DNA-Computer zu designen und zu modellieren«, wie es Andrew Phillips »Microsoft Research« im britischen Cambridge ausdrückt.[19] Die neue Programmiersprache übersetzt die Befehle des Programmierers in fehlertolerante Reaktionen zwischen DNA-Molekülen, wie sie von Winfrees Team entwickelt wurden.

»Seine Killer-App hat der DNA-Computer aber immer noch nicht gefunden«, bremst Martyn Amos die Euphorie. Er meint damit eine Anwendung, in der er konkurrenzlos ist und die viele Anwender finden würde.

Diese könnte er auf einem Spielfeld finden, auf dem er ohne Alternative sein dürfte: Im Innern der Körper von Lebewesen. Die Schnittstelle dorthin besitzt er von Natur aus. Alle Lebewesen sprechen die gleiche DNA-Sprache, der genetische Code ist universell. Und weil Biologen ihn immer besser verstehen, erlangen sie die Macht, Organismen neu zu programmieren. Was sie auch tun. Wir werden ihnen im übernächsten Kapitel begegnen.

Zuvor jedoch verlassen wir die Biologie, bleiben aber bei Molekülen. Denn auch einfache chemische Reaktionen, wie sie in jedem Taschenwärmer aus dem Ein-Euro-Laden vor sich gehen, tragen Intelligenz in sich.

---

19) *https://www.microsoft.com/en-us/research/project/programming-dna-circuits*

6 Der Computer aus der Küche

Andy Adamatzky ist ein Wissenschaftler alter Schule, ein Neugieriger, ein Spieler. Es scheint ihm egal zu sein, ob seine schrägen Computer jemals schneller sein werden als ein Siliziumchip. Obwohl sie das Zeug dazu hätten. Der Biophysiker, Mathematiker und Informatiker versucht nicht, einem etwas zu »verkaufen«.

Adamatzky betrachtet »unkonventionelle« Computer eher als eine Kunst. Einige seiner Bücher über dieses Thema erinnern mehr an Kunstbände als an die sonst in der Wissenschaft üblichen Formelfriedhöfe auf Papier. Er veranschaulicht sein Fachgebiet anhand seines Haustiers. Sein Hund Don bellt zweimal, wenn sein Herrchen zwei Fingern hebt, dreimal bei drei, viermal bei vier usw.

»Es sieht so aus, als könnte mein Hund zählen«, sagt Adamatzky. Tut er aber nicht. Das sei nur unsere Interpretation, sagt der Forscher. In Wirklichkeit steckt ein Trick dahinter: Don bellt solange, wie sein Herrchen ihn anlächelt.

Die Natur zähle und rechne auch nicht, betont Adamatzky – und relativiert damit den nächtlichen Ausruf von Len Adleman, wonach das Enzym Polymerase *selbst* »rechnet«. Die Natur dennoch als Computer zu benutzen bezeichnet er als »Kunst der Interpretation«. Statt dem Computer per Algorithmus zu sagen, was er tun soll, gelte es eine chemische Reaktion zu finden, die eine Aufgabe repräsentiert. Seine Computer sind keine Maschinen, sondern ein Stück Natur, das tut, was es eben tut. Manchmal löst das natürliche Geschehen, richtig interpretiert, schwierige Aufgaben. Fachleute würden das im Gegensatz zu einem *digitalen* Computer, der Symbole gemäß einem Algorithmus verarbeitet, einen *analogen* Computer nennen. Denn der Naturvorgang und seine Deutung durch den Menschen sind einander analog.

Adamatzky interpretiert chemische Reaktionen. Auch der DNA-Computer aus dem letzten Kapitel ist ein chemischer Computer. Doch auch sehr viel einfacher aufgebaute Moleküle als die DNA können Information verarbeiten. »Wenn Moleküle miteinander reagieren, kann man das als Rechenprozess betrachten«, sagt Peter Dittrich von der Universität Jena, der eine Art chemisches Gehirn entwickelt. Die Ausgangsstoffe einer Reaktion repräsentierten die Eingabe, erklärt Dittrich. Die Reaktion selbst stelle die Berechnung dar und die Endprodukte das Ergebnis.

Deutungen von chemischen Reaktionen haben wir schon kennengelernt: Fasst man Folgen der DNA-Buchstaben A, T, C und G als Städte und Flugverbindungen auf, kann man komplexe Probleme lösen.

»Für das DNA-Computing braucht man aber spezielles Laborwissen und viel Erfahrung«, sagt Adamatzky. »Unsere Computer hingegen kann jeder nachbauen. Jeder kann mit den eigenen Augen sehen, was passiert.« Der Forscher nennt so etwas »Citizen Science«, zu deutsch »Bürgerwissenschaft«.

Das Motto lautet also: Wozu umständlich DNA programmieren, wenn es auch einfacher geht?

Die Chemie ist ein Füllhorn an Interpretationsmöglichkeiten. Es gibt mehr als hundert chemische Elemente, die Grundstoffe für chemische Reaktionen, vom Wasserstoff bis zum mehr als 200 Mal schwereren Uran. Diese verbinden sich nach gewissen Regeln zu Molekülen, die wiederum miteinander reagieren können. Schon einfache Einzeller bilden Anschauungsmaterial dafür, welch komplexe Systeme, hier »Stoffwechsel« genannt, chemische Reaktionen bilden können. Atemgase, Fette, Zucker, Hormone, Proteine usw. bilden ein unsichtbares Netzwerk von Beziehungen untereinander: Sie verbinden sich, trennen sich, verkuppeln andere, hemmen Reaktionen oder fördern sie usw.

Es geht aber auch noch viel einfacher: Wenige Stoffe in einem Reagenzglas können Dinge tun, aus denen man Sinn extrahieren kann, chemische Apps gewissermaßen. Solche Apps lassen sich schon aus drei simplen Reaktionen programmieren, wie Abbildung 6–1 schematisch illustriert. Die einzelnen Reaktionen erinnern an die Programmzeilen einer einfachen Software.

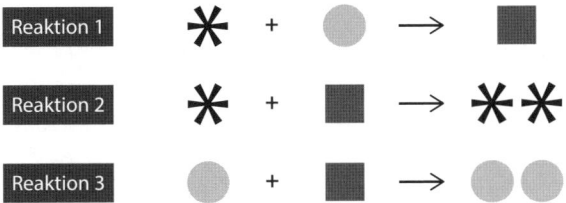

Abb. 6–1 Die chemische Entscheidungs-App. Stern, Kreis und Quadrat stehen symbolisch für Moleküle.

Aus einer Mischung von Kreisen und Sternen (die geometrischen Figuren symbolisieren Moleküle) macht dieses einfache Netzwerk aus drei Reaktionen entweder *nur* Kreise oder *nur* Sterne, je nachdem, welche der beiden Ausgangsprodukte bei Beginn der Reaktion in der Mehrheit war. Denn schwimmen zu Beginn mehr Sterne in der Lösung, dann wird das Zwischenprodukt, also das Quadrat, viel öfter auf Sterne stoßen als auf Kreise und jedem Stern einen zweiten Stern hinzufügen. Ein sich selbst verstärkender Effekt: Noch mehr Sterne führen zu noch mehr Stern-produzierenden Reaktionen, die noch mehr Sterne produzieren usw. Am Ende gibt es nur noch Sterne in der Lösung.

Das Ganze ist eine chemische Entscheidungs-App. Denn es wird entschieden, was mehr da ist: Stern oder Kreis? Entscheidungen treffen ist eine wichtige Funktion von Informationsverarbeitung: Für ein Beutetier kann die Entscheidung, nach rechts oder nach links zu schwimmen, gleichbedeutend mit überleben oder sterben sein.

Zebrafelle und Schlangenhäute ausrechnen

Noch interessanter wird es, wenn die Ausgangsstoffe sich während der Reaktion ausbreiten, »Diffusion« nennen das Chemiker. In den letzten beiden Jahren vor seinem frühen und mysteriösen Tod im Jahr 1954 hat sich Alan Turing solchen »Reaktions-Diffusions-Systemen« gewidmet. Er wollte damit die Formenvielfalt im Tierreich erklären – von Kuhflecken, Zebrastreifen und Federkleidern bis zu den Tentakeln von Süßwasserpolypen.

Typisch für Turing: Er entwickelte ein sehr einfaches Modell mit einer ungeheuren Macht, verschiedenste Muster hervorzubringen, von denen sich viele in der Natur wiederfinden. Eine Art universeller Mustergenerator. Zwar interessieren wir uns in diesem Abschnitt für Chemie. Doch Turings Modell lässt sich am besten mit einem Vergleich aus dem Tierreich illustrieren: der Dynamik von Räubern und ihrer Beute.

Raubtieren geht es gut, wenn es viele Beutetiere gibt, zum Beispiel Mäuse für Greifvögel. Sie vermehren sich dann. Mehr Greifvögel fressen aber mehr Mäuse. Daher werden die Mäuse weniger. Weil nun das Nahrungsangebot für die Vögel schwindet, werden auch sie wieder weniger. So ergibt sich ein Ablauf, der ungefähr wie in Abbildung 6–2 aussieht:

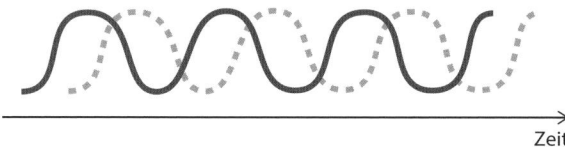

Zeit

Abb. 6–2 Räuber-Beute-Beziehung (Beute: durchgezogene Linie, Räuber: gestrichelte Linie).

Nun nehmen wir die »Diffusion« hinzu. Wir lassen also zu, dass sowohl Räuber als auch Beute ihren Lebensraum erweitern. Weil Greifvögel mehr Lebensraum brauchen als eine Maus, werden sie sich *schneller* ausbreiten. Sie werden die Umgebung des ursprünglichen Gebiets dominieren, weshalb sich dort Mäuse nicht großartig vermehren werden. Die Nagetiere werden sich vor allem im Ursprungsgebiet fortpflanzen, weil ja viele Greifvögel von dort ausgezogen sind. Wir enden also mit einer Situation wie in Abbildung 6–3: Es bildet sich ein weißer Fleck (Mäuse) vor schwarzem Grund (Greifvögel).

Abb. 6–3 Schnell »diffundierende« Räuber (schwarz) und langsamer »diffundierende« Beutetiere (weiß) führen, vereinfacht, zu einem weißen »Fleck« in schwarzer Umgebung.

In der Biochemie gibt es eine Entsprechung von Beute und Räubern: Stoffe, die die Vermehrung von sich selbst und eines weiteren fördern, so genannte Aktivatoren (quasi die Mäuse), und Stoffe, die diese Vermehrung hemmen, so genannte Inhibitoren (quasi die Räuber). Wenn Aktivator und Inhibitor unterschiedlich schnell diffundieren, bilden sich Muster wie das obige (wozu Aktivator bzw. Inhibitor freilich noch mit unterschiedlichen Farbpigmenten assoziiert sein müssen).

Das Tolle an Turings Modell ist, dass es verschiedenste Muster erzeugt, indem man die Diffusionsgeschwindigkeiten ändert und die Form des Gebiets, auf dem die Diffusion stattfindet. Auf einem quadratischen Gebiet bildet sich nach dem oben geschilderten Mechanismus ein Fleckenmuster wie auf einem Gepard. Wenn sich allerdings der Aktivator ein bisschen schneller ausbreitet, können sich die Flecken verbinden und es ergibt sich ein labyrinthartiges Muster. Wenn sich das Ganze auf einem länglichen Streifen abspielt, ergibt sich ein Streifenmuster, wie es bei Schlangen oder Tierschwänzen vorkommt.

Viele Muster im Tierreich lassen sich mit Hilfe des Turing-Modells am Computer simulieren, wie die Streifen von Zebrafischen, die Schalen von Weichtieren oder die Zwischenräume von Haaren bei Mäusen. Der Nachweis, dass tatsächlich der von Turing eingeführte Mechanismus zu den Formen führt, gelang indessen nur selten, etwa bei den Rippen am Gaumen von Mäusen.[1]

Ameisen in Molekülgröße

Wie wichtig oder unwichtig Reaktions-Diffusions-Systeme in der Natur sind, interessiert uns hier nicht so sehr. Wir fragen: Kann man damit Computer bauen?

Adamatzky zeigt, wie so ein System komplexe Aufgaben lösen kann. »Es könnte genutzt werden, um Nachbarschaftsstreitigkeiten beizulegen«, sagt er scherzhaft. Angenommen, wir seien im Wilden Westen. Ein Landstrich, auf dem ein paar Siedler bereits ihre Hütten gebaut haben, soll nun zwischen ihnen aufgeteilt werden. Sie einigen sich darauf, dass jedem Siedler alles Land zugesprochen wird, das seiner Hütte näher liegt als jeder anderen. Aber wie bestimmen sie das?

---

1) *https://www.ncbi.nlm.nih.gov/pmc/articles/PMC3303118/#R7* (abgerufen am 15.5.2017)

Sie könnten einen von Adamatzkys Computern nehmen. Dafür bräuchten sie nicht viel mehr als ein bisschen »heißes Eis«. Chemisch gesprochen handelt es sich um eine Natriumacetat-Lösung. »Jeder kann sich heißes Eis zu Hause mischen«, sagt Adamatzky. Rezepte dafür finden sich im Internet.

»Heißes Eis« ist das Zeug, das sich in Taschenwärmern findet. Das sind Plastiksäckchen, die neben einer zunächst flüssigen Natriumacetat-Lösung ein Metallplättchen enthalten. Knickt man dieses, fängt die Flüssigkeit an zu kristallisieren. Dabei gibt sie Wärme ab. Es sieht aus, als würde sich Eis bilden, daher sagt man auf Englisch »hot ice«, was ich mit »heißes Eis« übersetzt habe.

Wie das funktioniert, soll uns hier nicht interessieren. Wichtig ist nur, dass sich eine chemische Umwandlung von einem Punkt ausgehend ausbreitet.

Für einen »Hot-Ice-Computer« braucht man jetzt noch eine Petrischale (ein 5-er-Pack kostet ca. 8 Euro). In diese hat Adamatzky heißes Eis gefüllt. In den Deckel der Petrischale hat er Nadeln geklebt. Wir stellen uns vor, dass die Verteilung dieser Nadeln die Lage der Hütten in unserem Wildwest-Beispiel wiedergibt.

Von den Nadelstichen ausgehend kristallisiert das heiße Eis kreisförmig. Wie sich ausbreitende Wellen in einem See, in den man Kieselsteine geworfen hat. Nach einer Sekunde treffen sich die ersten Wellen. Der Witz ist nun, dass sie sich, anders als Wasserwellen, *nicht* gegenseitig durchdringen, sondern sich gegenseitig aufhalten und eine feste Grenzlinie bilden, die gut sichtbar ist.

Nun kommt die Kunst der Interpretation: Die Wellenfronten ziehen diese Grenzen gemäß der Einigung unter den Siedlern. Warum? Weil sich die Kreise *gleich schnell* vom jeweiligen Ausgangspunkt her ausbreiten, ist jeder Punkt, den sie abdecken, bevor sie auf eine andere Welle treffen, näher am eigenen Mittelpunkt als an irgendeinem anderen.

Es ist ein so genanntes Voronoi-Diagramm entstanden (siehe Abb. 6–4). Voronoi-Diagramme werden von Wissenschaftlern genutzt, wenn es darum geht, ein Gebiet oder einen Raum in Einflusszonen aufzuteilen, etwa in der Astronomie bei der Identifikation von Stern- oder Galaxienhaufen oder in der Biologie bei der Modellierung von Zellverbänden oder Tumorwachstum.[2] Keine uninteressanten Anwendungen also.

Adamatzky hat Voronoi-Diagramme auch mit anderen Chemikalien erzeugt, aber immer geht es um eine Reaktion, die sich von einem Punkt ausgehend ausbreitet und gestoppt wird, wenn sie auf die Front einer von einem anderen Punkt ausgehenden Reaktion trifft.

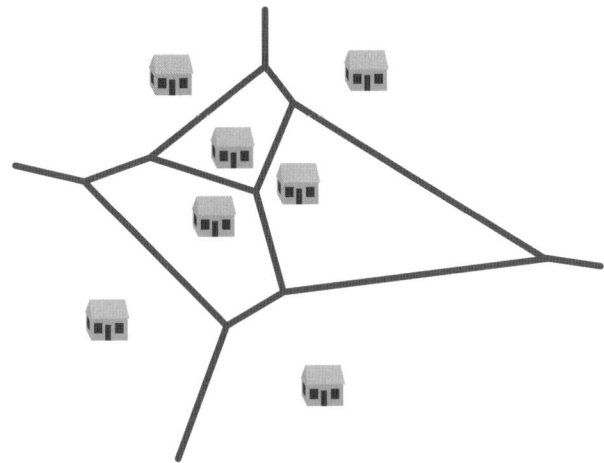

Abb. 6–4   Voronoi-Diagramm. Die Linien zerteilen die Fläche in »Einflusszonen«, auf denen jeder Punkt dem eigenen »Mittelpunkt« näher liegt als jedem anderen. (Quelle: Wikipedia)

Alle diese Computer arbeiten mit einfachen Zutaten in Petrischalen. Aber das allein macht sie nicht überlegen. Was dann? Natürlich kann ein klassischer Computer auch Voronoi-Diagramme oder kürzeste Verbindungen ausrechnen. »Der Hot-Ice-Computer beherrscht aber die Komplexität«, sagt Adamatzky. Die Rechenzeit hänge nur von seiner Fläche ab. »Es ist völlig egal, wie komplex das Problem ist, das er lösen soll«, sagt der Forscher. Ob man zehn Punkte nimmt oder zehntausend, macht also keinen Unterschied. Beim normalen Rechner hingegen spielt es sehr wohl eine Rolle, wie viele Punkte voneinander abgegrenzt werden sollen, da er eine Grenzlinie nach der anderen konstruiert. Schritt für Schritt in der Manier der Turingmaschine. »Der Hot-Ice-Computer hingegen besteht aus einer Riesenzahl parallel arbeitender Mikroprozessoren«, sagt Adamatzky. Jeder

---

2)   [2005Ada]

Mikroliter der Natriumacetat-Lösung reagiert unmittelbar auf die Mikroliter um ihn herum: Kristallisiert einer von ihnen, kristallisiert auch er. Eine simple Regel, die aber in der Summe von Millionen Prozessoren eine große Wirkung hat. Adamatzky spricht daher auch von einem »Klebrigen Supercomputer« (auf Englisch sagt er: »supercomputer in a goo«). Der Forscher hat einen zellulären Automaten konstruiert. Nur mit sehr viel einfacheren Mitteln als Erik Winfree und Paul Rothemund mit ihren DNA-Kacheln aus dem letzten Kapitel.

Ähnlich ist es bei anderen Reaktions-Diffusions-Computern: Moleküle geben Information an ihre direkten Nachbarn weiter, wie bei einer Eimerkette. Jedes Bit muss also hier nur kurze Wege zurücklegen: ein Vorteil gegenüber der Von-Neumann-Architektur, wo die Information oft zentimeterweit zwischen Speicher und Prozessor hin und her reisen muss.

Beim chemischen Computer hingegen wirkt der Prozessor gleichzeitig als Speicher. Die eingegebenen Daten sind die Konzentration der Moleküle, die dann auch die Rechnung ausführen.

Als weiterer Vorteil nennt Adamatzky die naturgegebene Robustheit chemischer Computer. »Nimmt man Schaltkreise aus einem herkömmlichen Prozessor heraus, wird er nicht mehr fehlerfrei funktionieren«, sagt er. Entferne man hingegen ein bisschen Flüssigkeit aus einem chemischen Computer, mache das gar nichts: Die entstehende Lücke wird von selbst sofort wieder aufgefüllt und der Computer rechnet wie zuvor. Der Hot-Ice-Computer arbeite extrem zuverlässig, meint Adamatzky. »Jede Störung, in unserem Beispiel die Nadeln, löst garantiert eine Kristallisation aus«, sagt der Forscher. Eine Verfälschung des Ergebnisses, weil etwa eine Nadel ausfällt, schließt er aus. »Es passieren keine Fehler«, sagt Adamatzky. Diese seien eher typisch für Lebewesen.

Zwar sind Adamatzkys Laborspielereien in erster Linie genau das: Spielereien. Doch in einer speziellen Anwendung hat ein chemischer Computer ein klassisches Instrument schon übertroffen: das Navigationsgerät. Der Reaktions-Diffusions-Computer, den ein Team schweizerischer, japanischer und ungarischer Forscher 2014 vorgestellt hat,[3] fand den Weg zu einer Pizzeria in der Budapester Innenstadt *schneller* als ein herkömmliches Navi.[4]

---

3) [2014Suz]
4) *http://newatlas.com/chemical-gps/34446*

Die Forscher um Kotha Zuzuno von der Tokioter Meiji-Universität haben Straßenzüge der ungarischen Hauptstadt in Kunststoff graviert. Die Straßen bildeten Kanäle, etwa einen Millimeter breit. An den Zielpunkt setzten die Forscher ein Gel, das mit einer Säure getränkt war. Die Säure breitete sich daraufhin in den Kanälen aus. Der Witz: Je weiter vom Ziel entfernt ein Punkt in der Straßenkarte ist, desto schwächer war die Konzentration der Säure. An den Startpunkt, einige Querstraßen vom Ziel entfernt, füllten die Forscher nun eine Alkalilösung in die Straßenkanäle. Die Lösung war mit einem Farbstoff getränkt. Sie, und mit ihr die Farbe, folgt der ansteigenden Säurekonzentration. Die Farbspur zeigt dann den Weg zum Ziel an (siehe Abb. 6–5).

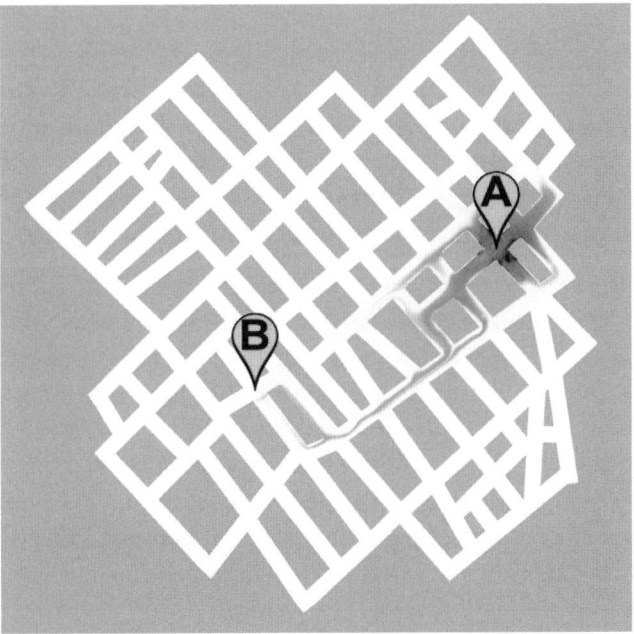

Abb. 6–5   Ein »chemisches GPS« findet schnell den kürzesten Weg durch ein Straßennetz. (Quelle: Empa)

Warum der chemische Computer schneller ist als das klassische Navi, erklärt Teammitglied Rita Tóth von der Eidgenössischen Materialprüfungs- und Forschungsanstalt im Schweizerischen Dübendorf (Empa). Das herkömmliche Navi müsse alle Alternativen durch das Budapester Straßenlabyrinth suchen und dann ausrechnen, welche davon die kürzeste ist, so Tóth. Der chemische Computer hingegen »testet alle möglichen Wege gleichzeitig«, erklärt die Forscherin. Eine Unzahl der denkbar kleinsten Prozessoren ist da am Werk: Einzelne Moleküle, die durch das Straßenlabyrinth diffundieren. Sie tragen die Information mit sich: in Form der Säurekonzentration am Ort X. Unbestechliche Entfernungsmarken sind das. Daran orientieren sich die Moleküle der Alkalilösung. Das ist ganz ähnlich den Ameisen, die der stärksten Pheromonkonzentration folgen, die ihre Mitgeschöpfe hinterlassen haben, und so die kürzeste Verbindung zur Futterquelle finden (siehe Kap. 1).

Das Wunder im Reagenzglas

Es gibt eine Art von chemischer Reaktion, die mehr kann als komplexe Muster bilden. Sie kann von außen eingegebene Reize verarbeiten, ähnlich wie ein Gehirn.

Die Geschichte dieser ungewöhnlichen chemischen Reaktion ist ein modernes Beispiel dafür, wie konsequent die Wissenschaft mitunter Beobachtungen ignoriert, die nicht zu ihren Theorien passt. Ähnlich den Gelehrten, die einst das in Galileo Galileis Teleskop Sichtbare ignorierten, damit der Augenschein nicht ihr geistiges Universum zerstört.

Der russische Biochemiker Boris Pawlowich Belousov wollte um 1950 einen wichtigen Stoffwechselkreislauf im Reagenzglas nachbilden, den »Citratcyclus«, bei dem im Körper organische Stoffe abgebaut werden. Belousov staunte nicht schlecht, als die Mixtur in seinem Moskauer Labor – eine vereinfachte Version des Citratzyklus, die ohne Enzyme auskommen sollte – in gewisser Weise zu atmen begann: Sie wurde gelb und wieder farblos, dann wieder gelb und wiederum farblos, mehr als eine Stunde lang. Dabei sprudelte Kohlendioxid heraus. Eine oszillierende Reaktion war dem damals 53-jährigen erfahrenen Forscher neu.

Obwohl Belousov seine Entdeckung akribisch untersuchte und alles dokumentierte, scheiterte er mit dem Versuch, sie zu publizieren. Die Gutachter des Fachjournals hielten Belousovs Entdeckung schlicht für unmöglich. Grund für den Zweifel: Belousovs Reaktion stellt Ordnung aus Unordnung her, widerspricht also scheinbar dem Zweiten Hauptsatz der Thermodynamik. Normalerweise würde eine chemische Reaktion kurzzeitig blubbern, stinken und krachen, um als träges Süppchen zu enden, anstatt wie ein chemisches Uhrwerk zu ticken.

Sechs Jahre später, nach noch sorgfältigeren Untersuchungen, begegnete Belousov noch härterer Skepsis: Ein Redakteur verlangte, das Ergebnis nur als Annahme darzustellen, und strich von Belousov neu hinzugefügte überzeugende Nachweise aus dessen Manuskript. Wütend zog der Forscher den Aufsatz zurück. Schließlich veröffentlichte er in einem wenig angesehenen Journal, das keine publizistischen Türsteher hatte – aber auch wenig Beachtung genoss.

Aber offenbar war Belousovs Entdeckung doch zu interessant, um in Vergessenheit zu geraten. Das Rezept zirkulierte in Moskauer akademischen Kreisen, bis es schließlich von einem Biochemie-Studenten namens Anatol Zhabotinsky nachgebraut wurde. Es funktionierte und Zhabotinsky sorgte für weitere Verbreitung der Entdeckung.

Heute gibt es eine ganze Klasse von »Belousov-Zhabotinsky-Reaktionen«, oder kurz BZ-Reaktionen. Meist sind die Stoffe Bromat und Malonsäure beteiligt. Grob gesagt funktioniert die Oszillation so: Es gibt drei Teilreaktionen, die *nacheinander* ablaufen, wobei die Produkte der letzten die Ausgangsstoffe der ersten Reaktion sind und der Zyklus von Neuem beginnt.

Nacheinander und nicht gleichzeitig laufen die Teilreaktionen deshalb ab, weil die jeweils nachfolgende Reaktion entweder von einem Stoff gebremst wird, der bei der vorhergehenden verbraucht wird und daher erst loslegen kann, wenn dieser weg ist, oder weil sie einen Ausgangsstoff braucht, der bei der vorausgehenden erst entsteht. Der periodische Farbwechsel wird durch zwei farbige Zwischenprodukte hervorgerufen.

Den zweiten Hauptsatz der Thermodynamik verletzt die Reaktion nicht, denn sie oszilliert weitab vom thermischen Gleichgewicht. Sie enthält selbst die Energie, die es für die Bildung von Struktur benötigt, gespeichert in ihren Ingredienzen. Wenn die Energie verbraucht ist, erstirbt die Oszillation. Die Mixtur endet somit, verzögert zwar, ebenfalls im thermischen Gleichgewicht.

In einer Petrischale zeigt ein BZ-Medium, also ein zur BZ-Reaktion fähiges Gemisch, ein psychedelisch wirkendes Spektakel: Helle Kreise wachsen auf rotem Hintergrund und lösen sich wieder auf, wenn sie mit anderen zusammenstoßen, während im Zentrum der schwindenden Kreise ein neuer entsteht und wieder wächst. In einem BZ-Medium gibt es neben der zeitlichen Oszillation also auch Wellen.

Solche chemischen Wellen haben in Adamatzkys Labor schon einen einfachen Roboter gelenkt. Der britische Forscher zeigt ein Gerät in Schuhschachtelgröße. Es hat drei Räder, die eine Platte tragen. Auf der Platte steht eine Petrischale. Darüber ist an einem Gestänge eine Kamera montiert, die auf die Petrischale hinunterschaut. »In die Schale füllen wir ein BZ-Medium«, erklärt Adamatzky. Wird dieses angeregt, breiten sich chemische Wellen aus, die die Kamera aufzeichnet. Aus den Bildern lässt sich Information über den Ort der Anregung ziehen. Die Petrischale gleicht somit einem Radarschirm. »Der Roboter fährt dann in die Richtung der Anregung«, erklärt Adamatzky. Ein lichtempfindliches BZ-System könnte solche Anregungen aus der Umgebung aufnehmen. Im einfachsten Fall würde er so einer Lichtquelle folgen können.

Das BZ-Medium ist aber auch zu komplexen Anregungen fähig, ähnlich einem Muster aus Wellen, das sich ergibt, wenn man viele Kiesel in einen See wirft. Weil diese Anregungen miteinander wechselwirken, also »rechnen«, wird aus dem BZ-Medium mehr als nur ein Radarschirm.

Ein Roboter braucht, um ein Beispiel zu nennen, eine Art Karte von seiner Umgebung, die sich immer wieder selbst aktualisiert. Damit kann er den kürzesten kollisionsfreien Weg von A nach B berechnen. BZ-Reaktionen setzen diese Funktionen um. Adamatzky hat das Medium in der Petrischale an mehreren Stellen angeregt. Diese Punkte symbolisieren Hindernisse, die der Roboter meiden soll, Wände, Tische, Roboterfallen usw. Von dort aus breiten sich Wellen kreisförmig aus. Weil sich die chemischen Wellen, wie oben skizziert, bei Kollision auslöschen, während sie an ihrem Ursprung neu auftauchen, aktualisiert sich die Karte ständig selbst.

Eine Kamera nimmt die sich ausbreitenden Wellen alle paar Sekunden auf. Die Bilder werden übereinander projiziert. Mit ein wenig Bildbearbeitung ergibt sich eine Art Heatmap, ähnlich wie bei der Computeranalyse eines Fußballspiels, die zeigt, wo sich das Geschehen auf dem Rasen hauptsächlich abspielte (siehe Abb. 6–6). Die »Heatmap« ist in der Nähe von Hindernissen heller. Die dunklen Korridore zwischen diesen Hotspots ergeben also freie Pfade. Diese kann der Roboter gehen, ohne anzustoßen. Weil auch das BZ-Medium parallel rechnet, ermittelt es *alle* freien Pfade zwischen einem Ausgangspunkt und allen anderen Punkten auf einmal. Der Bordcomputer wählt daraus den kürzesten Weg zwischen diesem Punkt und einem definierten Ziel.

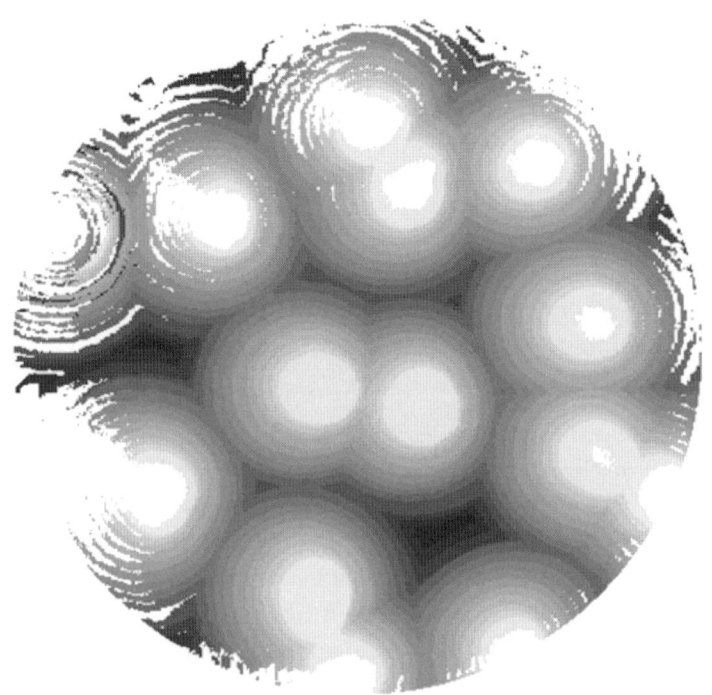

Abb. 6–6 Von einer BZ-Reaktion abgeleitete »Umgebungskarte«, die in Graustufen die Abstände von Hindernissen angibt (hell = nah, dunkel = fern). Darauf basierend kann ein Roboter die kürzesten Wege zwischen beliebigen Punkten A und B ausrechnen. (Bild: [2005Ada])

Diese Methode lasse sich auch nutzen, um einen so genannten Spannbaum zu berechnen, erklärt Adamatzky. Das ist ein Netz, das eine Menge von Punkten so verbindet, dass insgesamt am wenigsten Strecke anfällt. Das braucht man z. B. bei Telekommunikations- oder Stromnetzen, die ja nicht unnötig viel Kabel verbrauchen sollen.

Wie der chemisch navigierende Roboter der Zukunft aussehen könnte, weiß Adamatzky auch. Dieser habe eine Haut aus zwei Kunststoffschichten, deren Zwischenraum das BZ-Medium enthält, erklärt der Forscher. Die äußere Schicht wäre lichtdurchlässig. Mit diesem Flächenauge könnte der Roboter seine gesamte Umgebung wahrnehmen. Ein gesichtetes Objekt würde im BZ-Medium Aktivität erzeugen, die vom Bordcomputer zu nützlicher Information verdichtet würde. »Der Roboter könnte Umrisse erkennen, die ihre Helligkeit und Richtungen verändern und ihnen folgen oder sie vermeiden«, erklärt Adamatzky.

Ein Gehirn aus Wassertröpfchen

Chemische Wellen in BZ-Medien lassen sich durch verschiedene Reize auslösen, etwa mit einer heißen Nadel. BZ-Medien in winzigen Behältern, deren Wände sich berühren, können sich auch *gegenseitig* reizen. Zellen, die gleichartige Zellen aktivieren? Wieso kommt einem das bekannt vor? Weil es das Prinzip ist, nach dem auch das Gehirn funktioniert.

Dessen Prozessoren, die Nervenzellen, empfangen über Synapsen die Impulse von Tausenden anderer Neuronen (siehe Kap. 1). Überschreiten diese eine bestimmte Schwelle, löst das betreffende Neuron selbst einen Impuls aus, es feuert.

Diese Parallele hat Forscher des EU-Projekts »NeuNeu« dazu inspiriert, eine Art chemisches Mini-Gehirn zu entwerfen und im Reagenzglas zu verwirklichen. Dessen »Nervenzellen« erinnern an wirkliche Zellen, wie sie in Lebewesen vorkommen. Es sind Wassertröpfchen, die in Öl schwimmen. Die Grenze zwischen beiden Medien bildet eine Membran aus so genannten Lipiden, Molekülen also, deren eines Ende »fettliebend« und deren anderes »wasserliebend« ist, ähnlich wie bei lebenden Zellen.

Zum Wasser in den Tröpfchen haben die Wissenschaftler aus Deutschland, England und Polen ein BZ-Medium gemischt. In einem ersten Versuch haben sie vier Tröpfchen zu einem kleinen Netzwerk verbunden. »Die Erregung des BZ-Mediums in einem Tröpfchen überträgt sich auf das nächste Tröpfchen, wie in einem neuronalen Netzwerk«, sagt Projektkoordinator Peter Dittrich.

Sein Team hat untersucht, wie sich auf diese Weise Information durch das Netzwerk leiten lässt. Im einfacheren Fall ergeben sich logische Schaltkreise, zum Beispiel ein XOR Gatter oder ein Schaltkreis, der zwei Binärzahlen addieren kann.

Wenn man aber schon eine Struktur hat, die in ihrem Aussehen und in ihrem Verhalten so sehr an ein Mini-Gehirn erinnert, dann möchte man damit die Fähigkeiten des Gehirns nachempfinden. »Wir haben theoretisch gezeigt, dass mit unserem Tröpfchen-Computer auch Mustererkennung möglich ist«, sagt Dittrich. Demnach könnte das chemische Hirn Objekte in verschiedene Klassen einteilen.

Dafür bräuchte man aber einen viel größeren Tröpfchen-Computer, als die Forscher bislang haben. Dies sei im Prinzip leicht möglich, sagt Dittrich. Bislang hätten die Forscher lediglich mit handwerklichen Labormethoden gearbeitet, etwa Pipetten. Doch mithilfe von 3-D-Druckern, die Objektträger mit vielen kleinen Mulden für die Tröpfchen produzieren, und Laborrobotern, die die Mulden schnell befüllen, sei es ein Leichtes, größere Netze zu bilden.

Auch wenn dies gelänge, wäre es erst die halbe Miete. Entscheidend für die Fähigkeiten natürlicher Gehirne ist der Umstand, dass die Signalübertragung zwischen zwei Nervenzellen unterschiedlich stark sein kann: Manche eingehenden Signale tragen mehr zum Auslösen eines neuen Signals bei als andere. Auch diese unterschiedliche Gewichtung lasse sich im Prinzip mit dem Tröpfchen-Computer umsetzen, sagt Dittrich. Die Berührungsfläche zwischen zwei Tröpfchen und damit die Wahrscheinlichkeit, dass sie sich gegenseitig erregen, könne größer oder kleiner sein.

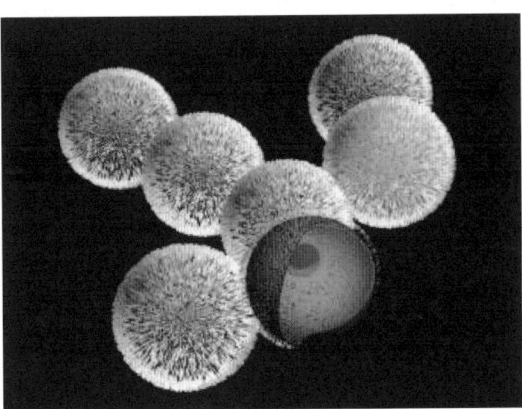

Abb. 6–7   Chemischer Neurocomputer. Tröpfchen (1 mm groß) mit einem BZ-Medium gefüllt erregen sich gegenseitig und verarbeiten dadurch Information ähnlich einem Gehirn. (Bild: Gareth Jones, University of Southampton)

Allerdings, räumt Dittrich ein, ergibt sich so nur ein statisches Netz. Die Forscher haben bislang keinen Weg gefunden, die Lernfähigkeit eines neuronalen Netzes nachzustellen. Die Erfahrungen mit der Umwelt verändern die Übertragungsstärke von Synapsen. Nur dank der Formbarkeit des Gehirns können wir lernen.

Das chemische Gehirn ist somit zwar nicht lernfähig. Doch immerhin könnte es, erklärt Dittrich, mit festen Übertragungsstärken *programmiert* werden. Damit wäre es möglich, von anderen Systemen, etwa von einem künstlichen neuronalen Netz eines klassischen Computers, gelernte Erfahrungen in das Tröpfchen-Gehirn hineinzuprogrammieren.

Aber wozu eigentlich, wenn es längst elektronische neuronale Netze gibt, deren Lernvermögen unbegrenzt erscheint?

Das chemische Gehirn könne »an Orten arbeiten, wo es herkömmliche Computer nicht können«, sagt Dittrich. *In* den Reaktoren der chemischen oder biotechnischen Industrie etwa. Die in den Reaktionen steckende Intelligenz lasse sich auch nutzen, um smarte Materialien von selbst aus chemischen Lösungen heraus förmlich wachsen zu lassen. Dittrich spricht vom »Ernten der Kraft, die in den selbstorganisierenden Prozessen der Chemie steckt«.

Einen Schritt in diese Richtung haben ungarische und japanische Wissenschaftler im Jahr 2016 getan, wenn auch auf vergleichsweise einfache Art. Nanopartikel, die sich von selbst, ohne jede äußere Steuerung, zu komplex geformten Werkstoffen zusammenfügen, wie ein von Geisterhand gelöstes Puzzle, sind der Traum der Nanotechnologie. Das internationale Team hat ein Voronoi-Diagramm aus Goldnanopartikeln erzeugt.[5] Die Partikel, eingebettet in ein Gel, waren durch eine Beschichtung elektrisch geladen, stießen sich also gegenseitig ab. An einigen Punkten gaben die Forscher um Dániel Zámbó Natrium-Ionen (geladene Natrium-Atome) in das Gel. Die Ionen diffundierten durch das Gel, ähnlich wie bei Adamatzkys Hot-Ice-Computer. Sie schirmten die Abstoßung zwischen den Goldnanopartikeln ab, sodass diese sich zusammenschlossen, was wiederum zu einer Farbänderung führte. Dort, wo Wellenfronten der sich ausbreitenden Natrium-Ionen aufeinandertrafen, an den Grenzlinien der Voronoi-Diagramme also, verpappten die Nanopartikel sich nicht, sodass der Farbumschlag ausblieb. Somit wurden die Voronoi-Diagramme sichtbar. Ähnliche Mechanismen, wie sie im Tierreich Muster ausbilden, können also im Prinzip künstliche Materialien formen.

---

5) *http://pubs.rsc.org/en/content/articlelanding/2016/cp/c6cp04297j#!divAbstract* (abgerufen am 13.4.2017)

Der mikroskopische Abakus

Der Variantenreichtum chemischer Computer scheint kaum begrenzt. In Dresden entsteht eine Version, bei der Moleküle eine Unzahl von Lösungswegen simultan beschreiten; und zwar *buchstäblich*: die Moleküle gehen zu Fuß. Eine Art mechanischer Supercomputer entsteht. Dieser sticht auf wenigen Quadratzentimetern jeden elektronischen, Etagen füllenden Hochleistungsrechner aus; zumindest für einzelne, aber wichtige NP-vollständige Probleme, wie ein internationales Team um Stefan Diez von der Technischen Universität Dresden zeigte. Die Forscher nutzten molekulare Maschinen, die ihre Arbeit sonst in den Muskeln unserer Körper verrichten.

Muskeln wandeln chemische Energie in Kraft und Bewegung um. Zwei Proteine arbeiten dafür zusammen: Aktin und Myosin. Das Myosin gehört zu jenen Biomolekülen, die stark an einen Roboter oder ein einfaches Lebewesen erinnern. Einer Stabheuschrecke ähnlich, hat es einen langen Körper mit Beinchen, die entlang des Aktins, eines faserförmigen Moleküls, regelrecht krabbeln. Als Sprit dient ihm dabei die Energiewährung des Körpers, das Molekül ATP. Um den Muskel zu kontrahieren, krabbelt das Myosin an den beiden Enden seines Stabkörpers in entgegengesetzter Richtung entlang zwei Paaren von Aktinfasern. So ziehen sie Fasern zusammen, und in der Summe sehr vieler solcher Vorgänge den ganzen Muskel.

Ein ähnliches System transportiert Nutzlasten innerhalb von Zellen. Dort allerdings ist es keine »Stabheuschrecke«, sondern eine Art molekularer »Fußgänger«, der auf zwei »Beinchen« molekulare Fasern entlangläuft. Die Fasern heißen hier »Mikrotubuli«. Dieses »Kinesin« transportiert u. a. »Vesikel« genannte Behälter durch die Zelle. Aktin und Kinesin nennt man auch Motorproteine.

Das Dresdner Team hat Motorproteine benutzt, um ein schwieriges Problem der Kombinatorik zu lösen.[6] Beim so genannten Teilsummenproblem ist eine Menge ganzer Zahlen gegeben: 2, 5 und 9 zum Beispiel. Die Frage lautet: Lässt sich eine gegebene Zahl X aus diesen Zahlen durch Addition bilden? Für $X = 11$ zum Beispiel lautet die Antwort ja ($11 = 2 + 9$). Für $X = 15$ hingegen lautet sie nein.

---

6) *http://www.pnas.org/content/113/10/2591.full* (abgerufen am 20.4.2017)

Das Teilsummenproblem ist mit dem Rucksackproblem verwandt, das wir ja schon kennengelernt haben. Seine Komplexität wächst exponentiell mit der Größe der Menge. Mit drei Zahlen lassen sich alle Kombinationen leicht durchdeklinieren. »Aber schon bei 60 Zahlen liegt die Grenze für herkömmliche Computer«, sagt Teammitglied Till Korten von der TU Dresden. Der zweitschnellste Supercomputer der Welt, der chinesische »Tihane-2«, bräuchte dafür mehrere Wochen Rechenzeit und Energie im Wert von mehreren Millionen Euro, fügt der Biochemiker hinzu. »Wir hingegen bräuchten dafür rein rechnerisch nur 200 Gramm Protein und ATP im Wert von 3000 Euro«, erklärt Korten. »So viel Protein wie in einem Steak«, scherzt er.

Die Dresdner Forscher haben eine Siliziumscheibe genommen und eine Art Rangierbahnhof aus winzigen Kanälen hineingeätzt[7] (siehe Abb. 6–8 und 6–9). In den Kanälen haben sie einen Rasen von Kinesin »gesät«. Die Motorproteine schauen mit den »Beinchen« nach oben. Die ganze Scheibe haben sie nun in eine Lösung voller ATP gelegt, sodass das Kinesin mit Sprit versorgt war. Mit ihren Beinchen transportieren die Kinesine kurze Mikrotubuli durch den »Rangierbahnhof«, ähnlich wie eine Menschenmenge beim Rockkonzert durch emporgereckte Arme jemanden über sich hinwegträgt. Der Rangierbahnhof hat Weichen, an denen die Mikrotubuli links oder rechts abbiegen können. Auf jede Weiche folgt eine weitere Weiche, sodass sich der Bahnhof immer weiter verzweigt. Wie in Abbildung 6–9 zu sehen, bilden die Weichen von oben nach unten Reihen, in der Abbildung sind es 16 Reihen.

Die Forscher interpretieren die Mikrotubuli nun als Zählsteine, die, je nachdem, wie oft sie rechts bzw. links abbiegen, einem anderen Wert entsprechen. Einmal Rechtsabbiegen ändert nichts an diesem Wert (Addition von 0). Beim Linksabbiegen hingegen wird eine Zahl zum aktuellen Wert addiert. Und zwar entspricht die Zahl der Reihe, in der sich die Weiche befindet. Biegt es in der zweiten Reihe links ab, wird 2 addiert, biegt es in der dritten Reihe links ab, wird 3 addiert.

---

7)   Per Fotolithographie (siehe Kap. 3).

Abb. 6–8 Eine Weiche für Mikroroboter. Linksabbiegen bedeutet »+3« (weil die Weiche in der dritten Reihe ist, siehe Text). Rechtsabbiegen bedeutet »+0«. Am Boden haften, wie Schösslinge auf einem Feld, die Kinesin-Moleküle. Sie transportieren die Mikrotubuli durch den rechnenden »Rangierbahnhof«. (Bild: PNAS)

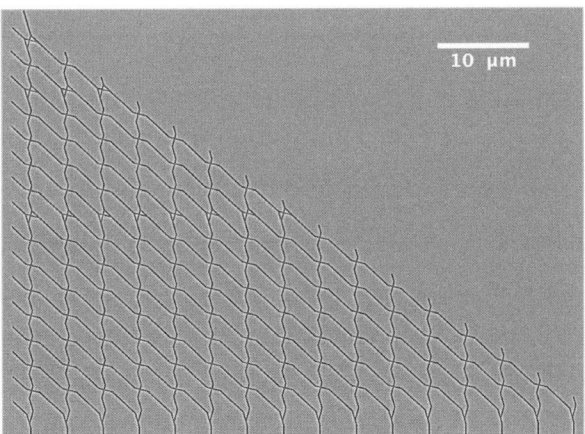

Abb. 6–9 Mikroskopische Aufnahme des »Rangierbahnhofs«, durch den die Mikrotubuli wandern und dabei, je nachdem wie oft sie abbiegen, umso weiter rechts herauskommen. Von links nach rechts tragen die Ausgänge anwachsende Nummern, die jeweils einer Teilsumme entsprechen. (Bild: PNAS)

Der Bahnhof lässt sich so programmieren, dass nur die Reihen aktiv sind, die den Zahlen entsprechen, deren Teilsummen man bilden will, also z.B. 2, 5 und 9. In allen anderen Reihen kann der Tubulus nur links abbiegen, behält also seinen Wert. Ansonsten steuert der Zufall die Wege der Tubuli, sodass alle möglichen Kombinationen von Addieren und Nicht-Addieren verwirklicht werden.

Der Weg eines Mikrotubulus durch den »Bahnhof« verkörpert eine mögliche Teilsumme. Der Bahnhof hat Ausgänge für jede natürliche Zahl von 1 bis zu einer maximalen Zahl, die bei dem Prototyp aus Dresden 16 war. Es kommt aus einigen Ausgängen nichts und aus anderen etwas. Das sind dann die möglichen Teilsummen. Zum Beispiel kommt aus dem Ausgang 11 etwas heraus, während aus dem Ausgang 15 nichts kommt.

Dieser molekulare Rechner hat indessen eine ähnliche Einschränkung wie der DNA-Computer. Er lässt sich nicht beliebig vergrößern, einfach weil sonst Tonnen und Abertonnen von Protein verbraucht würden. Dennoch ist Korten optimistisch: »Anders als beim DNA-Computing können wir auch optimierte Algorithmen umsetzen«, erklärt er. Das sind Programme, die zugunsten eines schnelleren Ergebnisses eine gewisse Ungenauigkeit beim Ergebnis zulassen. »So ließe sich der Bedarf an Material und Energie noch drastisch senken«, sagt Korten. Zudem könne der biochemische Computer mit klassischen Computern zusammenarbeiten. Er würde dann vorverarbeitete Daten übernehmen.

Auch für andere kombinatorische Probleme lasse er sich programmieren, sagt Korten. Anwendungen sieht der Forscher beim Design von Schaltkreisen und Software, bei der Optimierung von industriellen Fertigungsprozessen oder beim Netzwerkrouting. Korten: »Unsere Vision ist, einen speziellen Beschleunigerchip, ähnlich einer Grafikkarte, zu bauen, der besonders gut darin ist, kombinatorische Probleme zu lösen.«

Dies sollten nur einige Beispiele für die Vielfalt von chemischen Reaktionen sein und andeuten, was sich clevere Forscher für Interpretationsmöglichkeiten dafür ausdenken.

Die Prozessoren dieser chemischen Computer bestehen aus unverfälschter und quasi unverfälschbarer Natur: aus einzelnen Molekülen. Sie verschmelzen daher leicht mit der Natur. Sie rechnen dort, wo die Steuerung gebraucht wird: in Reaktoren der chemischen Industrie etwa.

Oder in Lebewesen.

Das Innere des Menschen ist bislang indessen eine Tabuzone für Computer. »In der Pille will man keine Chips«, formuliert es Dittrich.

Chips vielleicht nicht. Aber was ist mit Genen und Proteinen, zu neuen Funktionen verdrahtet? Die Maschinerie der Zelle selbst stellt den Computer bereit, der mit dem Leben verschmelzen kann. Auch mit dem Körper des Menschen.

7 Informatik im Körper

Mustafa Khammashs Spezialität ist es, wackelige Dinge in der Balance zu halten. In seinem Büro in der Basler Zweigstelle der ETH Zürich räumt der Ingenieur einen Tisch leer und stellt einen selbst gebauten Roboter darauf. Der hält sich auf zwei Rädern aufrecht und macht dabei kleine Ausgleichsbewegungen wie ein Einradfahrer. Khammash lächelt wie ein Junge, der seinem Vater seine neueste Legokonstruktion zeigt. Dann hebt er den Tisch an einer Schmalseite an und kippt ihn um 30 Grad. Und voilà: Der zweirädrige Roboter hält weiter die Balance. Jetzt grinst Khammash übers ganze Gesicht.

Dann stellt der ehemalige Elektrotechniker den Tisch ab, schaltet den Roboter aus und wird ernst. Er erzählt, wie er zur Biologie gekommen ist. »Nach ihrer ersten Entbindung bekam meine Frau Probleme mit der Schilddrüse«, beginnt er. »Der Level der Schilddrüsenhormone schwankte laufend 'rauf und wieder 'runter. Sie ging zu einem Endokrinologen. Der verschrieb ihr etwas, das mir wie eine übermäßige Ersetzung der Hormone vorkam. Ich wollte es verstehen. Also holte ich mir ein Buch über Endokrinologie aus der Bibliothek.«

Was nun folgt, erinnert sehr an Len Adlemans Geschichte. Der damalige Mathematiker, wir erinnern uns, wollte AIDS verstehen und erkannte beim Lesen eines Fachbuchs über die Erbsubstanz DNA deren Ähnlichkeit mit der Turingmaschine. Ein folgenschwerer Geistesblitz, wie wir im Kapitel 5 gesehen haben. Diesmal spielt Mustafa Khammash die Rolle des unvoreingenommenen Laien.

»Beim Lesen war ich bass erstaunt«, berichtet er. »Es ging um genau die gleichen Regelkreise, die ich in meinen damaligen Elektrotechnik-Vorlesungen behandelte: Es gab Sensoren und Aktuatoren, es ging um Überschießen und Unterschreitung und um Homöostase«, sagt Khammash. Mit Homöostase ist die Aufrechterhaltung des Gleichgewichtszustands eines Systems gemeint. Wie bei dem zweirädrigen Roboter. Khammash forschte damals an elektrotechnischen Regelkreisen und erkannte in der Steuerung des menschlichen Hormonhaushalts genau die gleichen funktionellen Bauteile wie, sagen wir, bei einem Heizungsthermostat.

»Ich war sofort Feuer und Flamme«, bekennt Khammash. Beim Nationalen Zentrum für Tierkrankheiten (National Animal Disease Center) – er forschte damals noch in den USA – fragte er nach Problemen. Dort versuchte man einer Stoffwechselstörung bei Milchkühen Herr zu werden, dem so genannten Milchfieber. Nach dem Kalben leiden Kühe oft unter Kalziummangel im Blut, was für die Kuh Muskelschwäche und für den Bauern einen Verdienstausfall bedeutet. Khammash arbeitete sich ein. »Der Kalziumspiegel im Blut wird normalerweise innerhalb eines sehr schmalen Fensters gehalten«, erklärt Khammash. »Was mich fasziniert hat, war die Art und Weise, wie das geschieht«, sagt der heutige Biologe. »Ihre und meine Hormone arbeiten auf die gleiche Weise zusammen wie die Bauteile in einem so genannten PID-Regler[1]«, erklärt Khammash. In unseren Körpern tickt es also so ähnlich wie in einer automatisierten Industrieanlage, in denen PID-Regler oft Verwendung finden.

PID-Regler bringen eine Größe schnell und genau auf den gewünschten Wert und halten sie dort. Es kommt trotz der schnellen Regulierung kaum zu Überschwingen, wie es passiert, wenn man ein Schiffssteuer zu arg herumreißt, um den Kurs zu korrigieren: Das Schiff schwenkt über den Zielkurs hinaus und man muss das Ruder in die entgegengesetzte Richtung kurbeln. Die recht komplexe PID-Steuerung verhindert solches Überschießen, indem sie z. B. in die Korrektur einer Abweichung auch das Ausmaß dieser Abweichung in der Vergangenheit mit einbezieht.

Neue Lebensräume für neue Computer

Hormone machen es also ähnlich, erkannte Khammash. Eine Einsicht, die das Leben sehr materialistisch erscheinen lässt. Jede Zelle ist demnach eine Maschine, eine unbegreiflich komplexe Maschine zwar, aber eben eine Maschine. Im 18. Jahrhundert behauptete der französische Philosoph Julien Offray de La Mettrie gar, der Mensch sei nichts weiter als eine Maschine.

---

1) PID steht für proportional–integral–derivative

Eine Meinung, die die meisten Synthetischen Biologen wohl zurückweisen würden. Doch betrachten gerade sie menschliche Zellen sowie Bakterien oder andere Mikroorganismen als ein System von Bauteilen, von denen jedes eine bestimmte Funktion ausführt und die wie ein Räderwerk zusammenwirken. Kurz, als eine Maschine. Bauteile, die sich entnehmen und wieder neu zusammenbauen lassen. Zu einem Computer beispielsweise.

Die Synthetische Biologie macht aus den kleinsten Bausteinen des Lebens einen Universalcomputer. Nicht im strengen Sinne Turings als eine Maschine, die alles berechnen kann, was sich berechnen lässt (obwohl dies möglich wäre). Universalität vielmehr in dem Sinne, dass es für neu zusammengebaute Zellen kaum noch einen Ort und kaum eine Aufgabe gibt, die sie nicht durchführen könnten: Als Sensoren nicht nur in Boden, Luft und Wasser; sondern auch im menschlichen Körper. Als Miniroboter könnten sie aktiv in all diese Lebensräume eingreifen, und zwar autonom, gesteuert nur von einer vom Menschen neu programmierten genetischen Software. Synthetische Biologen erschaffen intelligente Zellen, die Krebs und andere Krankheiten heilen sollen, Bodengifte eliminieren, Feuchtigkeit regeln oder den Klimakiller Kohlendioxid in wertvolle Grundstoffe für die chemische Industrie oder Biosprit umwandeln.

Der Maschinenpark der Moderne – er könnte bald lebendig sein. Und gesteuert von einer neuen Art von Computer.

Vieles von dem, woran Synthetische Biologen heute arbeiten, erinnert an die Vision von der Nanotechnologie des Zukunftsforschers K. Eric Drexler aus dem Jahr 1986. »Maschinen der Schöpfung«[2] nannte der Kalifornier die mikroskopischen Roboter, die er im gleichnamigen Buch entwarf. Sie sollten den Menschen in eine Ära langen Lebens voller technischer Wunder und ohne Rohstoffsorgen führen. Drexler begreift die Welt als einen Legokasten. Alles, was man möchte, lässt sich formen, wenn man nur mikroskopische Roboter hat, die Produkte Atom für Atom zusammensetzen. Die Roboter, Drexler nennt sie »Assembler« (auf Deutsch »Monteur«), könnten aus leicht verfügbaren Stoffen wie Kohlenstoff oder Silizium höchst komplexe Produkte mit atomgenauer Präzision förmlich »wachsen lassen«. Ähnlich einem 3-D-Drucker könnte man

---

2) Englischer Titel: »Engines of Creation«:
   http://e-drexler.com/d/06/00/EOC/EOC_Table_of_Contents.html (abgerufen am 4.5.2017)

ihnen einen Bauplan geben, nach dem sie, sagen wir, ein Raketentriebwerk zusammensetzen. Wo das Triebwerk etwa besonders hohe Festigkeit braucht, greifen die Roboter sich Kohlenstoff-Atome und montieren sie in der Kristallstruktur des Diamanten. Wo Hitze- und Korrosionsbeständigkeit gefragt ist, montieren sie Aliminiumoxid in der Kristallstruktur des Saphirs. Am Ende stünde ein monolithisches Produkt ohne Schweißnähte oder andere Schwachstellen. Eine Maschine wie ein Edelstein.

Eine Fabrik aus Drexlers Vision wäre ein gespenstischer Ort. Computerchips, Kameras, Autos, Hörgeräte, künstliche Augen würden förmlich aus dem Nichts heraus wachsen, denn unsichtbar wären sowohl die Bauteile – es sind ja einzelne Atome oder Moleküle – als auch die Maschinen, die sie montieren, ebenfalls mikroskopisch kleine Assembler. Es würde ähnlich aussehen, wie wenn ein Kristall langsam in einer übersättigten Lösung wächst.

Laut Drexler gibt es beim Bauen von Produkten Atom für Atom keine Abfälle, weil die Roboter nur Atome einbauen, die genau an diesem Ort auch gebraucht werden. Da die Produkte von bombenfesten chemischen Bindungen zusammengehalten werden, wie sie zwischen Kohlenstoff-Atomen herrschen, halten sie zudem sehr lange. Die Müllberge würden schrumpfen. Energie und Rohstoffe wären kein Thema: Die Roboter würden von Sonnenenergie angetrieben.

Der Gipfel von Drexlers Vision sind jedoch Assembler, die durch den Körper des Menschen patrouillieren, jede einzelne Zelle inspizieren, dort die kleinsten Abweichungen vom gesunden Zustand detektieren, eine Krebs auslösende Genmutation etwa, und neutralisieren. Diese Mini-Doktoren würden jede Krankheit im Keim ersticken.

Freilich bräuchte so ein autonom agierender Mikroroboter einen Bordcomputer. Drexler stellte sich darunter eine mechanische Maschine vor, die ähnlich einem der frühen Rechner von Konrad Zuse mit Stangen, die über Noppen ineinander greifen, arbeiten, sowie mit Schnappern, Federn und Gelenken. Nur dass all diese Komponenten wenige Nanometer klein wären und somit nicht einmal unter einem Lichtmikroskop zu erkennen.

Drexler nahm sich für seine Visionen die Natur zum Vorbild. Denn sie hat längst eine Nanotechnologie verwirklicht. Pflanzen nehmen einzelne Kohlendioxid-Moleküle aus der Luft und montieren sie zu komplexen Zuckermolekülen, aus denen sie vielfältige Pflanzenkörper formen. Ein

Baum gedeiht genau auf die Art, in der laut Drexlers Vision ein Raketen-triebwerk »wächst«. Der menschliche Körper mit all seinen Wundern wie dem Gehirn, das versucht, dieselben zu verstehen, wächst aus einzelnen Molekülen zusammen. Enzyme montieren einen ganzen DNA-Strang aus in der Zellflüssigkeit herumschwimmenden Nukleotid-Molekülen.

Aber warum die Natur nachbauen? Warum nicht die Assembler nehmen, die die Evolution hervorgebracht hat? Warum nicht lebende Zellen zu zweckdienlichen Maschinen *umbauen*?

Gestatten? Darmbakterium, alias Computer

Diese Idee erreichte die Schlagzeilen im Jahr 2000. Damals versuchten Forscher, den DNA-Computer quasi in seine natürliche Umgebung einzu-bauen. Lebende Zellen, etwa Darmbakterien, sollten addieren, subtrahie-ren, Wurzeln ziehen, Ergebnisse speichern, sie untereinander austau-schen, um zusammen komplexe Probleme zu lösen. Eine Petrischale mit Millionen von Zellen könnte zum Supercomputer werden. Das biotechni-sche Labor, in dem Adleman seinen DNA-Computer rechnen ließ, sollte durch den Stoffwechsel der Zelle ersetzt werden. Dazu manipulierten Synthetische Biologen einzelne Gene und die Maschinerie, die von diesen Genen kontrolliert wird. Physiker, Ingenieure und Informatiker tauschten das Elektroniklabor gegen ein nasses Biolabor. Sie begannen Süppchen zu rühren, statt zu schrauben.

Jede einzelne Zelle des menschlichen Körpers sei ein »phänomenal ener-gieeffizienter« Prozessor, meint Rahul Sarpeshkar vom Massachusetts Institute of Technology. Der Physiker und Elektroingenieur wandte sich der Biologie zu, weil er glaubt, nur so die Grenzen des Moore'schen Gesetzes überwinden zu können.

Als ein Computer betrachtet führe eine ganz normale Körperzelle zehn Millionen Operationen pro Sekunde aus und verbrauche dafür nur etwa zehnmal mehr Energie als der theoretisch mögliche Minimalenergiever-brauch gemäß der Landauer-Grenze (siehe Kap. 4), rechnet Sarpeshkar vor. Die hundert Billionen Zellen des menschlichen Körpers zusammenge-nommen verbraten nur 80 Watt. Und dabei führen sie hundert Mal so viele Rechenoperationen aus wie der derzeit leistungsstärkste Supercom-puter.

Der biologische Supercomputer muss in einer chaotischen Umwelt zuverlässige Entscheidungen treffen, von denen Gesundheit oder Krankheit und sogar Leben oder Tod abhängen. »Basierend auf einer einzigen Aminosäure unter Tausenden von Proteinen«, schreibt Sarpeshkar,[3] »müssen Immunzellen kollektiv entscheiden, ob ein Molekül oder ein Fragment eines Moleküls von Freund oder Feind stammt, und würden sie sich nur minimal irren, dann würden Autoimmunerkrankungen, Infektionen oder Krebs jeden Tag mit hoher Wahrscheinlichkeit entstehen.« Nicht einmal ganz am Ende des Moore'schen Gesetzes, wenn also Transistoren nicht größer als ein einzelnes Molekül sein werden, »werden wir auch nur annähernd eine solche Rechenleistung erreichen«, ist Sarpeshkar überzeugt.

Aber ist der Vergleich mit einem Computer nicht weit hergeholt? Gibt es nicht einen Riesenunterschied zwischen den elektronischen Schaltkreisen auf einem festen Siliziumchip und dem an eine samstägliche Fußgängerzone erinnernden Gewusel von Proteinen, Signal- und Nährstoffen usw. im flüssigen Innern einer Zelle?

Gar nicht so sehr, wie zwei französische Forscher im Jahr 1961 feststellten. Jacques Monod und François Jacob wollten wissen, wie die DNA in das Stoffwechselgeschehen der Zelle eingreift. Denn dass das »Erbgutmolekül« mehr ist als ein bloßer Informationsspeicher, war damals, gerade mal acht Jahre nach Entdeckung der DNA-Doppelhelix, schon klar. Denn ein Gen stellt das in ihm codierte Protein nicht einfach nur wie am Fließband her. Die Produktion eines bestimmten Proteins wird provoziert oder gehemmt von Stoffen in der Zelle. Je nach Morgenlage wird die Art und Menge der produzierten Proteine gesteuert, abhängig etwa vom aktuellen Sauerstoff- oder Nährstoffangebot. Die DNA ist ein aktiver Player im Zellstoffwechsel.

Das passiert zum Beispiel, wenn das Darmbakterium *Escherichia coli* seinen Speiseplan umstellt. Die Lieblingsnahrung des Mikroorganismus ist Glucose[4]. Er vergärt den Zucker mit Hilfe von Enzymen. Nun hat *E.coli* auch ein Gen mit dem Bauplan für Enzyme, die den Milchzucker Lactose in einfachere Zucker spalten, welche dann vergoren werden können.

---

3) *http://rsta.royalsocietypublishing.org/content/372/2012/20130110*
   (abgerufen am 5.5.2017)
4) Mit Glucose gefüttert vermehren sie sich schneller als mit Lactose gefüttert.

Solange aber die bevorzugte Nahrung auf dem Speiseplan steht, bleibt dieses Gen inaktiv. Nur wenn Lactose auf den Tisch kommt, erwacht es zum Leben.

Wie das Gen von der Lactose aktiviert wird, haben Monod und Jacob aufgeklärt. Gene bestehen aus mehreren Abschnitten. Da ist der eigentliche Bauplan für das Protein oder das Enzym, das das betreffende Gen herstellt. Man nennt es »Strukturgen«. Vor dem Strukturgen gibt es einen Abschnitt, der die Aktivität des Gens reguliert, den so genannten Operator. Diesen kann man sich wie einen Sensor vorstellen, der auf Signale aus der Umwelt reagiert, indem er das Gen an- oder abschaltet.

Bei Abwesenheit von Lactose sitzt ein bestimmtes Protein auf dem Operator, ein so genannter Repressor. Der macht seinem Namen alle Ehre und unterdrückt das Gen. Genauer gesagt wirkt er wie ein Prellbock, der die RNA-Polymerase blockiert. Diese hängt an einem vor dem Operator befindlichen DNA-Abschnitt, dem »Promotor« fest. Die RNA-Polymerase würde normalerweise vom Promotor aus über das Gen gleiten, dabei den Bauplan duplizieren und das Duplikat in die Zelle entlassen, wo die auf ihm gespeicherte Information von anderen Enzymen in ein Protein übersetzt würde.

Gelangt aber Lactose in die Zelle, setzt sie sich auf den Repressor[5] und verändert dessen Form. Dieser verliert dadurch seinen Griff am DNA-Strang und fällt ab. Nun kann die RNA-Polymerase loslegen.

Das Gen wird also durch einen molekularen Schaltmechanismus regelrecht *angeschaltet.* Wenn die Lactose wieder aus der Zelle verschwunden ist, bekommt der Repressor seine Fähigkeit zu klammern zurück und setzt sich wieder auf die DNA.

Uff, eine recht komplexe biochemische Beschreibung war das. Was aber Elektroingenieure wie Khammash oder Sarpeshkar darin sehen, ist sehr einfach: Mit einem chemischen Signal kann ich ein Gen an- und wieder abschalten. Die Jungs erkennen darin ein einfaches Element der Regelungstechnik: einen *Schalter.*

Nun braucht es noch eine Ingredienz, um Ingenieure endgültig von der Molekularbiologie zu begeistern: Die Fähigkeit, die verschiedenen geneti-

---

5)   In leicht abgewandelter Form

schen Bausteine, Schalter, Strukturgene oder Andockstellen, beliebig zusammenzustöpseln. Anders gesagt: All diese Bausteine so zu einem *genetischen Schaltkreis* zu verbinden, dass sie Funktionen ausführen, die es in der Natur noch nicht gibt. Funktionen, die allein vom Menschen ersonnen werden und dessen Zwecken dienen.

In den Jahrzehnten nach Monods und Jacobs Entdeckung entstanden die hierfür nötigen Techniken. Man lernte, DNA-Stränge mit gewünschtem Informationsinhalt künstlich herzustellen, zu vermehren und das künstliche Erbgut in Zellen einzuschleusen. Kurz: Man lernte, lebende Zellen zu programmieren. Ron Weiss vom Massachusetts Institute of Technology in Boston, einer der Pioniere des Felds, drückt es sexyer aus: Eine »App« in die Zelle zu laden.

Ein treffendes Bild. Denn der Schaltkreis braucht die Zelle wie die App das Smartphone braucht. Im Reagenzglas würde der genetische Schaltkreis nicht funktionieren. Die Zelle stellt sozusagen das Betriebssystem bereit: Den biochemischen Apparat, der genetische Information in Proteine übersetzt.

Selbst die renommierte Tageszeitung *New York Times* sah sich im Juni 2000 veranlasst, über eine der ersten genetischen Apps zu berichten, die Timothy Gardner von der University of Boston in Darmbakterien geladen hatte.[6] Die Funktion dieser App hatte eine geradezu provozierende Ähnlichkeit mit der Art wie man in Computern ein Bit speichert.

Dazu verwendet man eine Schaltung, die zwei stabile Zustände hat, einen für den binären Wert »1« und einen für den Wert »0«. Auf ein elektronisches Signal hin kippt die Schaltung von einem der beiden Werte in den jeweils anderen um und verbleibt dort bis zum nächsten Signal. Wie eine leere Wippe, die in einer der beiden Kipplagen verbleibt, bis man sie in die andere kippt, nur um auch dort wieder zu ruhen.

Gardner und seine Kollegen stöpselten fünf DNA-Bausteine zu einem solchen »genetischen Kippschalter«[7] zusammen. Das Design hat Witz. Es gibt zwei genetische Schalter, die beide dem oben geschilderten ähneln. Ein jeweils dazugehöriges Strukturgen erzeugt den Repressor für den

---

6) *http://partners.nytimes.com/library/tech/00/06/circuits/articles/01next.html*
   (abgerufen am 8.5.2017)
7) [2000Gar]

jeweils anderen Schalter. Die Gene schalten sich gegenseitig ab, allerdings nur auf entsprechende Signale hin. Der zweite Schalter löst zusätzlich noch die Produktion eines Proteins aus, das grün leuchtet.

Dieser Schalter, bezeichnen wir ihn mit »1«, sei anfänglich auf »Aus«. Die Bakterien leuchten zunächst also nicht grün. Das bedeutet, dass der andere Schalter, nennen wir ihn »0«, *an*geschaltet ist und somit der Repressor für Schalter »1« erzeugt wird. Gibt man nun den Signalstoff für den Schalter »1« hinzu, löst sich der Repressor von diesem Schalter. Somit werden die in den Genen codierten Proteine hergestellt, also der Repressor für den Schalter »0« und das grün leuchtende Protein.

Der neue Repressor setzt sich auf den Schalter »0«, sodass die Produktion des Repressors für den Schalter »1« gestoppt wird. Damit bleiben die Gene angeschaltet und es leuchtet dauerhaft grün.

Durch ein anderes Signal kann man nun die Blockade von Schalter »0« wieder lösen und somit das Grün wieder abschalten. Im Endeffekt schaltet also die abwechselnde Gabe zweier Signale für Schalter »0« und Schalter »1« die Bakterien von grün auf farblos und wieder zurück.

Nun legte die Synthetische Biologie los. Anfangs orientierten sich die Forscher stark am Bild der Zelle als Computer. Sie wollten wirklich einen Biocomputer bauen, der dem Silizium direkte Konkurrenz macht. Welches sind die elementaren Schaltkreise in einem elektronischen Computer? Das sind die logischen Schaltkreise wie UND und ODER, die wir im Kapitel 2 kennengelernt haben. Wie das in Form eines genetischen Computers aussehen könnte, zeigten im Jahr 2003 Nicolas Buchler und seine Kollegen von der University of California in La Jolla. Das Prinzip ist ganz einfach. Die UND-Schaltung soll ein bestimmtes Protein, nennen wir es »*Hier bin ich*«, nur dann herstellen, wenn zwei chemische Signale A und B gleichzeitig vorliegen. Dazu nimmt man zwei genetische Schalter, einer spricht auf A an, der andere auf B. Wenn nur A vorliegt, entsteht das Protein A. Wenn nur B vorliegt, das Protein B. Wenn beide simultan da sind, dann verbinden sich Protein A und Protein B zu Protein C. Dieses C, und das ist der Trick, wirkt nun als Signal für einen dritten Schalter C. Dieser gibt das Gen für *Hier bin ich* frei (siehe Abb. 7–1a). Ähnlich ist es mit der ODER-Schaltung, nur dass hier schon eines der Proteine A oder B ausreicht, um die Produktion von *Hier bin ich* zu stimulieren.

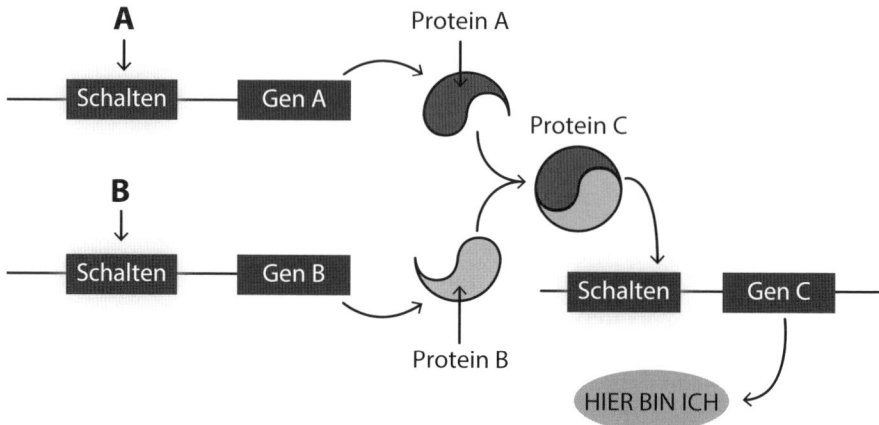

Abb. 7–1 Genetische Schaltkreise verwirklichen die gleichen logische Schaltungen, mit denen herkömmliche Computer rechnen. Hier das Beispiel »logisches UND«: Das Protein »*Hier bin ich*« wird nur produziert, wenn die chemischen Signalstoffe A **und** B vorliegen.

Auch andere, für Computer typische Bauteile haben Synthetische Biologen nachempfunden. Jeder Rechner enthält eine Uhr, die den Takt für die Rechenschritte vorgibt. Ein genetischer Schaltkreis kann das auch, wie Michael Elowitz und Stanislas Leibler von der Princeton University zeigten.[8]

Vor kurzem gelang es schließlich, einen genetischen *Computer* in eine lebende Darmbakterie einzubauen, wenn auch nur eine ganz primitive Form eines Rechners. Ein Team um Timothy K. Lu vom MIT hat eine sogenannte Zustandsmaschine in *E.coli* installiert.[9] Eine Zustandsmaschine ist zunächst ein abstraktes Modell eines Computers, ähnlich der Turingmaschine. Sie nimmt zu jedem Zeitpunkt einen von endlich vielen möglichen Zuständen an. Als Reaktion auf eine Eingabe geht die Maschine von ihrem aktuellen in den nächsten Zustand über.

Die Grundlage einer Zustandsmaschine ist ein Speicher. Als solcher diente den Bostoner Forschern um Lu ein künstlich hergestellter DNA-Strang, den sie in die Darmbakterien einschleusten. Von außen eingegebene Signale steuern, wie der Speicherinhalt verändert wird. Auch bei einem Rechner bestimmen die Eingaben des Nutzers – ob er etwa auf das Sym-

---

8)   [2000Elo]
9)   [2016Roq]

bol für den Internetbrowser klickt oder per Tastatur ein Wort eingibt –, was der Rechner tut. Statt zu klicken oder Tasten zu drücken, fütterten die US-Forscher die Darmbakterien mit chemischen Stoffen, die genetische Schalter auslösen. Drei verschiedene Stoffe standen dabei für drei Eingabemöglichkeiten. Jede Stoffart löste in der Bakterie die Produktion eines bestimmten Enzyms aus, also entstanden drei Arten von Enzymen. Für jede davon gab es auf dem künstlichen DNA-Strang eigene Markierungen. Daran binden die Enzyme und verändern im markierten Teilbereich der DNA die Reihenfolge der darauf gespeicherten Information oder schneiden ihn heraus. So lässt sich der Inhalt des biologischen Speichers von außen verändern. Insgesamt kann der Computer 16 verschiedene Zustände annehmen. Freilich eine im Vergleich zum PC auf dem Schreibtisch lächerliche Anzahl.

Dennoch sei der Bostoner Biocomputer auf einem »neuen Niveau der Komplexität«, kommentiert Martin Fussenegger von der ETH Zürich, der ebenfalls auf dem Gebiet forscht. Obwohl es an wichtigen Funktionselementen fehle, an einem Reset-Knopf vor allem. Denn der veränderte DNA-Speicher lässt sich nicht auf den Anfangszustand zurücksetzen.

Auch wie die Skalierung eines solchen Biocomputers aussehen soll, ist noch unklar. Die Rekombinasen herzustellen kostet die Zelle Ressourcen, weshalb eine andere Lösung gefunden werden muss als einfach noch zwei, drei, vier weitere genetisch Schalter und Enzyme einzubauen.

Mit Zellen einen konventionellen Computer zu imitieren ist also schwierig.

»Die meisten Forscher sind davon abgekommen, aus Bakterien eine Konkurrenz für Silizium-Computer zu machen«, erklärt Ron Weiss. »Biocomputer sehen wir heute als ein Mittel, um biologische Systeme zu programmieren, nützliche biologische Dinge zu tun«, sagt der Synthetische Biologe, auch er ein ehemaliger Informatiker.

Biocomputer markieren das Verwachsen der Turingmaschine mit Lebendigem. Das Leben wird programmierbar. Wie universell dies gelingt, muss sich noch zeigen.

Der Doktor in der Zelle

Die Macht der programmierten Zellen deutet sich aber schon an. Der Biocomputer aus dem Labor von Timothy K. Lu könne in Zukunft »Vorkommnisse im Körper zuverlässig speichern«, erklärt Fussenegger. Ihm schwebt eine Art »Darmrekorder« vor, der Gifte, Infektionen, Entzündungen oder die Entstehung von Krebs aufzeichne. Das Wertvolle an der von einer Zustandsmaschine aufgezeichneten Information sei, dass die *Reihenfolge* der Ereignisse mitgespeichert werde. So könnten Mediziner besser nachvollziehen, wie es zu Krankheiten wie Krebs kommt.

Während das noch eine Vision ist, erstaunen die schon existierenden Biocomputer. Denn sie kommen bereits nahe an Eric Drexlers Vision von den im Körper patrouillierenden Nanorobotern heran.

Ein Eindruck davon lässt sich im zweiten Stock des Gebäudes NE47 am Bostoner MIT gewinnen. Jungforscher beugen sich über Mikroskope, überwachen ein Zellanalysegerät oder diskutieren an einem Computermonitor, der vergrößerte Bakterien zeigt. Ron Weiss und seine Kollegen basteln an einer kühnen Vision: Sie wollen lebenden Zellen die Fertigkeiten eines Arztes beibringen. »Wir programmieren Zellen so, dass sie verstehen, was im Körper schiefläuft«, erklärt Weiss. Der Synthetische Biologe trägt Jeans und Karohemd und präsentiert die revolutionäre Idee in seinem winzigen Büro mit ruhiger, fast schüchtern klingender Stimme. »Gibt es schädliche Genmutationen, ist eine Infektion oder ein Giftstoff vorhanden?« Falls ja, setze der zelluläre Doktor Signalstoffe im Blut oder Urin ab oder stelle einen passenden Wirkstoff her.

Schon 2011 zeigte Weiss zusammen mit Kollegen von der Bostoner Harvard University und der ETH Zürich, dass künstliche genetische Schaltkreise komplexe Diagnosen vornehmen können. Die Forscher schleusten DNA-Schnipsel in eine Zellkultur, die neben gesunden menschlichen Zellen auch Gebärmutterhalskrebszellen enthielt. Der genetische Schaltkreis entschied anhand der An- oder Abwesenheit sowie der Konzentration krebstypischer Stoffe, ob eine Krebszelle vorlag oder nicht. Die Schaltung war sehr verwickelt. Sie enthielt genetische Sensoren für fünf verschiedene Substanzen, deren Konzentrationsprofil den Krebs anzeigt. Diese fünf Schaltungen wurden mit den Logikgattern UND und NICHT verknüpft, sodass sie ein positives Diagnoseergebnis ausgaben, falls die Werte der gemessenen Biomarker dem Profil des Gebärmutterhalskrebses entsprachen. In diesem Fall löste die genetische App das Selbstmordprogramm der Zelle aus. Tatsächlich tötete sie Krebszellen mit hoher Trefferquote und ließ die meisten gesunden leben.

Das Prinzip will ein Mitarbeiter von Timothy Lu, Isaak Müller, nun anwenden, um Entzündungen des Darms in einem Rutsch zu diagnostizieren und zu therapieren. Dazu verwendet er einen seit Jahrtausenden von der Menschheit genutzten Mikroorganismus: die Bäckerhefe. »In der westlichen Welt sind chronisch-entzündliche Darmerkrankungen ein ziemlich großes und wachsendes Problem«, sagt Müller. Im Labor des Gebäudes NE47 erklärt der Biochemiker, wie er diese Fehlregulierung von Entzündungen in den Griff bekommen will: »Ich versuche, Hefe zu programmieren, Entzündungen im Darm zu erkennen und zielgenau Wirkstoffe dagegen auszuschütten.« Seine genetische App soll einen Sensor für Entzündungsstoffe enthalten. Spricht dieser an, veranlasst eine andere Komponente des Schaltkreises die Herstellung und Ausschüttung eines Entzündungshemmers, so Müllers Plan. Bei der herkömmlichen Therapie müsse der Wirkstoff in den Körper injiziert werden, erläutert Müller. Dadurch verteile er sich auch außerhalb des Darms, wo die Gefahr drohe, dass auch normale, heilkräftige Entzündungen unterdrückt werden. Die umprogrammierte Hefe sei zudem relativ billig im Bioreaktor herstellbar. Das Endprodukt soll den Patienten nach Müllers Vorstellung dann als Pille verabreicht werden. Bis dahin sei es aber noch ein weiter Weg. »Wir arbeiten gerade daran, unsere genetischen Schaltkreise in Mäusen zu testen.«

Die Gesundheit erhalten, statt sie wiederherzustellen, das will Mustafa Khammash mit seinen biologischen Apps. Die Krankheit seiner Frau hat ihm die Wichtigkeit der Homöostase vor Augen geführt. Sein Basler Team hat sodann eine Art Gleichgewichts-App für den Stoffwechsel entwickelt.[10] Es arbeitet wie ein PID-Regler, nur eben nicht als elektronischer Schaltkreis, sondern als ein chemischer (siehe auch Abb. 7–2). Dieser Schaltkreis sei nicht an spezielle Stoffe gebunden, wichtig sei allein das Prinzip. Er könne die Menge eines Stoffs auf einen festen Wert einregeln und dort halten, erklärt Khammash. Dieser Sollwert ist frei wählbar. Grob gesagt, funktioniert er über eine Art Fänger-Molekül, nennen wir es F. Es verbindet sich mit dem zu regelnden Molekül, nennen wir es X.

---

10) [2016Bri]

Dadurch bilden beide einen neuen Stoff, der biologisch neutral ist. Man kann sagen, X und F haben sich gegenseitig eliminiert. Gleichzeitig steht F am Anfang einer Rückkopplung. Es fördert die Herstellung von Vorläufersubstanzen von X. Ist mehr F da, dann auch mehr X. Ist weniger F da, dann auch weniger X.

Wenn also nun X zu sehr zunimmt, fängt F viele X ein. Dadurch wird F weniger, was bedeutet, dass X weniger wird.

Wenn X indessen zu stark sinkt, fängt F weniger X ein. Dadurch wächst die Konzentration von F und damit auch die von X.

Im Endeffekt wird jede Abweichung vom Sollwert sofort zurückreguliert.

»Es ist vorstellbar, das auch in menschliche Zellen einzubauen«, meint Khammash. »Wenn ein regulatorischer Mechanismus zusammenbricht, kann das künstliche Kontrollsystem ihn zurück in den Normalzustand bringen.«

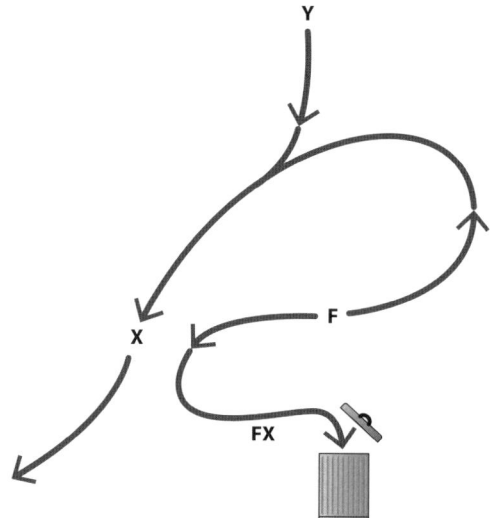

Abb. 7–2   Ein chemischer Regelkreis, den Mustafa Khammashs Baseler Team für den Einbau in Zellen konzipiert hat.

Zellen erhalten mit genetischen Apps ein Upgrade. Biologische Software könnte einmal per Pille eingenommen werden, im Körper verbleiben und bei Auftreten von Krebs oder von Entzündungen aktiv werden. Eine Art künstliches Immunsystem. Denn umprogrammierte Zellen erledigen die

Aufgabe ebenso unbemerkt und effektiv wie die natürlichen Abwehrzellen des Körpers: Sie stellen die Diagnose und machen die Krankheiten dann auch gleich platt, zum Teil sogar dadurch, dass sie das Medikament selbst herstellen. Was für eine Vision! Gäbe es so etwas, wären das keine guten Nachrichten für Arztpraxen und die Pharmaindustrie. Zwar zielen die bislang umgesetzten Schaltkreise auf wenige bestimmte Krankheiten ab. Doch lassen sich im Prinzip auch viele andere Krankheiten auf ähnliche Weise diagnostizieren und therapieren.

Floyd Romesberg will noch über das bisher Skizzierte hinausgehen, indem er die Universalsprache des Lebens, den genetischen Code, bislang bestehend aus den vier genetischen Buchstaben A, C, T, G, um zwei Buchstaben, er nennt sie X und Y, erweitert. Das Ergebnis von drei Milliarden Jahren Evolution lasse sich verbessern, meint der Chemiker vom Scribbs Research Institute im kalifornischen San Diego. Die beiden neuen Lettern – sie stehen für chemische Informationsträger – hat Romesberg dem Erbgut von Bakterien hinzugefügt. Die so erweiterten Mikroorganismen haben nicht nur weitergelebt, sondern die künstlichen Gene auch an ihre Nachkommen vererbt. Die vermeintlich vollkommene und unbegreiflich komplexe Maschinerie des Lebens lasse sich mit künstlichen Bauteilen erweitern, ohne ins Stocken zu geraten, schließt Romesberg daraus.

Der praktische Nutzen dieser zunächst philosophisch wirkenden Übung könnte immens sein: Ein Sammelsurium künstlicher Proteine, die es bislang in der Natur nicht gibt und die von genetisch erweiterten Mikroorganismen hergestellt werden. Denn zwei zusätzliche genetische Buchstaben würden es ermöglichen, dass Proteine aus deutlich mehr als den 20 natürlichen Aminosäuren bestehen; aus 152 Aminosäuren, um genau zu sein.

Was konkret mit künstlichen Proteinen zu machen ist, erklärt Arne Skerra von der Technischen Universität München. »Natürliche Proteine erkennen Zuckermoleküle nur schwer«, sagt der Biochemiker. Dabei wäre genau diese Fähigkeit wichtig, um Krebserkrankungen anhand spezifischer Zuckerstrukturen auf den Tumorzellen zu identifizieren. Skerras Team hat daher an einer genau definierten Stelle eines Proteins eine künstliche Aminosäure eingebaut, die Zucker in einer chemischen Reaktion gut bindet. So entstand eine Art künstliche Greifhand für die sonst schwer fassbaren Biomoleküle. Das künstliche Protein ist sozusagen passgenau auf Zuckermoleküle programmiert. Das Prinzip ließe sich auch auf andere Krankheiten übertragen. Die Kunstproteine könnten viele bislang unbehandelbare Krankheiten therapieren, glauben Synthetische Biologen.

Programmierte Zellschwärme

Die Medizin von morgen könnte das Produkt einer vom Menschen programmierten Biologie sein. In der Zukunftsmusik der Medizin gibt es zwei weitere melodieführende Stimmen: die personalisierte und die regenerative Medizin. Ersteres bedeutet, dass nicht mehr alle von einer bestimmten Diagnose betroffenen Patienten über einen Kamm geschert werden sollen, sondern dass die Therapie stärker die individuellen körperlichen Gegebenheiten eines Patienten berücksichtigt, auch seine genetischen Besonderheiten. Die regenerative Medizin zielt auf den Ersatz kranker Zellen, Gewebe oder Organe ab, insbesondere durch im Labor gezüchtete Gewebe oder Organe.

Programmierte Zellschwärme sollen beide Stimmen laut erklingen lassen.

In der Natur zeigen Bakterien kollektive Intelligenz. Ein Paradebeispiel dafür ist ein Organismus, der in allen Meeren zu finden ist, *Aliivibrio fischeri*. Das Bakterium hat die Fähigkeit zu leuchten, auf ähnliche Weise wie ein Glühwürmchen. Doch frei im Wasser schwimmend machen die Mikroorganismen davon keinen Gebrauch. Nur wenn sich sehr viele Vertreter dieser Spezies im Leuchtorgan bestimmter Meerestiere versammeln, geht die Lampe an. Ein Tintenfisch, der in flachen Gewässern vor Hawaii lebt, nutzt dieses Leuchten, um vor dem Mondlicht nicht als dunkle Silhouette erkennbar zu sein. Im Gegenzug erhalten die Bakterien von den Meeresbewohnern eine Art sicheren Hafen im geschützten Leuchtorgan. Klarer Fall von Symbiose.

Doch woher wissen die Bakterien, dass sie nun zu einem Kollektiv gehören, das eine Aufgabe zu erfüllen hat? Nun, »wissen« ist nicht der richtige Ausdruck. Vielmehr handelt es sich um chemische Kommunikation zwischen Zellen. Die chemischen Signale lösen in den Einzellern natürliche genetische Schaltkreise aus, die zum kollektiven Leuchten führen. Der Mechanismus ist unter »Quorum sensing« bekannt. Quorum bezeichnet allgemein eine beschlussfähige Menge an Stimmen.

Bei Einzellern ist damit das Erreichen einer bestimmten Zelldichte gemeint, also so und so viele Milliarden Zellen pro Milliliter. Im freien Meer ist *A. fischeri* dünn gesät. Die Organismen senden ständig Signalmoleküle aus, die aber selten von Artgenossen in ihr Inneres aufgenommen werden. Im Leuchtorgan sieht die Sache anders aus. Die Bakterien kommen, vom Tintenfisch angelockt, zusammen wie Pendler in der U-Bahn. Die Konzentration des Signalstoffs verdichtet sich wie Körpergeruch in einem U-Bahnwaggon. Die Signalmoleküle dringen vermehrt in die Einzeller ein und setzen sich dort auf einen Aktivator. Dieses Protein verändert dadurch seine Form. Jetzt passt es auf ein bestimmtes Gen und schaltete dieses an. Das Gen erzeugt den Leuchtstoff. Gleichzeitig produziert es weitere Signalmoleküle, sodass sich der »Körpergeruch« weiter verstärkt und noch mehr Bakterien den Leuchtstoff produzieren. Die ganze Kolonie beginnt zu leuchten. Man hat beobachtet, dass dies bei Überschreiten einer ganz bestimmten Zelldichte geschieht.

Per Quorum sensing könnte man vielleicht ganze Kolonien von Bakterien programmieren, bestimmte Dinge zu tun, dachte sich Ron Weiss. Sein Team analysierte den genetischen Schaltkreis für das Quorum sensing bei *A. fischeri* und baute ihn in *E.coli*-Bakterien ein. Diese zeigten denn auch ein ähnliches kollektives Leuchtverhalten wie die Meeresbewohner. Ein weiterer Schritt war, die bakterielle Demokratie zur »Bevölkerungskontrolle« in Zellkolonien zu verwenden.[11] Die Bakterien kommunizieren auf ähnliche Weise wie zuvor, nur dass das Signal diesmal bei Erreichen einer gewissen »Bevölkerungsdichte« eine Art Selbstmord-Gen anschaltet. Weil dann viele Zellen sterben, bleibt die Population unterhalb einer Schwelle.

Im nächsten Schritt näherte sich Weiss' Team der regenerativen Medizin. Es programmierte Zellen, bestimmte *Formen* auszubilden. Etwas mit der Form eines Herzens kam dabei heraus. Dazu programmierten die Forscher eine Art Entfernungsdetektor in die Zellen ein. Einige Zellen funktionierten als Sender. Die Konzentration ihrer Signalstoffe nimmt mit dem Abstand von ihnen ab. Andere Zellen leuchten nur dann (in diesem Fall in der Farbe rot), wenn sie innerhalb eines Radius von den Sendern liegen. Mit drei in einem Dreieck angeordneten Sendern ergibt sich somit ein Valentinstag-Gruß (siehe Abb. 7–3). Diese einfachen Beispiele von Zellkommunikation sollen plausibel machen, dass Herden von Zellen auch dazu programmiert werden können, in der Petrischale Organe auszubilden.

---

11) *https://www.nature.com/nature/journal/v428/n6985/full/nature02491.html*

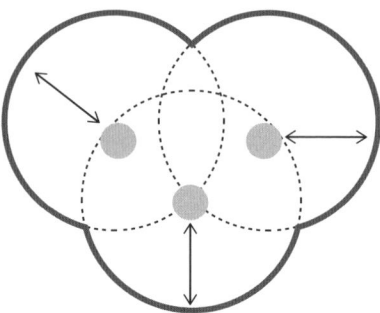

Abb. 7–3 Prinzip, nach dem das Team um Ron Weiss eine Bakterienkolonie programmierte, einen Valentinstagsgruß auszubilden. (Aus [2006Amo]).

Dazu begeben wir uns wieder in das Gebäude NE47. Aus einem klimatisierten Laborschrank balanciert Weiss' Mitarbeiter Patrick Fortuna eine Petrischale. Darin schwimmen glibberige, münzgroße Massen, die Fortuna »Leber« nennt. Weiss' Team lässt die Miniorgane – im Fachjargon »Organoid« genannt – aus Stammzellen wachsen, die zuvor aus Hautzellen gewonnen wurden. Die Wissenschaftler haben es immerhin schon geschafft, Organoiden aus Hirn- und Leberzellen zu sagen, in welchem Verhältnis die beiden Zellanteile stehen sollen. Irgendwann wollen die Wissenschaftler ihre genetischen Schaltkreise so ausgefeilt haben, dass sie an den maßgeschneiderten Organoiden Medikamente für Patienten testen können. So ließen sich personalisierte Medikamente quasi an einer originalgetreuen Kopie des erkrankten Organs testen, ohne den Patienten einer Gefahr auszusetzen.

Abb. 7–4 Die von Ron Weiss' Mitarbeiter Patrick Fortuna »Leber« genannten Organoide, gewachsen aus umprogrammierten Stammzellen. (Bild: Christian J. Meier)

Glückt das, könnte auch die große Hoffnung eines Ersatzorgans Wirklichkeit werden: Die Organoide würden dann im Körper von Patienten zu einer vollwertigen Leber oder einem Herz heranwachsen. Der Vorteil: Da sie aus den Hautzellen des Patienten entstehen, droht keine Abstoßung.

Schadstoffe verdauen

Programmierte Zellschwärme lassen vorsichtig an eine andere Anwendung denken: Upgrades für ganze Ökosysteme. Wie wär's mit Meeresbakterien, die rot leuchten, wenn irgendein Schadstoff eine Schwelle überschreitet?

Klingt abenteuerlich und lässt befürchten, dass aus dem blauen schließlich ein roter Planet werden könnte. Doch Synthetische Biologen nehmen die Sache mit dem Terraforming ernst und programmieren Zellen dafür. Mit den besten Absichten, versteht sich.

Speziell designte Bodenbakterien könnten die Ausbreitung von Wüsten verhindern, schreibt Ricard Solé von der Universität Pompeu Fabra in Barcelona in einem Beitrag für den New Scientist. Die Überschrift ist nicht ganz frei von Anmaßung. Sie lautet: »Lasst uns die synthetische Biologie nutzen, um unseren kaputten Planeten zu reparieren.«[12]

Wenn auch nicht den ganzen Planeten, so könnte die synthetische Biologie immerhin ganze Landschaften vor dem Umkippen retten. Schon kleine Klimaänderungen verwandeln Böden in trockenen Gegenden mitunter zur Wüstenlandschaft. Feuchtigkeit bindende Bodenbakterien könnten das verhindern, schreibt Solé. Doch die wohnen in anderen Böden. Versuche, sie in trockene Gegenden zu verpflanzen, scheiterten bislang. Also will der Biophysiker die dort beheimateten Cyanobakterien mit entsprechenden genetischen Schaltkreisen ausstatten: Ins Genom eingebaute Sensoren sollen die Feuchtigkeit messen. Sinkt diese zu weit, löst der Schaltkreis die Produktion eines Feuchtigkeit bindenden Biomoleküls aus, so das Konzept.

Auch Umweltgifte sollen mit genetischen Schaltkreisen aufgespürt und beseitigt werden. »Die Synthetische Biologie kann uns helfen, Umweltprobleme zu lösen, die sonst nur schwer zu lösen wären«, sagt Victor de

---

12) *https://www.newscientist.com/article/mg23130931-000-lets-harness-synthetic-biology-to-fix-our-broken-planet* (abgerufen am 10.5.2017)

Lorenzo vom Nationalen Zentrum für Biotechnologie in Madrid. Lebende Sensoren, die leuchten, wenn sie auf Umweltgifte wie Benzole oder Toluol stoßen, sind dabei nur die halbe Miete. De Lorenzos Team hat fünf Gene aus drei verschiedenen Mikroorganismen in das Bodenbakterium *Pseudomonas Putida* eingebaut. Die Gene produzieren Enzyme, die in der Natur normalerweise nicht zusammenwirken. Im Mikroorganismus vereint, bilden sie einen künstlich designten Stoffwechsel. »Der Designerstoffwechsel arbeitet auch unter anaeroben Bedingungen«, erklärt Pablo Ivan Nikel von der Technischen Universität Dänemarks in Kopenhagen, Mitautor der Studie. Das sei wichtig, weil viele Umweltgifte in tiefe, sauerstoffarme Bodenschichten absinken. So auch das in Deutschland verbotene, aber andernorts noch gebräuchliche Pestizid 1,3-Dichlorpropen. Es lässt sich mit der neuen Anti-Gift-Mikrobe abbauen.

»Denkbar sind auch Mikroben, die Plastik verdauen«, ergänzt Nediljko Budisa von der Technischen Universität Berlin – das im Meer allgegenwärtige Mikroplastik wäre für sie eine Nahrungsquelle. Freilich bleibt unklar, ob das wirklich eine Lösung dieses Problems wäre oder nur neue Probleme schaffen würde. Das Feld steht noch in der Grundlagenforschung. In diesem Stadium sind der Fantasie kaum Grenzen gesetzt. Budisa spannt den Bogen denkbar breit. Die »künstliche Evolution« schaffe eine ganz neue Biologie, sagt der Biochemiker. Die Macht der industriellen Biotechnik steige enorm. Die chemische Industrie stehe vor einer Umwälzung. Die neuen Organismen sollen Materialien für die Technik des Menschen herstellen, Kleber aus Proteinen etwa oder Teflon. Damit käme die künstliche Biologie Drexlers Vision von produzierenden Assemblern nahe. Was alles möglich ist, könne man jetzt noch nicht sagen. »Man muss Mikroorganismen als Maschinen betrachten, die man programmieren kann«, sagt er. Die DNA sei eine sehr vielseitige Programmiersprache.

Wenn die DNA die Software ist, dann ist dann ist die so genannte Minimalzelle die Analogie zur Hardware, dem Computer. Sie ist der Universalcomputer der synthetischen Biologie. Was ist eine Minimalzelle? Synthetische Biologen wie der Amerikaner Craig Venter stellen das *gesamte* Erbgut eines Mikroorganismus künstlich her und implantieren es ihm. Dabei lassen sie Gene weg, die der Organismus nicht unbedingt zum Leben braucht. Das erhöht die Übersicht über die nutzbaren Funktionen des Erbguts und vermindert das Risiko unvorhergesehener Nebeneffekte.

Neu eingebaute genetische Schaltkreise sollen so funktionieren wie geplant.

Venter hat eine Bakterie mit 473 lebenswichtigen Genen ausgestattet.[13] Weniger ging nicht. Er sieht das als den kleinsten Rucksack, den das Leben benötigt – und somit als eine Art Definition desselben, nach dem Motto: Sag mir, was du brauchst und ich sage dir, wer du bist. Doch das ist ein anderes Thema.

Ein internationales Konsortium packt indessen ein noch viel komplexeres Minimalzellen-Projekt an als Venter. Es stellt derzeit alle 16 Chromosomen der Bäckerhefe mit ihren mehr als 6000 Genen neu her.[14] Die Forscher definieren somit das Minimalgenom[15] für diese Spezies. Die Hefe ist schon seit Jahrtausenden ein Arbeitspferd des Menschen. Vom Brot- und Bierproduzenten wird sie wohl bald zum Mädchen für alles, das künstliche Proteine mit unterschiedlichsten Funktionen herstellt. Minimalzellen sind ein Chassis, das mit neuen Eigenschaften ausgestattet werden kann. Sie stellen das Betriebssystem, auf dem die Anwendungssoftware läuft. Ohne die funktionierende Biochemie einer Zelle wären genetische Schaltkreise unwirksam. Minimalzellen lassen sich mit neuer Sensorik und Aktorik programmieren oder mit der Elektrotechnik entlehnten Regelkreisen. Auch neue Stoffwechselwege lassen sich in die Minimalzelle einprogrammieren, indem Enzyme aus verschiedenen Lebewesen neu zusammengestellt werden und Stoffe herstellen, für die es heute aufwändige chemische Verfahren und Anlagen braucht.

Das will Tobias Erb vom Max-Planck-Institut für terrestrische Mikrobiologie in Marburg erreichen. Sein Ziel: Ein künstlicher Stoffwechsel 2.0, der »jede beliebige organische Verbindung aus Kohlendioxid herstellen kann«, wie Erb sagt. Eine Minimalzelle ließe sich damit als universeller Bioreaktor einsetzen. Den Anfang macht Erbs Team mit einem künstlichen Stoffwechselweg, der aus Kohlendioxid verschiedene Grundstoffe für die chemische Industrie macht. Heute noch globaler Klimakiller, könnte das CO_2 morgen vielleicht wichtiger Rohstoff werden. Der künstliche Stoffwechsel arbeitet mit 17 Enzymen, bislang aber nur im Reagenzglas. Den Metabolismus am Reißbrett zu entwerfen, erfolgte binnen zwei

---

13) *http://www.deutschlandfunk.de/leben-auf-niedrigster-stufe-genforscher-craig-venter.676.de.html?dram:article_id=349378* (abgerufen am 11.5.2017)

14) *http://syntheticyeast.org/sc2-0*

15) »Genom« steht für die Gesamtheit der Erbinformation eines Organismus.

Wochen. Doch die Umsetzung im Labor war ein zweijähriger Kampf. Die Natur stellte den Marburger Forschern Hürden in den Weg, etwa toxische Nebenprodukte, die wie ein Stock im Getriebe des künstlichen Kreislaufs wirkten. Erst zusätzliche »Müllschluckerenzyme«, wie sie Erb nennt, entfernten die Störenfriede und der Stoffwechsel flutschte.

Die größte Herausforderung wartet aber noch auf die Forscher. Sie wollen ihren Stoffwechsel nun in Bakterien einpflanzen. Denn diese gewinnen die nötige Energie relativ leicht und billig, indem sie Licht oder Wasserstoff aufnehmen. Um den Prozess in Reaktionsgefäßen zum Laufen zu bringen, müsste man dagegen teure chemische Energie zuliefern. »Wir wissen aber noch nicht, wie sich unsere 17 Reaktionen mit den 3000 Reaktionen vertragen, die simultan in einer Zelle ablaufen«, sagt Erb. Wie bei einer Organtransplantation bestehe so etwas wie das Risiko der Abstoßung. Es könne nötig sein, das metabolische System der Zelle zu unterdrücken, ähnlich wie man bei Transplantationen das Immunsystem unterdrückt.

Ob Erbs künstliche Photosynthese einmal helfen wird, CO_2 aus der Atmosphäre zu holen, kann er selbst auch nicht sagen. Die Arbeit seines Teams sei in erster Linie Grundlagenforschung, betont er. Viele Faktoren würden eine Rolle spielen, zum Beispiel wie schnell die Reaktion in Bakterien ablaufen wird. Oder wie lange es noch Erdöl gibt.

Erbs Arbeit steht am Anfang wie praktisch die gesamte Synthetische Biologie. Ich kann nicht genug betonen, dass alles, was ich hier unter der Überschrift »Biocomputer« vermittelt habe, ebenso gute Chancen hat, nie in der Lebenswirklichkeit anzukommen wie andere grundlegende Forschungsprojekte, die Kernfusion zum Beispiel. Beim Darmrekorder etwa ist es fraglich, wie seine Speicherkapazität ausgebaut werden kann, Ron Weiss' Zelldoktor arbeitet noch nicht präzise genug, um im Körper eingesetzt zu werden (er killt irrtümlich auch die eine oder andere gesunde Zelle). Müllers schlaue Darmbakterien müssen erst noch in Labormäusen getestet werden, bevor man daran denken kann, sie Menschen zu verabreichen. In Ron Weiss' programmierten Zellkolonien haben sich Bakterien nach einer gewissen Zeit durch eine Mutation dem befohlenen Selbstmord widersetzt, was zeigt, dass die Macht des Menschen über die Mikroben ihre Grenzen hat. Dazu kommen regulatorische Fragen, denn es würde sich schließlich um einen Paradigmenwechsel in der Medizin handeln. Die amerikanische Arzneimittelzulassungsbehörde FDA wartet noch ab. Sie wisse noch gar nicht, wie sie mit programmierten Zellen umgehen soll, sagt Müller.

Von den genannten Beispielen am nächsten an der Verwirklichung erscheint der Bodengift fressende Mikroorganismus von Victor de Lorenzo. In einem Video zeigen die Forscher, wie es in Humusproben getestet wird.[16] Mitarbeiter Pablo Ivan Nikel mag sich zum genauen Stand nicht äußern, weil am Projekt Privatfirmen beteiligt seien. Dieses Interesse der Wirtschaft weist ebenfalls auf eine gewisse Anwendungsreife hin.

Verschmelzen von Biologie und Technik

Bei allem Vorbehalt ist eines sicher: Wenn auch nicht unbedingt in der skizzierten Ausgestaltung, so werden programmierte Zellen in irgendeiner Form zur Anwendung kommen. Genetische Schaltkreise funktionieren. Der Mensch erforscht und manipuliert das Genom von Zellen in bislang ungekanntem Ausmaß. Er hat gezeigt, dass er den genetischen Code erweitern kann. Synthetische Biologen gehen an die Sache viel zu ingenieurmäßig heran, um sich mit bloß akademischen Antworten zufriedenzugeben. Ein Elektroingenieur baut keinen biologischen Regelkreis, um die Verwicklungen im Innern einer Zelle zu verstehen. »Wir entwickeln eine Technologie«, stellt Busida klar. Und Technologien tendieren nicht dazu, in Elfenbeintürmen alt und grau zu werden.

Biocomputer werden also kommen. Sie werden die Informationsgesellschaft auf eine neue Stufe heben. Nicht durch Rechenleistung, die alle Rahmen sprengte. Nein, sondern indem sie dem Computer ganz neue Lebensräume erschließen. Im wahrsten Sinne des Wortes: Es geht um die Verschmelzung von Informationstechnik und Biologie. Wird es in 20 oder 30 Jahren noch eine physische Grenze geben zwischen der Natur und dem Internet der Dinge? Zwischen dem Menschen und seiner Technik?

Ich glaube nicht.

Bei denjenigen Forschern, die das Gehirn als Computerhardware nachbauen wollen, scheint der Fall auf den ersten Blick anders gelagert. Das Ziel, das menschliche Denkorgan verstehen zu wollen, steht bei ihnen weit oben auf der Agenda.

---

16) *https://www.youtube.com/watch?v=gCNfMId3WgA&t=17s* (abgerufen am 11.5.2017)

Doch das Personal, das diese Computer baut, ist viel zu sehr Ingenieur, um auf akademischen Lorbeeren hockenzubleiben. Steven Furber kennen wir schon als den Mitentwickler des verbreitetsten Mikrochips der Welt. Auch Dharmendra Modha würde man rein akademisches Interesse nicht abkaufen. Sein Brötchengeber heißt IBM. Und die haben schon einen wie das Gehirn verdrahteten Chip *verkauft*.

Die Geschichte beginnt mit der Umkehrung dessen, was wir gerade hatten: Forscher bauen eine biologische Zelle als elektronisches Gerät nach. Genauer: die Gehirnzelle.

Biocomputer werden also mit Natur und Mensch verschmelzen. Für den Rest, also unsere Alltagswelt mit ihren Häusern, Straßen, Autos, Flugzeugen tut es aber der klassische Computer, oder? Er durchwirkt das Gewebe unseres Alltags jetzt schon sehr dicht.

Naja, nicht ganz: Die Grenzen des alten Computers bremsen ihn bei der Welteroberung. Um auf der Bühne des menschlichen Lebens eine noch wichtigere Rolle zu spielen, tun sich Computer noch zu schwer mit Leistungen des Gehirns.

Einem Rechner, der ein Auto durch das Verkehrschaos einer Großstadt steuern soll, hilft es wenig, wenn er binnen Nanosekunden die Wurzel aus 16779 ziehen kann. Viel wichtiger wäre die Einschätzung, ob der Vordermann gleich die Spur wechselt oder der Fußgänger vorne rechts sich anschickt, die Straße zu überqueren. Computer können zwar Diagnosen stellen, doch ihnen fehlt der sechste Sinn eines erfahrenen Arztes, der auch bei unklarer Symptomatik sagen kann, was einem Patienten fehlt. Auch Mustererkennung, also die Fähigkeit, aus den einströmenden Sinneseindrücken einzelne Objekte zu filtern, den Tiger inmitten dichten Laubwerks des Dschungels etwa, fällt Computern nicht leicht. Es wurde auch noch kein Siliziumchip gesichtet, der einen Roboterkörper mit der Eleganz und Sicherheit über Stock und Stein lenkt wie das Gehirn den Körper eines Menschen.

Was ist der Trick unseres Gehirns, was macht es anders? Unser Oberstübchen repräsentiert die Welt um uns, ein Spiegel, der es uns erlaubt, in der Realität klarzukommen. Das Gehirn lernt die Welt nach und nach kennen, es lernt aus Fehlern und Erfolgen. Zwar lernen auch Computer zu lernen. Auch sie bauen sich ein Weltmodell auf Basis von Erfahrungen, statt nur abstrakte Symbole zu verarbeiten. Dank simulierter neuronaler

Netze werden sie rasant besser darin, erkennen Autos auf Bildern oder handschriftliche Ziffern.

»Was dabei aber nicht gesehen wird oder was Google nicht erzählt, dass es etwa ein Jahr gedauert hat, um dieses System auf einem Großrechner zu trainieren«, sagt Karlheinz Meier von der Universität Heidelberg. »Einem Rechner, der bestimmt Hunderte von Kilowatt über Monate hinweg verbrauchte.« Normale Rechner verbrauchen viel Energie und viel Zeit, um sich an die Leistungen des Gehirns heranzutasten.

Meier arbeitet daran, das zu ändern.

»Wir könnten das Gleiche machen wie Google mit AlphaGo und unser Computer würde schneller lernen«, behauptet der Physiker. Der Mann im schlichten grauen Pullover und grauem Sakko redet schnell. Tempo, Effizienz scheinen ihm wichtig zu sein.

Was ist der Trick?

Meier *baut* das Gehirn *nach*. Sein Heidelberger Team imitiert die Architektur des Denkorgans mit elektronischen Bauelementen. Die Gehirn-Maschine verbrate 100.000 Mal weniger Energie als ein Supercomputer, der ein Gehirn simuliert, sagt Meier. Und sie arbeite 10.000 Mal schneller als ein biologisches Gehirn.

Es gibt noch andere Forscher, die ein Gehirn nachbauen wollen. Sie haben ein Fernziel: Ein Kunsthirn von der Komplexität eines menschlichen Gehirns. Also eine gigantische elektronische Schaltung mit fast 100 Milliarden künstlicher Neuronen und einer Trillion ebenso künstlicher Synapsen.

Ob es je so ein Gehirn 2.0 geben wird, ist zwar fraglich. Wenn ja, wäre vielleicht sogar die bislang rein philosophische Frage lösbar, ob der menschliche Geist rein materieller Natur ist, also allein den Nervenbahnen entspringt. Das entspräche dem Glauben von Technikoptimisten wie Google's Chefentwickler Ray Kurzweil, wonach Gehirn nicht mehr sei als ein natürlicher Biocomputer, dessen Leistungen sich auch maschinell erreichen ließen. Und zwar laut Kurzweil schon bald: Bis 2045 würden Künstliche Intelligenzen sogar die menschliche überflügeln. Er nennt diesen hypothetischen Wendepunkt die »Technologische Singularität«.

Aber auch wenn das nicht in diesem Ausmaß oder nicht so schnell passiert: Neuromorphe Computer werden wichtige Leistungen des Gehirns schon bald effizient nachahmen. Sie fangen heute schon damit an. Meier etwa berichtet davon, dass der neuromorphe Computer in Heidelberg etwas wie künstliche Kreativität zeigt.

Künstliche Gehirnzellen

Was sind neuromorphe Computer? »Neuro« bezieht sich auf das Nervensystem, dessen wichtigster Teil das Gehirn ist. Und »morph« bedeutet »Form«. Diese Computer spiegeln den Aufbau des Gehirns in elektronischen Schaltungen.

Dabei fangen sie bei den kleinsten Bausteinen an: den Neuronen. Biologische Neuronen sind winzige Prozessoren, die ein einfaches Programm ausführen. Der Zellkörper eines Neurons hat Tausende kleiner Dornen, so genannte Dendriten, wie ein Seeigel. An die Dendriten docken die Synapsen anderer Neuronen an. Sie nehmen von diesen elektrische Reize entgegen. Es gibt bestärkende und hemmende Reize. Beide Sorten füllen[1] das Neuron mit elektrischer Ladung. Bestärkende Reize mit positiver und hemmende Reize mit negativer Ladung, sodass sich insgesamt eine Nettoladung ergibt. Man kann sich das wie ein Fass vorstellen, in das jemand Tasse für Tasse Wasser füllt. Ein anderer hingegen entnimmt immer mal wieder eine Tasse. Wenn der Erste schneller ist, wird der Füllstand ansteigen. Überschreitet nun im Neuron die negative Ladung eine gewisse Schwelle, dann sendet es seinerseits ein elektrisches Signal aus. Im Bild mit dem Fass: Wird durch einen Nettozufluss ein bestimmter Wasserdruck überschritten, öffnet sich ein Druckventil und entlässt einen Schwall Wasser als Signal.

Das Signal des Neurons pflanzt sich über einen langen Zellfortsatz fort, das so genannte Axon. Dieses verzweigt sich an seinem Ende wie ein Baum, mit Synapsen an den Zweigspitzen. Die Synapsen speisen den Reiz in die Dendriten anderer Neuronen ein.

Der Vorgang, ins Computerdeutsch übersetzt: Neuronen summieren die Eingabewerte von den ankommenden Synapsen auf und geben, sobald die Summe einen festgelegten Schwellwert überschreitet, einen Ausgabewert an ihre abgehenden Synapsen. Dieses abgehende Signal trägt nur ein Bit Information: Es wird gesendet oder nicht gesendet. Mehr Botschaft als

---

1) Dieses Füllen geschieht indirekt über einen komplexen biochemischen Vorgang, auf dessen Details es hier nicht ankommt.

»hier bin ich« kann es nicht übermitteln. Im Fachjargon heißen diese neuronalen Signale »Spikes«, also eine kurze Spitze, wie ein Klicken.

Es ist nicht schwer, dieses Programm technisch nachzubilden. Dafür reichen ein paar Bauteile (siehe Abb. 8–1). Ein Bauteil, das Ladung sammeln kann, nennen Fachleute einen Kondensator. Es gibt auch Bauteile, die zwei Spannungswerte vergleichen und bei Überschreiten eines Schwellwerts die Leitung freischalten.

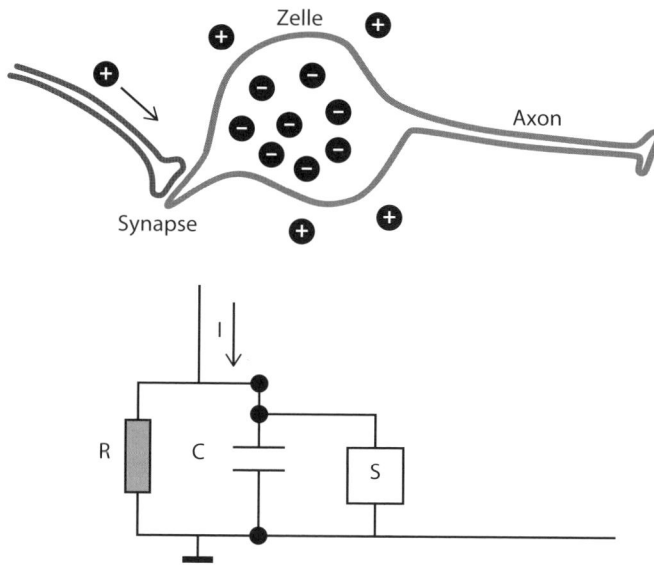

Abb. 8–1 Das Neuron (oben) und die dazu analoge elektrische Schaltung. Diese modelliert die höchst komplexen biochemischen Vorgänge auf stark vereinfachte Weise, vollbringt aber die wesentliche Funktion. Die über die Synapse übertragenen elektrischen Signale werden durch einen elektrischen Strom I dargestellt. Die Membran der Zelle trennt positive Ladung (im Zellinnern) von negativer Ladung (außerhalb der Zelle). Die dazu analoge Funktion erfüllt ein Kondensator C, dessen Spannungswert mit zufließender Ladung ansteigt. Der parallel geschaltete Widerstand R trägt dem Umstand Rechnung, dass die Membran stets etwas Ladung durchlässt, weshalb die der Zelle zugeführte positive Ladung nach und nach wieder abfließt. Ein weiteres Bauteil (S) vergleicht die sich an C aufbauende elektrische Spannung mit einem Schwellwert S und lässt sie bei Überschreiten derselben Ladung über die nach rechts abführende Leitung abfließen, die das Axon symbolisiert.

Ein analoger Prozessor, der eine Nervenzelle modelliert, ist somit kein Hexenwerk.

Vier Millionen solcher Schaltungen hat Karlheinz Meier in einem Computer von der Größe eines Wohnzimmerschranks versammelt, der in einem Container auf dem Campus der Heidelberger Universität arbeitet. »So viele Neuronen wie in vier Ameisengehirnen«, sagt Meier laut, um das Surren im Raum zu übertönen. Dieses rührt von der Kühlanlage, die die Abwärme des neuromorphen Computers mit dem Namen »Brainscales« abführt. Die Neuronen sind verteilt auf viele einzelne Chips, die mehrere Schaltschränke füllen.

Auch wenn es nicht viel anders aussieht wie ein normaler Großrechner: Die künstlichen Neuronen sind miteinander verdrahtet wie echte Neuronen im Gehirn. Im Schnitt 256 künstliche Synapsen lassen sich mit jedem künstlichen Neuron verbinden. Welche Neuronen des Heidelberger Computers mit welchen verdrahtet werden, lässt sich einstellen. Das Programmieren des neuromorphen Computers ähnelt der Tätigkeit von Mitarbeitern ehemaliger Vermittlungsstellen, die im frühen Telefonnetz Anrufer mit den Angerufenen verbanden. So können verschiedene Vernetzungsmuster des Nervensystems, etwa der Hörapparat einer Schleiereule oder ein lernfähiges Netz von Neuronen, in den Computer förmlich eingeschrieben werden.

Abb. 8–2   Ähnlich wie in alten Vermittlungsstellen werden auf dem Brainscales-Chip Neuronen über Synapsen miteinander verknüpft.

Dass Brainscales 10.000 Mal schneller arbeitet als ein biologisches neuronales Netz, liegt einfach an der höheren Geschwindigkeit elektronischer Signale verglichen mit biologischen Spikes. Und dass der Heidelberger Computer neuronale Netze bis zu 100.000 Mal energieeffizienter simuliert als ein Supercomputer, liegt daran, dass er die gleiche, nennen wir es »Faulheit« an den Tag legt wie das Gehirn.

Das Denkorgan ist ein Parallelrechner, bestehend aus etwa 100 Milliarden Prozessoren. Jeder einzelne davon arbeitet nur, wenn er durch das Netzwerk dazu aufgefordert wird, sprich wenn er genügend Signale erhält, um zu feuern. Ansonsten sind sie einfach nur *da*. Das Gehirn arbeitet *asynchron*: Die Neuronen folgen keiner zentralen Uhr wie die Transistoren auf einem Siliziumchip. Auch die künstlichen Neuronen im neuromorphen Computer sind nur aktiv, wenn sie in einen Signalaustausch involviert sind, ansonsten ruhen sie und sparen Energie.

Zudem vereint das Gehirn Speicher und Prozessor im Neuron: Es speichert Ladung und »berechnet«, wann es feuern muss. Es müssen also keine Daten zwischen Speicher und Prozessor hin und her geschoben werden wie im Von-Neumann-Rechner.

Das zeigt, dass es vor allem die Architektur ist, die Computer und Gehirn unterscheiden. Man muss Computer nicht komplett neu erfinden, man muss sie nur neu verdrahten.

Besonders deutlich wird das bei einem anderen neuromorphen Computer.

Das Gehirn als Mini-Internet

Betritt man an der University of Manchester einen fensterlosen Raum im Kilburn Building (wir erinnern uns an Tom Kilburn aus Kap. 3, einen der Konstrukteure des ersten speicherprogrammierbaren Computers, des »Baby«), begegnet einem auf den ersten Blick das Gleiche wie im Container auf dem Heidelberger Campus: Schwarze Schaltschränke bedecken eine Wand, ein kühles Lüftchen durchweht den Raum, erzeugt von der Klimaanlage. »Das ist Spinnaker«, stellt Steven Furber sein Baby vor. Der Name ist ein Akronym, das für »Spiking Neural Network Architecture« steht, mit Segel hat er nichts zu tun. Furber nennt seine Version eines neuromorphen Computers auch »the big machine«, die »große Maschine«. In der Tat: Sie enthält eine Millionen ARM Prozessoren. Stinknormale Prozessoren also, wie sie in jedem Handy stecken. Furbers Team simuliert

Neuronen damit. Es handelt sich um rein virtuelle Nervenzellen. In Manchester steht ein Digitalgehirn, kein gehirnähnlicher Analogcomputer wie in Heidelberg.

Derzeit besitzt das Siliziumgehirn einige Millionen Neuronen. »Mit ausgereifter Software werden es schon bald mehrere Hundert Millionen sein«, sagt Furber. Ein Katzenhirn besitzt diese Größenordnung an Gehirnzellen. Der Mensch etwa das Hundertfache.

Doch die schiere Menge an Neuronen ist nicht der Clou an der Maschine in Manchester. Spinnakers Stärke ist die Kommunikation zwischen den virtuellen Neuronen. Im Gehirn gibt es unfassbare 100 Billionen Verbindungen zwischen den Nervenzellen. »Das mit elektronischer Hardware nachzubauen, ist unmöglich«, sagt Furber. Also haben sich die Briten einen Trick ausgedacht, um das Maximum dessen zu erreichen, was an Verbindungen herauszuholen ist. »Dazu haben wir den Datenverkehr im Internet nachgebildet, in modifizierter Form«, erklärt der Computerentwickler.

Spinnaker imitiert also das Gehirn als eine Art Mini-Internet. Das Internet verteilt Daten mittels einzelner Pakete. Eine E-Mail zum Beispiel wird gestückelt. Jedes Einzelpaket erhält die Adresse des Empfangsrechners. Auf seinem Weg passiert es so genannte Router. Das sind quasi die Weichensteller des Internetverkehrs, die entscheiden, auf welchem Weg das Paket zur Endadresse weitergeleitet werden soll. Jedes Einzelpaket kann einen anderen Weg durch das Netz nehmen.

Spinnaker sendet auch Datenpakete von Neuron zu Neuron, seien diese auf dem gleichen Prozessorkern oder auf anderen. Die Forscher haben hierfür einen eigenen Router entwickelt, der sich auf jedem Chip befindet. Allerdings sind die Datenpakete, die dieser Router verteilt, viel kleiner als im »echten« Internet üblich. Sie enthalten im Wesentlichen nur die Adresse des Zielneurons und die des Absenders. Eigentlich ist es nur eine Art Gruß, den ein Neuron zum anderen sendet. Und somit ähnelt es den Spikes im biologischen Gehirn. Auch sie senden keinerlei Information, außer »Hallo, hier bin ich!«

Durch diese Sparsamkeit lassen sich schon einmal mehr Pakete versenden als sonst möglich. Darüber hinaus haben die britischen Forscher jeden Prozessorkern mit sechs seiner Nachbarn verkabelt. So haben die Einzelpakete die maximale Freiheit, sich gegenseitig aus dem Weg zu gehen, weil sie kurze Alternativrouten wählen können. »Der Trick«, erklärt Furber, »den wir zusätzlich ausspielen: Statt wie im Gehirn eine Riesenanzahl von physikalischen Leitungen, die die Reize recht langsam weiterleiten, haben wir weniger Kabel, die aber viel schneller sind und durch die wir gleichzeitig viele Pakete senden können.«

»Pro Neuron sind dadurch bis zu 10.000 synaptische Verbindungen möglich, am besten läuft die Maschine mit etwa 1000 Synapsen pro Neuron.«, erklärt Furber. Das entspricht dem Grad der Vernetzung im menschlichen Gehirn.

Das Ziel der Briten ist, mehrere Hundert Milliarden Verbindungen zwischen den Neuronen herzustellen. Zum Vergleich: Bei Brainscales sind in der gegenwärtigen Ausbaustufe nur eine Milliarde Synapsen möglich, also nur 256 pro Neuron.

Dafür ist die englische Maschine deutlich langsamer: Sie arbeitet »nur« genauso schnell wie das natürliche Vorbild. Und dafür braucht sie auch 100 Mal mehr Energie für jede synaptische Signalübertragung als die deutsche Variante. Verglichen mit klassischen Supercomputern ist das aber immer noch sehr effizient.

Es gibt noch einige weitere Projekte, die neuromorphe Computer entwickeln, darunter auch eines des IT-Riesen IBM. Dessen Chip »Truenorth«, der über eine Million künstlicher Neuronen und rund 250 Millionen Synapsen verfügt, hat sich das Forschungszentrum der US-Luftwaffe mehr als eine halbe Million Dollar kosten lassen.[2] Bei ersten Tests hat er sich bereits bewährt.

Wie lernt das Gehirn und wie lässt sich das auf Maschinen übertragen?

Bevor wir uns ansehen, was die neuromorphen Rechner bislang können, machen wir einen kleinen Exkurs darüber, wie das Gehirn lernt. Und warum es darin so effizient ist.

Lernen feilt an der Skulptur des neuronalen Netzwerks. Der Schaltplan des Denkorgans verändert sich durch Erfahrungen. Gehirnforscher nennen das die »Plastizität« des Gehirns. Bis einige Wochen nach unserer Geburt bilden sich neue Verbindungen zwischen den Nervenzellen. Das

---

2)   *https://www.technologyreview.com/s/603335/air-force-tests-ibms-brain-inspired-chip-as-an-aerial-tank-spotter* (abgerufen am 25.5.2017)

Neugeborene erkennt etwa die Stimme der Mutter, deren Klang sie im Mutterleib kennen*gelernt* hat. Später ändert sich die so gewachsene Vernetzung zwar kaum noch. Dennoch bleibt der Mensch lernfähig.

Das reife Gehirn lernt, indem es einzelne Verbindungen zwischen Neuronen stärkt oder schwächt. Im Gehirn gibt es sozusagen Feldwege, Bundesstraßen und Autobahnen. Ein Ausbau zur Autobahn erfolgt, wenn Reize zusammenhängen, sprich *assoziiert* sind. Man sieht zwei- oder dreimal ein geflecktes Tier, das auf leisen Sohlen im Garten herumpirscht, während Mutter erklärt: »Das ist eine Katze.« Fortan wird der Begriff »Katze« mit dem optischen Eindruck verknüpft. Man hat gelernt, was eine Katze ist.

Ein im Computer simuliertes neuronales Netz, AlphaGo zum Beispiel, lernt genau so. Es besteht aus mehreren Schichten von Knoten, den simulierten Neuronen. Jedes Neuron aus einer bestimmten Schicht ist mit jedem anderen Neuron der davor- sowie der dahinterliegenden Schicht verbunden. Die erste Schicht (in Abb. 8–3 ganz links) ist die Eingabeschicht, in deren Knoten Information gespeist wird. Das können die Pixel eines Bilds sein. Wird ein Knoten aktiviert – schwarze Pixel könnten eine solche Aktivierung anregen, während weiße den Knoten stumm lassen –, gibt er diese Anregung an die nächste Schicht weiter. Ein dortiger Knoten wird seinerseits aktiviert, wenn er genügend Signale von der Schicht davor bekommt. Die Verbindungen sind unterschiedlich gewichtet, sodass nicht nur die Anzahl der eingehenden Signale entscheidet, sondern auch über welche Leitungen sie kommen. So wird ein Teil der Neuronen in Schicht 2 aktiviert, ein anderer bleibt stumm. Auf die gleiche Weise pflanzen sich Anregungen nach rechts hin fort, bis an der letzten Schicht eine Ausgabe stattfindet (schwarzer Pfeil in Abb. 8–3).

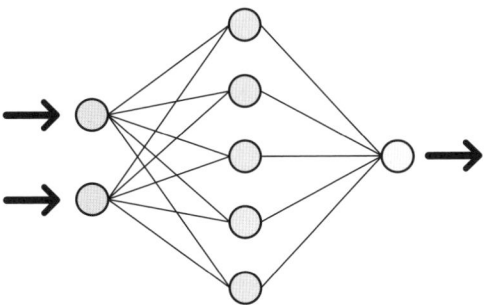

Abb. 8–3   Ein sehr einfaches neuronales Netz (Quelle: Dake, Mysid - Wikipedia).

Beim Lernen werden die Gewichte so justiert, dass eine Eingabe die gewünschte Ausgabe produziert, also ein Bild mit einer Katze drauf das Wort »Katze«. Das macht man mit sehr vielen Katzenbildern, das Netzwerk wird »trainiert«. Das Training resultiert in einer neuen Fähigkeit: Mustererkennung. Nicht nur die erlernten Katzenbilder werden als solche erkannt. Gibt man dem Netzwerk nach dem Training *neue* Katzenbilder, wird es die meisten davon auch in die Kategorie »Katze« tun. In einem gewissen Sinne »weiß« das Netzwerk jetzt, was eine Katze ist.

Dieses Maschinenlernen steckt hinter der Spracherkennung von Smartphones, hinter automatischer Bildbeschreibung oder automatischer E-Mail-Beantwortung und auch hinter dem Erfolg von AlphaGo. Die Idee ist schon alt. Doch es brauchte das Moore'sche Gesetz, um künstliche neuronale Netze so leistungsfähig zu machen, dass sie die genannten Leistungen erbringen. AlphaGo oder das Erkennen der Bedeutung von Sätzen nutzen »Deep Learning«, was man laut Wikipedia mit »tiefgehendes Lernen« übersetzen kann. Gemeint ist nicht, dass diese neuronalen Netze uns etwas über tiefe Wahrheiten lehren könnten, Liebe, Glück oder den Sinn des Lebens. Es bedeutet schlicht, dass sie sehr viele Schichten von künstlichen Neuronen besitzen, was entscheidend für ihre Leistungsstärke ist. Viel hilft also viel in der Künstlichen Intelligenz (KI). Es gibt neuronale Netze mit mehr als 100 Schichten.

Weil aber Funktionen des Gehirns auf einer Universalmaschine simuliert werden, die nicht für diese Funktion optimiert ist und mit ihrer Von-Neumann-Architektur keinerlei Ähnlichkeit mit der Verdrahtung des Denkorgans hat, ist sie ineffizient und eingeschränkt.

Neuromorphe Computer sollen dieses Manko mit einer hirnähnlichen Architektur ausgleichen, wie wir schon gesehen haben. Auch die Plastizität des Gehirns bilden sie mit Elektronik nach.

Was wir oben als Gewicht bezeichnet haben, entspricht bei Synapsen ihrer »Übertragungsstärke«. Eine einzelne Synapse kann unterschiedlich stark zum Feuern des Neurons beitragen, an das es andockt. Im obigen Bild gesprochen, gibt es größere und kleinere Tassen, mit der das Fass gefüllt wird. Um das elektronisch umzusetzen, haben die Heidelberger ihre künstlichen Synapsen mit einem Verstärker ausgestattet. Je mehr der »aufgedreht« ist, desto höher die Übertragungsstärke.

Die Übertragungsstärke verändert sich beim Lernen. Dafür gibt es im menschlichen Gehirn mehrere Mechanismen. Einer davon heißt »Spike timing dependent plasticity«, kurz STDP. STDP trägt zur Fähigkeit des Gehirns bei, Ursache und Wirkung zu verknüpfen, also Zusammenhänge zu erkennen. Das Kriterium, das STDP heranzieht, ist die zeitliche Nähe zwischen dem Einspeisen eines Signals durch eine Synapse und dem Feuern des Neurons. Nach dem Motto: Wer lange vor dem Feuern einspeist oder womöglich sogar danach, dessen Beitrag ist wohl nicht so wichtig. Wenn mir der Finger weh tut, war wohl eher daran schuld, dass mir gerade ein schweres Buch darauf gefallen ist als dass ich ihn vor einer Woche in der Tür gequetscht habe.

STDP stärkt Synapsen, die ihre Signale höchstens ein paar Millisekunden vor dem Feuern des Neurons einspeisen. Umgekehrt werden Synapsen geschwächt, die ihr Signal länger vor dem Feuern liefern oder erst danach. Das kann bis zur völligen Stilllegung einer Synapse führen.

Am Ende bleiben vor allem jene Synapsen übrig, die mehr oder weniger gleichzeitig zum Feuern des Neurons ein Signal liefern. Das weist auf einen ursächlichen Zusammenhang und somit Wichtigkeit hin. Zum Beispiel könnten die Synapsen von zwei einander benachbarten Sinneszellen der Netzhaut stammen. Sie werden häufiger gleichzeitig gereizt als zwei Sinneszellen, die weit auseinanderliegen und somit selten das gleiche Objekt »zu sehen bekommen«.

Simulierte Supersinne

Sinne gehören denn auch zu den ersten neuronalen Schaltkreisen, die die Heidelberger in Brainscales programmiert haben. Das Tierreich liefert erstaunliche Beispiele.

Schleiereulen fangen auch bei völliger Dunkelheit Mäuse. Sie orten ihre Beute sehr präzise mit ihrem Gehör. Dieses funktioniert wie ein Winkelmesser. Kommt das Geräusch zum Beispiel von links, dann erreicht es das linke Ohr wenige millionstel Sekunden (Mikrosekunden), bevor es ins rechte Ohr dringt. Kommt es von etwas weiter links, wächst die Zeitdifferenz geringfügig an. Der Zeitunterschied steht also für den Winkel.

Im Gehirn des Tiers gibt es Schaltkreise zur Messung dieser Verzögerung. Von jedem Ohr führen Nervenbahnen zu einem bestimmten Teil des Eulenhirns. Nehmen wir an, der Zeitunterschied beträgt 15 Mikrosekunden. Zu dem vorauseilenden Schallsignal wird eine lange Nervenbahn geschaltet und zu dem nacheilenden eine kurze. Durch die längere Bahn braucht das Signal 15 Mikrosekunden länger als durch die kurze. Die beiden Nervenbahnen gleichen also den Zeitunterschied wieder aus. Sie enden beide an einem Neuron. Dieses feuert, wenn sie synchron je ein Signal von beiden Leitungen bekommen. Mit anderen Worten: Wenn dieses Neuron feuert, dann beträgt der Zeitunterschied 15 Mikrosekunden. Das Neuron codiert die Verzögerung und damit den Winkel. Für andere Verzögerungen gibt es andere Neuronen. Die Schleiereule kann mit diesem Apparat Zeitdifferenzen von 10 Mikrosekunden messen.[3]

Diese neuronale Schallortung erlerne die richtigen Verknüpfungen mit dem oben geschilderten STDP-Mechanismus, erklärt Karlheinz Meier. Dieser »belohnt« Synapsen, die ihre Signale möglichst simultan mit dem Feuern des Neurons abgeben. »Der Lernprozess organisiert sich selbst«, sagt Meier. Soll heißen: Niemand muss der Eule zeigen, wie ihr Ortungsmechanismus funktioniert. Er justiert sich ganz von allein.

Die Heidelberger Forscher um Meier haben das Hörsystem der Schleiereule nachgebaut.[4] Es vollzog den Lernprozess in wenigen Sekunden und konnte Zeitunterschiede von 50 Milliardstel Sekunden messen, eine Zeitdauer, in der ein Lichtstrahl etwas mehr als zehn Meter zurücklegt. Damit war der Computer 500 Mal besser als das natürliche Vorbild.

Effizient Riechen

Als ein weiteres Vorbild wählten sich die Heidelberger den Geruchssinn von Insekten. Die Winzlinge erkennen aus einem komplexen Mix von Duftstoffen eine Narzisse oder eine Tulpe. Das ist Mustererkennung, wie sie neuronale Netze tagtäglich leisten. Doch die Natur erreicht sie mit einer sehr effizienten Verschaltung von Nervenzellen. Honigbienen etwa erkennen nach nur zehn Tausendstel Sekunden, was sie vor sich haben.

Wie funktioniert das? Die von den Sinneszellen aufgenommenen Umweltdaten wandern zunächst zu Neuronen, die ähnlich funktionieren wie eine Bildbearbeitungssoftware. Diese ist in der Lage, Kontraste zu erhöhen, um Bildteile optisch voneinander abzuheben, etwa den Vogel vom Himmel.

---

3) *http://www.spektrum.de/magazin/die-schallortung-der-schleiereule/820899* (abgerufen am 30.5.2017)
4) [2013Pfe]

Wie können Neuronen Kontraste verstärken? Indem sie *hemmende* Synapsen zu ihren direkten Nachbarn aufbauen. Man kann sich das vereinfacht wie folgt vorstellen. Zwei Reize wirken auf drei Neuronen. Das mittlere bekommt von beiden Reizen etwas ab. Es ist zweideutig, wie eine verwischte Grenze zwischen Bildteilen. Die beiden äußeren Neuronen hingegen kriegen jeweils das Maximum eines der Reize. Sie bekommen das stärkere Signal und hemmen daher ihre direkten Nachbarn stärker. Das mittlere Neuron wird dadurch so weit unterdrückt, dass es stumm bleibt. Seine unklare Information wird eliminiert. Das erleichtert die Klassifizierung.

Diese Kontrasterhöhung bildet auch die erste Schicht des Heidelberger Schaltkreises. Die nach dieser Filterstufe verbleibenden Signale leitet das Netzwerk an eine so genannte Assoziationsschicht weiter. Diese besteht aus mehreren Gruppen von Neuronen. Auch diese Gruppen hemmen sich gegenseitig, sodass beim Lernprozess sich die stärkste Gruppe schneller herausschält. Diese Gruppe entspricht dann der »Tulpe«, der »Narzisse« oder einer anderen Blüte.

Die Heidelberger Forscher haben dieses Netzwerk in ihren neuromorphen Computer programmiert und es trainiert, handschriftliche Ziffern zu erkennen. »Dieses Netzwerk ist für alle Arten von Klassifikationen nützlich«, schreiben sie.[5] Die Hardware lernte und klassifizierte, wie erwartet, schneller als das natürliche Vorbild.

Bemerkenswert ist auch die Analyse des Datenflusses durch das Netz. Zwar feuerten die Neuronen, die die Rohdaten aufnehmen (also die Sinnesorgane darstellen), sehr intensiv. Doch schon die darauf folgende Schicht von Neuronen feuerte deutlich seltener. Es erfolgt eine Art Datenkomprimierung. Grund dafür ist die gegenseitige Hemmung der Neuronen. Die Evolution hat mit diesem System zwei Fliegen mit einer Klappe geschlagen. Erstens filtert sie die Unklarheiten aus den einströmenden Umweltreizen. Zweitens spart sie Energie, weil nur wenige Neuronen aktiv sind.

---

5) [2013Smu]

Träumende Schaltkreise

Nun ist es eine Sache, die relativ klaren und gut verstandenen Funktionen tierischer Sinne nachzubauen. Eine ganz andere Sache ist es, das mit den viel rätselhafteren Leistungen des menschlichen Gehirns zu tun. Träumen zum Beispiel. »Träumen Androiden von elektrischen Schafen?«, lautet der Titel einer Kurzgeschichte des amerikanischen Science-Fiction-Schriftstellers Philip K. Dick.[6] Vielleicht werden sie das einmal tun, das muss sich noch zeigen. Auf jeden Fall aber träumen neuromorphe Computer. Von Zahlen jedenfalls, wie ein weiteres Experiment mit dem künstlichen Gehirn aus Heidelberg zeigt.

Ausgangspunkt für das Experiment ist der Umgang unseres Gehirns mit Doppeldeutigkeiten, wie in Abbildung 8–4 gezeigt. Ist das ein Hase oder eine Ente? Es könnte beides sein. Doch die meisten Menschen sehen immer nur eines gleichzeitig. Das Hirn springt zwischen beiden Alternativen hin und her.

Abb. 8–4 Was sehen Sie? Eine Ente oder einen Hasen? Oder beides? In der Regel sehen Menschen beide Tiere, aber nie gleichzeitig. Das Gehirn springt zwischen beiden Interpretationen der Zeichnung hin und her. (Quelle: Jastrow, J. (1899). The mind's eye. Popular Science Monthly, 54, 299–312)

---

6) Die Übersetzung des englischen Titels. Die Story ist die Vorlage zum Erfolgsfilm »Blade Runner«.

Dahinter vermuten Forscher eine nützliche Arbeitsweise des Gehirns. Das Organ probiert demnach aus, welche Interpretation am ehesten zum Gesehenen passt. Man kann sagen: Es rät. Das Gehirn geht so mit unvollständigen Daten um. Um etwa Sprache in unruhiger Umgebung zu verstehen. Oder um die Person, die einem am Tisch gegenüber sitzt, als »meine Großmutter« zu identifizieren. Es gleicht das, was über die Sinne hereinkommt, mit seinen Modellen von Dingen ab, die es schon gesehen hat. Diese Modelle stellt es als ein Aktivitätsmuster von Neuronen dar. Zwischen diesen Aktivitätsmustern springt es erratisch hin und her, bis es eine wahrscheinliche Entsprechung gefunden hat.

Diesen Mechanismus haben die Heidelberger Forscher in ihrem Neurocomputer modelliert. Dazu brauchten sie in ihren Schaltungen ein Zufallselement; etwas, das die starre Funktionsweise ihrer künstlichen Neuronen ein Stück weit aushebelt. »Wenn wir Netzwerke von Neuronen mit der richtigen Mischung aus Anregung und Hemmung verbinden, dann feuern alle Neuronen stochastisch«, erklärt Meier. »Stochastisch« heißt zufällig. Die künstlichen Neuronen haben dann keine scharfe Schwelle mehr, bei der sie feuern. Nun kann das neuronale Netz erratisch zwischen verschiedenen Aktivitätsmustern springen. »Wahrscheinlichkeitsverteilungen abtasten«, nennt Meier das. Im Versuch hüpfte der Computer zwischen den neuronalen Darstellungen der Zahlen 0, 3 und 4.

Und jetzt kommt das Träumen. »Man kann dieses Netzwerk auch frei laufen lassen«, erklärt Meier. Er meint ohne Eingabe von außen, quasi mit geschlossenen Augen. »Dann kann es sozusagen aus seiner Phantasie heraus alle Möglichkeiten abtasten«, sagt der Physiker. »Es hält sich aber nur dort auf, wo es etwas findet, das es in seinem Leben vorher schon gesehen hat«, fährt er fort. Auch Menschen träumen bekanntlich selten von Schwarzen Löchern oder Exoplaneten, sondern vom Partner, Freunden, vom Arbeitsplatz oder Urlaubsort. Das scheint auch bei Tieren so zu sein. Forscher haben das Sehzentrum im Gehirn von heranwachsenden Frettchen beobachtet,[7] tagsüber und nachts, wenn die Tiere schliefen. Mit zunehmendem Alter ähnelten sich die Aktivitätsmuster am Tag und in der Nacht immer mehr. Das deutet darauf hin, dass sich die Modelle im Innern immer besser an die Außenwelt anpassen, schließen die Forscher.

Der Heidelberger Neurocomputer macht es genau so. Er träumte von den Zahlen 0, 4 und 3. Zahlen, die er schon kennt.

---

7)   *http://science.sciencemag.org/content/331/6013/83*

Ein Filmchen zeigt das Herumtasten des Neurocomputers. Ein Muster aus schwarzen Pixeln ändert ständig seine Form, für Augenblicke erinnert es an eine Drei, eine Vier oder eine Null. Die Visualisierung dessen, was der neuromorphe Computer da macht, erinnert stark an das Wabern von Traumgespinsten.

Die Maschine »träumt« also. Aber wozu? Zum einen ist der Heidelberger Computer ein Instrument der Hirnforschung. Er gehört zum Europäischen Forschungsflaggschiff »Human Brain Project«. Durch Simulation hofft man dort, Rätsel wie das Träumen besser zu verstehen. Zweitens hat Träumen auch eine Funktion, die sich vielleicht technisch nutzen lässt. Es reproduziert das Gesehene und Erlebte. Das ist eine Art Lernen im Schlaf. Die neuronalen Verbindungen werden gestärkt, das Gelernte konsolidiert sich. In diesem Sinne träume der Neurocomputer »gut«, sagt Meiers Teammitglied Mihai Petrovici. Er springe *sehr schnell* zwischen den Alternativen hin und her. Entsprechend schnell rät er auch und kommt fix zu einer Klassifizierung. Auch aus bruchstückhaften Informationen, wenn etwa nur der Bogen einer Drei zu sehen ist, kann die Maschine dann etwas ausgeben wie: Das ist zu 50 Prozent eine Drei. »Man kann das zum Entrauschen von Bildern verwenden«, nennt Petrovici ein Beispiel.

Damit nicht genug. Meier spricht von »künstlicher Kreativität«. Denn beim Träumen erzeugt der Computer von sich heraus Muster, die etwas bedeuten. Ganz untypisch für Rechner gibt er etwas aus, ohne zuvor eine Eingabe erhalten zu haben. Das Wort »Geistesblitz« liegt einem da auf der Zunge.

Das Heidelberger Experiment macht neugierig darauf, was neuromorphe Computer in einer späteren Ausbaustufe an menschenähnlichen Qualitäten nachahmen werden können. Es deutet sich an, dass Maschinen den Menschen noch stärker vom Thron seiner Einzigartigkeit drängen könnten, als dies heute schon der Fall ist, wo immer mehr Jobs, auch geistige, von Computern erledigt werden. Man denke nur an IBMs Künstliche Intelligenz namens »Watson«, die bereits ärztliche Aufgaben übernimmt, etwa im Uniklinikum Marburg.[8] Vielleicht werden Computer auch einmal Kultur schaffen. Oder bessere Computer erfinden.

---

8) *https://www.heise.de/newsticker/meldung/IBMs-Watson-soll-seltene-Krankheiten-diagnostizieren-helfen-3352674.html* (abgerufen am 31.5.2017)

Die Vision von der künstlichen Intelligenz im Smartphone

Doch schon lange, bevor es so weit ist, könnten neuromorphe Computer künstliche Intelligenz sozusagen – befreien. Heute ist sie in leistungsstarke Rechenzentren gesperrt. Das Smartphone erkennt Sprache nicht selbst. Es sendet das Gehörte an einen Server, bei Apple oder bei Google etwa, und erhält von dort die Bedeutung. Auch Sprachübersetzungen funktionieren so. »Da steckt viel künstliche Intelligenz drin«, erklärt Steve Furber. »Die Rechner ersetzen nicht einfach nur Wort für Wort, sondern sie verstehen in gewissem Sinn, was das Wort oder der Satz bedeuten«, erklärt der Computerfachmann. »Es gibt einen großen Druck, diese Intelligenz auf die Smartphones zu bringen«, sagt Furber. Denn sie soll auch ohne Netzverbindung funktionieren oder wenn man keinen Anschluss an ein modernes und schnelles 4G-Netzwerk hat. Die Antworten kämen dann schneller und man hätte weniger Datenverkehr im Mobilfunknetz. Doch die dafür nötigen neuronalen Netze benötigen zu viel Rechenleistung und Energie, um sie auf einem Smartphone oder Tablet laufen zu lassen. Sie brauchen den Großrechner.

Auch autonome Fahrzeuge könnten ein Bordgehirn gut gebrauchen, meint Steve Furber. Sie würden von intelligenten Sinnen, ähnlich denen der Schleiereule oder der Insekten, profitieren. »Neuromorphe Chips« könnten Objekte wie Autos, Fußgänger oder Radfahrer erkennen. Das geht zwar auch mit klassischen Computern, eine Disziplin, die man maschinelles Sehen nennt. Der Computer interpretiert Kamerabilder, sucht darin nach Mustern wie Linien oder Dreiecke und setzt daraus Objekte wie Autos oder menschliche Körper zusammen. Beim autonomen Auto muss das schnell gehen, in »Echtzeit«, wie Experten sagen. »Maschinelles Sehen in Echtzeit verbraucht aber auf einem klassischen Rechner einige Hundert Watt an Energie«, sagt Furber. »Neuromorphe Chips könnten das auf einige Watt senken«, stellt er in Aussicht.

Den Beweis, dass neuromorphe Chips künstliche Intelligenz mit den Ressourcen eines Smartphones ermöglichen, haben die Briten schon erbracht. Sie haben ein neuronales Netz in Spinnaker programmiert, wie es oft für die Spracherkennung oder beim maschinellen Sehen genutzt wird.[9] Dieses lieferte gleich gute Ergebnisse wie auf einem herkömmlichen Rechner. Doch mit deutlich kürzeren Wartezeiten. Dabei verbrauchte es nur 0,3 Watt.

---

9)   [2015Str]

Besucher des Forschungslabors der US-Armee in Adelphi (US-Staat Maryland) können das Tempo eines gehirnähnlichen Prozessors selbst ausprobieren. Auf einen Tabletcomputer können sie etwas mit der Hand schreiben. Das Tablet ist mit einem direkt danebenstehenden neuromorphen Truenorth-Chip von IBM verbunden, der das Geschriebene analysiert und die erkannten Symbole an das Tablet zurücksendet. »Worauf es hier ankommt, ist nicht die Schrifterkennung an sich«, bloggt IBM dazu,[10] »sondern zu zeigen, wie der Einsatz der energiesparenden Echtzeit-Mustererkennung von Truenorth direkt am Ort der Datenerfassung genutzt werden kann, um Wartezeiten, den Bedarf an Breitbandverbindungen und an Speicherplatz zu vermindern.«

Daran hat auch die amerikanische Luftwaffe großes Interesse. Sie hat ein ähnliches Problem wie die Mobilfunkbranche und die Hersteller autonomer Autos. Sie braucht Rechenleistung an Orten, wo Energie und Platz knapp sind: Satelliten, Flugzeuge, Drohnen oder Stützpunkte, die auf Generatoren angewiesen sind.

Nun ist es nicht so, dass die klassische Computerindustrie keine Antworten darauf hätte. Der kalifornische Chipentwickler Nvidia hat einen Spezialchip entwickelt, der neuronale Netze oder maschinelles Sehen für »selbständige Systeme« entwickelt, also für Autos oder mobile Roboter.[11] Der kostet mit 500 US-Dollar tausendmal weniger als IBMs neuromorpher Chip Truenorth. Das Forschungszentrum der US-Luftwaffe hat beide Chips gegeneinander antreten lassen. Sie präsentierten beiden Bildern von militärischen und zivilen Fahrzeugen, darunter Panzer und Bulldozer. Sie sollten das Gerät in zehn verschiedene Klassen einordnen. Beide machten das in etwa gleich gut. Der neuromorphe Chip verbrauchte aber nur ein 30stel bis ein 20stel der Energie des klassischen Chips von Nvidia.

Der dritte Käufer von Truenorth ist das Lawrence Livermore National Lab in Kalifornien, das Supercomputer zu Forschungszwecken einsetzt. Dort überwacht ein Computer aus 16 neuromorphen Truenorth-Chips testweise einen Industrieprozess. Er prüft die Qualität von Schweißnäh-

---

10) *https://www.ibm.com/blogs/research/2016/12/the-brains-architecture-efficiency-on-a-chip* (abgerufen am 1.6.2017)
11) *http://www.nvidia.de/object/jetson-tx1-module-de.html* (abgerufen am 1.6.2017)

ten.[12] Diese Qualitätskontrolle in Echtzeit ermögliche die sofortige Aussortierung defekter Teile, schreibt IBM.

Hürden auf dem Weg zum Gehirn 2.0

Klingt alles vielversprechend. Doch dem Siegeszug des neuromorphen Computers stehen Hürden im Weg. »Benutzerfreundlichkeit und Preis sind die beiden Hauptfaktoren, die gegen neuromorphe Chips sprechen«, sagt Massimiliano Versace, der an der Universität Boston neuromorphe Computer erforscht.[13]

Die beiden Computer Spinnaker und Brainscales sind zwar mit dem Internet verbunden, um Forschern aus aller Welt Zugang zu verschaffen, doch die Nutzerzahlen sind noch recht bescheiden. Meier betont, man arbeite an der Benutzerfreundlichkeit. Und wenn neuromorphe Chips zum Massenprodukt würden, dann würde auch der Preis fallen.

Für die Konkurrenzfähigkeit von neuromorphen Chips ist auch die schiere Größe der neuronalen Netze wichtig. Netze mit mehr Neuronen und mehr Synapsen machen ihren Job schlicht besser. Wie gesagt: Viel hilft viel in der Künstlichen Intelligenz.

Aber bei diesem »viel« hapert es bei den neuromorphen Computern. Laut Meier und Furber ist das aber vor allem eine Frage des Geldes. In Heidelberg nutzen sie 20 Jahre alte Halbleitertechnik. Mit aktueller Technologie könnten sie die Synapsen (sie verbrauchen den meisten Platz) und die Neuronen viel kleiner bauen. Doch diese Technik ist sehr teuer. »Wir bräuchten dafür 20 Millionen Euro«, sagt Meier. Sehr viel Geld für einen Universitätsprofessor. Bei Furber wiederum ist der Flaschenhals die Bandbreite der Leitungen, sprich die Frage, wie viele Signale sie durch ein Kabel bringen. »Mit Glasfasern könnten wir viel mehr Signale austauschen«, sagt Furber. Doch die seien sehr teuer.

Dharmendra Modha von IBM indessen bezeichnet seinen Truenorth-Chip als »skalierbar«. Wie Kacheln lassen sich mehrere davon zu einem größeren Computer zusammenstecken. Sechzehn Chips haben die Größe eines Laptops. Die Amerikaner planen nun, mehr als 4000 Chips zu

---

12) *http://modha.org/blog/2016/11/breaking_news_supercomputing_2.html* (abgerufen am 1.6.2017)
13) *https://www.technologyreview.com/s/603335/air-force-tests-ibms-brain-inspired-chip-as-an-aerial-tank-spotter* (1.6.2017)

einem Rechner in Schaltschrankgröße zu verbinden. Dieser Computer hätte vier Milliarden Neuronen – etwa ein 20stel des menschlichen Gehirns – sowie eine Billion Synapsen – etwa ein Prozent des menschlichen Gehirns – und würde vier Kilowatt Strom verbrauchen, was etwa einem Mehrpersonenhaushalt entspricht, bei dem Ofen, Staubsauger und Fernseher laufen.[14] Offensichtlich büßt also die Maschine durch die Vergrößerung an Effizienz ein. Ein einzelner Chip hat laut IBM eine Leistungsaufnahme von 70 Milliwatt. Somit ergäben sich bei 4000 Chips 280 Watt, was nur ein Bruchteil der besagten vier Kilowatt ist. Mit Truenorth ein Gehirn 2.0 zusammenzustöpseln scheint also wenig sinnvoll.

Brainscales, Spinnaker und Truenorth arbeiten mit konventioneller Silizium-Elektronik. Um neuromorphe Schaltkreise weiter zu miniaturisieren als damit möglich, sind ganz neue Wege nötig. Einen solchen geht eine Gruppe um Alice Parker von der University of Southern California in Los Angeles. Die Elektroingenieurin will künstliche Neuronen aus Kohlenstoff-Nanoröhrchen bauen.[15] Diese sind nur wenige Nanometer dünn und leiten elektrischen Strom sehr gut. Sie gelten als Zukunftstechnologie für miniaturisierte und energieeffiziente Schaltkreise.

Dass neuromorphe Computer indessen je ein menschliches Gehirn nachahmen werden, ist ungewiss und wenn, dann wird es bis dahin noch lange dauern. Jeder der bisherigen Ansätze simuliert nur einen Teil der enormen Komplexität des Denkorgans. Schon eine Nervenzelle ist ein wahnsinnig komplizierter Apparat. Die analogen Schaltungen modellieren dieses Wunderwerk der Evolution auf grob vereinfachte Weise. Die biologischen Lernmechanismen werden nur zum Teil technisch nachgeahmt. So kennt das Gehirn mehrere Mechanismen der neuronalen Plastizität, nicht nur den oben genannten STDP. Zum Beispiel die »dendritische Plastizität«, bei der sich Anzahl und Form der Dendriten, der Andockstellen von Synapsen, verändern. Dies hat zwar die Gruppe von Alice Parker umgesetzt. Doch einen neuromorphen Computer, der *alle* biologischen Plastizitäts-Mechanismen in sich vereint, gibt es bislang nicht.

14)   *http://www.research.ibm.com/articles/brain-chip.shtml*
15)   *http://ceng.usc.edu/~parker/BioRC_research.html* (abgerufen am 1.6.2017)

All das zeigt, dass neuromorphe Computer noch in ihrer Grundlagenforschung stecken, auch wenn erste Exemplare schon verkauft werden.

Doch es wird der Tag kommen, an dem Smartphones, Tablets, Autos, Flugzeuge, Drohnen oder Industrieroboter ihre eigenen kleinen Gehirne erhalten. Die Intelligenz der Maschinen, mit denen wir unsere Lebenswelt teilen, wird wachsen. Wir werden von lernfähigen Geräten umgeben sein. Die Bedeutung dieser Veränderung kann man kaum unterschätzen. Neuromorphe Computer werden sich weiterentwickeln. Sie werden immer mehr Neuronen und immer mehr Verbindungen auf immer kleinerem Raum enthalten, über kurz oder lang. Roboter werden dann wohl nicht nur ein kleines Gehirn haben. Womöglich werden sie sogar tausende Male schneller lernen und, ich spreche es aus, *denken* als wir. Man sollte Leute wie Ray Kurzweil keinesfalls als Spinner abtun. Man sollte sie ernst nehmen, was beim Technikchef eines der mächtigsten Konzerne der Welt (Google) in jedem Fall angeraten ist.

Es reicht nicht, Gründe aufzuzählen, warum solche Computer nie die Leistung des Gehirns aufbringen. Das Wort »unmöglich« hilft nicht weiter. Wir müssen darüber nachdenken, wie wir solche Computer nutzen wollen und wie wir ihre Macht zähmen, sodass *wir* die Bosse unserer Lebenswelt bleiben.

Auch das nächste Kapitel stellt eine neue Art von Computer vor, der viel Macht hat. Er erntet die Rechenpower von einzelnen Atomen. Würde er morgen fertiggestellt, würde er uns förmlich ins vordigitale Zeitalter zurückbomben.

9 Rechnen mit der Kraft der Atome

24. April 2021. »Die Chinesen waren's«, spekulieren viele Blogger. Eine Art »digitaler Erstschlag«. Und dass der Westen nicht in der Lage sei zurückzuschlagen.

Gabi hatte es gemerkt, als sie bei einem Online-Shop eine neue Hose bestellen wollte. »Derzeit keine Transaktionen möglich«, las sie gleich nach dem Starten der App. »Wir weisen darauf hin, dass bis auf weiteres keine verschlüsselte Kommunikation möglich ist«, sagte eine Automatenstimme, nachdem Gabi die Service-Hotline des Online-Shops gewählt hatte. Das war ihr egal, sie wollte wissen, was los ist. Doch die Hotline war wohl total überlastet, nach zehn Minuten in der Warteschleife legte sie auf. Sie musste zur Arbeit.

Aber ihr Wagen, Gabi war stolz, zu den ersten Besitzern eines selbstfahrenden Autos zu gehören, weigerte sich loszufahren. »Aus Sicherheitsgründen ist das Fahrzeug gesperrt, tut uns leid. Bitte öffentliche Verkehrsmittel benutzen.«

Auf dem Weg zur U-Bahn musste Gabi sich durch einen Pulk wühlen. Die Leute wollten an einen Geldautomaten, sie schrien durcheinander und stießen sich gegenseitig weg.

»Was ist hier los?«, fragte Gabi einen Passanten, der die Szene beobachtete.

»Na, was wird schon sein«, antwortete dieser. »Die Leute wollen an Bargeld. Versuchen Sie doch mal, irgendwo mit Karte zu bezahlen.«

Gabi erschrak. In ihrem Portemonnaie steckten höchstens 10 Euro. »Bargeld?! Wozu?«, fragte sie den Passanten.

Der Mann musterte Gabi. »Lesen Sie denn keine News? Alle Banktransaktionen sind gesperrt, weil sie ungesichert sind. Bitcoin ist ebenfalls unsicher.

Ich habe immer gewusst, dass wir viel zu sehr vom Internet abhängen. Ohne geht wirklich gar nichts mehr. Diese verdammten Chinesen! Wer hätte das geahnt!«

Dabei hätte man es kommen sehen können. Schon vor mehr als fünf Jahren haben die Chinesen angefangen, eine digitale Infrastruktur aufzubauen, die vor einem Quantencomputer sicher ist. Erst legten sie eine 2000 Kilometer lange Leitung von Peking nach Shanghai, die von Militär, Banken und der Industrie genutzt werden sollte. Ein paar Jahre später waren alle Metropolen des Riesenreichs »quantensicher« miteinander vernetzt, teils über Glasfaserleitungen, teils via Satellit.

Im Westen gab es nichts Vergleichbares.

Der eigentliche Coup des Regimes war aber die Entwicklung des Quantencomputers. Es trieb den Bau jener Waffe voran, gegen die es sich gleichzeitig schützte. Ein rundes Konzept. Jahrelang hatten die Chinesen den Westen mit Nachrichten über ihren Fortschritt beim Bau eines Quantenrechners zum Narren gehalten. Sie vermittelten das Bild, Firmen wie Google oder IBM hinterherzuhinken. In Wirklichkeit stattete Peking ein Heer von Physikern mit Milliarden aus, um in exzellent ausgestatteten Labors an der Quanten-Überlegenheit zu arbeiten. Sie waren den westlichen Firmen weit vorausgeeilt.

Unbemerkt von der Weltöffentlichkeit hatten sie den weitaus leistungsstärksten Quantencomputer gebaut. Dieser konnte die für die Internetsicherheit wichtigsten Verschlüsselungsverfahren knacken. Alles konnten die Chinesen nun mitlesen: Finanztransaktionen, militärische und geheimdienstliche Kommunikation, sensible Daten, die in der Cloud gespeichert wurden.

Zwar hatten Forscher im Westen an Verfahren gearbeitet, die sicher gegen Quantencomputer gewesen wären. Aber das geschah zu halbherzig und zu langsam. Regierungen und Wirtschaft hatten die Bedrohung nicht ernst genug genommen. Sie glaubten lieber den beruhigenden Stimmen unter den Physikern, die sagten, einen Quantencomputer würde es frühestens in 20 Jahren geben. Nun war es schon nach fünf Jahren so weit. Und China konnte den Rest der Welt lahmlegen.

Nicht nur behindern oder schädigen, sondern wirklich *lahmlegen*. Alles hatte sich immer stärker ins Internet verlagert. Börsenhandel, Warenhandel, Bankverkehr. Telefonie sowieso. Am schlimmsten wirkte sich aber aus, dass auch die Infrastruktur längst Teil des Internets war. Autos kommunizierten mit Ampeln, Signalbrücken oder anderen Autos. Die intelligenten Stromnetze, die zwischen 2018 und 2020 aufgebaut wurden, um regenerative Energiequellen und Speichersysteme optimal aneinanderzukoppeln, steuerten sich über das Internet.

»Meine Güte, Sie haben recht«, sagte Gabi. »Alles hängt am Internet.« Sie blickte sich um. In den Schaufenstern blinkte Werbung und liefen Bildschirme. Die Straßenbahn ratterte vorbei.

»Warum aber funktioniert doch noch so viel?«, fragte sie ihren Gesprächspartner.

»Keine Ahnung«, antwortete dieser. »Wahrscheinlich wollen sie die Dosis langsam steigern.«

Er hatte den Satz noch nicht beendet, als die Werbelichter und die Bildschirme erloschen und die Straßenbahn, begleitet von einem absteigenden Ton, stehenblieb.

Das Szenario ist fiktiv, das Wettrüsten um den stärksten Quantencomputer aber real. Firmen und Staaten wollen die überlegene Rechenpower anzapfen, die in winzigsten Bausteinen der Natur steckt – in Atomen, Molekülen, Elektronen oder Lichtteilchen.

In China treibt eine Kooperation zwischen der größten IT-Firmengruppe des Landes, »Alibaba«, und der Chinesischen Akademie der Wissenschaften den Bau von Quantencomputern voran. Rund 20 Millionen Euro spendiert Alibaba-Chef Jack Ma für das Ziel.[1] Ganz in planwirtschaftlicher Manier soll der chinesische Quantencomputer in fünf Jahren so gut sein wie ein PC und in zehn Jahren die Rechenleistung eines Top-Supercomputers erreichen. Auch ein 15-Jahres-Ziel wollen sich die Chinesen noch setzen.

In den USA wird ebenfalls geklotzt statt gekleckert. Das Pentagon und IT-Firmen investieren zig Millionen in den Bau von Quantencomputern. Am deutlichsten spricht Google aus, was das bringen soll: Eine »quantum supremacy« nämlich. Man kann das mit »Quanten-Überlegenheit« oder

---

1) *http://www.chinadaily.com.cn/china/2015-09/01/content_21764766.htm*
    (abgerufen am 6.6.2017)

»Quanten-Herrschaft« übersetzen. Die Datenkrake aus dem Silicon Valley erfindet sich derzeit neu und will Herrin über die Künstliche Intelligenz werden. Der Quantencomputer könnte ihr dabei helfen. Noch in diesem Jahr (2017) soll die »Überlegenheit« erreicht werden.[2]

Lange Zeit hat Europa den beiden Mächten bei ihren Investments in die Quanten-Zukunft zugesehen. Im Jahr 2016 hat Brüssel dann ein großzügiges Forschungsprogramm angekündigt, das ab 2018 eine Milliarde Euro locker machen soll, die »Flaggschiff-Initiative für Quantentechnologie«.[3] (Der Begriff Quantentechnologie umfasst neben dem Quantencomputer die so genannte Quantenkryptographie, eine Methode zur abhörsicheren Verschlüsselung von Kommunikation, und die Nutzung der Quantenphysik für besonders präzise Messverfahren oder Atomuhren).

Ein gefährlich nützlicher Computer

Aber welche Art von Überlegenheit wird da angestrebt?

Wird in den Labors eine Art digitale Atomwaffe ausgebrütet, die sämtliche Verschlüsselungsverfahren knackt? Werden Steuergelder investiert, um einen Computer zu bauen, der das digitale Zeitalter mit einem Schlag beenden könnte?

Zweimal nein. Ein leistungsstarker Quantenrechner wird nicht *alle* Verschlüsselungsverfahren knacken können. Lediglich bestimmte »asymmetrische Verschlüsselung« werden, nach allem, was man bis heute weiß, betroffen sein. Allerdings spannen ausgerechnet diese Verfahren das Sicherheitsnetz des Internets auf.

Was ist asymmetrische Verschlüsselung? Nur der Empfänger soll in der Lage sein, verschlüsselte Daten oder Nachrichten zu entschlüsseln. Würden aber Sender und Empfänger, die sich oft gar nicht kennen und manchmal Tausende Kilometer voneinander entfernt sitzen, einen gemeinsamen Schlüssel austauschen, könnte ein Lauscher diesen unbemerkt abgreifen und anschließend die geheime Botschaft mitlesen. Also besitzt der Empfänger zwei verschiedene Schlüssel: Einen öffentlichen, den jeder kennen darf, und einen privaten, den er bei sich behält. Der Sender verschlüsselt

---

2)   *https://www.newscientist.com/article/mg23130894-000-revealed-googles-plan-for-quantum-computer-supremacy* (abgerufen am 6.6.2017)

3)   *https://ec.europa.eu/digital-single-market/en/news/european-commission-will-launch-eu1-billion-quantum-technologies-flagship* (abgerufen am 6.6.2017)

seine Sendung mit dem öffentlichen Schlüssel. Weil allein der private Schlüssel in der Lage ist, die Unkenntlichmachung der Daten durch den öffentlichen Schlüssel rückgängig zu machen, kommt nur der Empfänger an den Klartext. Die gleiche Technik ermöglicht es, dass der Besitzer eines privaten Schlüssels gegenüber anderen seine Identität nachweist. Das ist besonders wichtig, um sich gegen Cyberkriminelle zu schützen. Ohne solche Verfahren gäbe es kein Online-Banking und keinen Online-Handel. Auch der deutsche Reisepass ist über diese Verfahren gesichert oder Telefonkarten. Täglich werden die Methoden millionenfach eingesetzt.

Hinter der asymmetrischen Verschlüsselung stecken mathematische »Einbahnstraßen«: Das sind Berechnungen, die in eine Richtung leicht sind (damit das Verschlüsseln schnell geht) und in der anderen schwer – wenn man den Schlüssel nicht besitzt.

Zwei Primzahlen zu multiplizieren geht relativ leicht, auch wenn sie Hunderte Stellen haben. Das Produkt aber, eine Zahl mit vielen hundert Stellen, in Primzahlen zu zerlegen, ist eine fast unmögliche Übung. Zwar lässt sie sich im Prinzip durch Raten lösen, aber selbst ein hypothetischer Computer von der Größe Mitteleuropas würde dafür, rein rechnerisch, zehn Jahre brauchen. Die Sicherheit basiert also auf der begrenzten Leistungsfähigkeit gegenwärtiger Computer.

Das Faktorisierungsproblem steckt hinter dem RSA-Kryptosystem, eine der verbreitetsten Verschlüsselungsmethoden im Netz. Weitere asymmetrische Verfahren basieren auf anderen mathematischen Einbahnstraßen namens »diskreter Logarithmus« oder »elliptische Kurven«. Diese könnte ein Quantencomputer mit der gleichen Leichtigkeit brechen.

Gemeinsam haben sie alle, dass sie aufhören würden, Einbahnstraßen zu sein, wenn eines Tages ein leistungsfähiger Quantencomputer käme. Denn der könnte die Straße mit Leichtigkeit auch in der Gegenrichtung befahren. Der Besitzer einer solchen Maschine könnte somit im Prinzip fast alles mitlesen, was heute an Geheimnissen im Internet unterwegs ist.

Seit ein Quantencomputer nicht mehr als Science-Fiction gilt, sondern von einigen seriösen, nicht der Übertreibung verdächtigen Wissenschaftlern schon in 15 Jahren gesehen wird, entwickeln Mathematiker und Informatiker neue asymmetrische Verfahren, die eine andere mathematische Struktur haben und daher eine eingebaute Immunität gegen Quantencomputer (wie man annimmt).

Als sicher gegen den Zukunftssuperrechner gilt auch der Quanten-Schlüsselaustausch, bei dem zwar beide Parteien den gleichen Schlüssel über Glasfaser oder Satellit austauschen, doch der Schlüssel wird auf einzelnen Photonen transportiert, die den Gesetzen der Quantenphysik gehorchen. Diese Gesetze verhindern ein unbemerktes Mithören.

Das obige Szenario geht davon aus, dass die Entwicklung des Quantencomputers schneller fortschreitet als die der Gegenmaßnahmen. Dann und nur dann kann der Quantenrechner zu einer Art Atomwaffe des Informationszeitalters werden. Zumal wenn immer mehr Gegenstände des Alltags – Kameras, Verkehrsschilder, Autos, Küchengeräte – sich einem Internet der Dinge anschließen und somit hackbar werden.

Überirdisches Tempo

Wozu also Millionen in eine Waffe investieren, die ihr Abschreckungspotenzial bald verlieren könnte? Weil vieles darauf hindeutet, dass die Rechenpower der Naturbausteine mehrere Grenzen herkömmlicher Computer überwinden wird. Insbesondere das Erklimmen gigantischer Datenberge, bei dem der klassische Computer in immer dünnere Luft gerät und kein Sauerstoffgerät dabei hat, trauen viele Experten dem Quantenrechner zu.

Quantenrechner werden unstrukturierte Daten, wie sie im Netz *en masse* anfallen, etwa Texte in natürlicher Sprache, Fotos, Videos oder Gesundheitsakten, sehr viel schneller durchsuchen können als ein normaler Siliziumchip. Der indisch-amerikanische Informatiker Lov Grover hat dafür einen nach ihm benannten »Quantenalgorithmus« entwickelt, ein Rechenrezept also, das die erweiterte Speicher- und Datenverarbeitungskapazität von Qubits sowie andere Phänomene der Quantenphysik wie die »Verschränkung« nutzt, um gegenüber dem klassischen Rechner einen Geschwindigkeitsvorteil zu erlangen (siehe Kasten). Ein Von-Neumann-Computer braucht für 10.000 Mal so viele Daten auch etwa 10.000 Mal so viel Zeit, um sie zu durchsuchen. Was daran liegt, dass er einen Eintrag nach dem anderen abklappern muss. Ein Quantencomputer hingegen benötigt für 10.000 Mal so viele Daten nur 100 Mal soviel Zeit. Der Tempovorteil wächst sogar umso mehr an, je mehr Daten verarbeitet werden sollen. Die Zeit, die Grovers Algorithmus braucht, nimmt nur mit der Wurzel aus der Anzahl der Datenbankeinträge zu, während sie beim klassischen Computer im gleichen Verhältnis wie diese Anzahl wächst (Abb. 9–1).

Bei anderen Anwendungen erwarten Experten sogar eine *exponentielle* Beschleunigung durch den Quantenrechner. Das bedeutet: Zwar explodiert die Komplexität des Problems, der Computer braucht aber nur unwesentlich mehr Zeit, um mit dem drastisch erhöhten Aufwand fertigzuwerden.

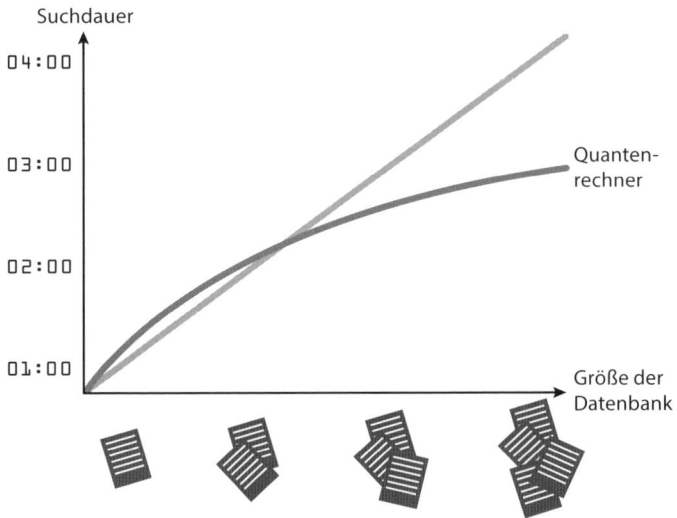

Abb. 9–1   Vergleich der Suchdauern in unstrukturierten Daten zwischen einem normalen Computer und einem Quantenrechner, auf dem Grovers Algorithmus läuft.

Das ist beim Faktorisierungsproblem so. Die Anzahl der Kombinationen, die es durchzuprobieren gilt, wächst exponentiell mit der Größe der zu zerlegenden Zahl. Doch die Laufzeit des Quantencomputers bis zur Lösung wächst nur mit der Anzahl der Dezimalstellen (genauer gesagt mit der dritten Potenz davon), wie folgende Tabelle veranschaulicht.

Zu zerlegende Zahl (N)	Laufzeit $(\log N)^3$ (in Mikrosekunden[a])
100	$(\log 100)^3 = 2^3 = 8$ Mikrosekunden
1000	$(\log 1000)^3 = 3^3 = 27$ Mikrosekunden
10000	$(\log 10000)^3 = 4^3 = 64$ Mikrosekunden
100000	$(\log 100000)^3 = 5^3 = 125$ Mikrosekunden
...	
10000000000000000000	$(\log 10000000000000000000)^3 = 19^3$ $= 6859$ Mikrosekunden.
...	
10^{600} (eine 1 mit 600 Nullen)	$(\log (10^{600}))^3 = 600^3 = 216$ Millionen Mikrosekunden $= 3{,}6$ Minuten

a. Hier bin ich davon ausgegangen, dass ein Quantencomputer für eine Rechenoperation eine Mikrosekunde braucht, was eine realistische Größenordnung ist.

Man sieht, dass die Laufzeit zwar ansteigt, aber nicht ins Kraut schießt, wie das beim klassischen Computer der Fall wäre. Für die letzte Zahl müsste dieser länger rechnen, als das Universum schon existiert. Kurz gesagt: Das ist der Unterschied zwischen »machbar« und »kannst total vergessen«.

Als der US-Mathematiker Peter Shor vor mehr als zwanzig Jahren den Quantenalgorithmus für die Faktorisierung vorgestellt hatte, hofften viele, dass sich bald ähnliche Rezepte zur Lösung vieler ähnlich komplexer Probleme finden würden. Dem war allerdings nicht so. Auch Quantenrechner werden nicht *alle* hoch komplexen Aufgaben lösen können.

Ein Grund dafür ist die Verborgenheit der in Qubits gespeicherten Information. Liest man ein Qubit aus, dann wird es zu einem herkömmlichen Bit: Es liefert *entweder* den Wert »1« *oder* den Wert »0«. Egal welchen Mischzustand aus den beiden Bits das Qubit unmittelbar vor der Messung gespeichert hat – 20 % von »1« plus 80 % von »0« oder 66 % von »1« plus 33 % von »0« oder was auch immer. Allein der Zufall bestimmt, welcher Bitwert auf der Ergebnisanzeige steht. Wobei die Wahrscheinlichkeit für »1« oder »0« vom jeweils gegebenen Mischzustand abhängt. Daher spielt es schon eine Rolle, welchen Inhalt das Qubit hat. Der Quantenalgorithmus muss also geschickt gestrickt sein, sodass sich während der Rechnung die falschen Lösungswege gegenseitig auslöschen oder zumindest abschwächen. Dann kommt bei einer Messung mit hoher Wahrscheinlichkeit das richtige Ergebnis heraus. Gegebenenfalls muss es durch mehrfache Rechnungen gefestigt werden.

So einen Quantenalgorithmus muss man erst finden, und das ist erst bei wenigen Problemen gelungen. Das nehmen Experten als Hinweis, dass es nur für wenige Aufgaben tatsächlich Quantenalgorithmen gebe, weil die Aufgabe eine gewisse »mathematische Struktur« haben müsse, wie es der Informatiker Scott Aaronson von der University of Texas in Austin ausdrückt, der die Grenzen von Quantenrechnern erforscht. Beim Faktorisierungsproblem finde der Quantencomputer zum Beispiel eine im Zahlenwust verborgene Periodizität von Zahlen. Peter Shor entgegnet: »Es werden mehr Quantenalgorithmen entwickelt werden, sobald es leistungsstarke Quantencomputer gibt. Das war auch beim klassischen Computer so: Erst als PCs existierten, wurden auch die Anwendungen dafür entwickelt.«

Der Treibstoff der Quanten-Überlegenheit

Die Natur der kleinsten Teilchen stellt Ressourcen für souveräne Rechenpower bereit. Hier werden sie kurz vorgestellt:

Quanteninformation
Information, die in einem quantenphysikalischen System gespeichert ist. Solche Information lässt sich nicht mit den Gesetzen der klassischen Informationstheorie beschreiben. Quanteninformation kann zum Beispiel ohne ein Trägermedium von einem Teilchen auf ein anderes transferiert werden; sie kann nicht wie klassische Information kopiert werden. In Anlehnung an das klassische Bit nennt man die Einheit der Quanteninformation ein Qubit. Seine Eigenschaften unterscheiden sich stark von denen des Bits.

Qubit
Kleinste Speichereinheit für Quanteninformation. Es wird realisiert durch Zweizustands-Quantensysteme, z.B. zwei Polarisationsrichtungen von Photonen. Im Unterschied zum klassischen Bit, das *entweder* den Wert 0 *oder* den Wert 1 speichert, kann ein Qubit »Mischungen« der Werte 0 und 1 speichern, also z.B. 70% »0« und 30% »1«. Es kann die beiden Bitwerte auch simultan verarbeiten. Diese Fähigkeit der Parallelverarbeitung von zwei diametralen Informationseinheiten liegt dem potenziellen Leistungsvermögen von Quantencomputern zu Grunde.

→

Superposition

Ein Teilchen oder irgendein anderes Quantensystem, z.B. die Elektronen in einem Supraleiter, existiert simultan in all seinen physikalisch möglichen Zuständen. Erst die Messung einer Größe, z.B. der Aufenthaltsort, greift aus allen möglichen Zuständen einen bestimmten heraus. Die Auswahl erfolgt dabei rein zufällig. Ein System aus vielen Qubits bildet eine Superposition aus einer Unmenge von Binärzahlen (8 Qubits speichern alle 256 möglichen Kombinationen von achtstelligen Binärzahlen simultan).

Verschränkung

Nachdem sie einmal Kontakt hatten, bleiben Teilchen nach den Regeln der Quantenphysik so eng miteinander verbunden, dass eine Messung an dem einen den Zustand des anderen ohne zeitliche Verzögerung beeinflusst, auch wenn der Abstand der beiden Partikel sehr groß ist. Die Verschränkung überwindet also Raum und Zeit. Nachgewiesen ist dieser Effekt bereits über eine Distanz von mehr als 1200 Kilometer.[a] In einem Quantencomputer dient diese intime Verbindung der Realisierung von Schaltkreisen, die, ähnlich den logischen Schaltkreisen in klassischen Computern, Information verarbeiten. Mit dem netten Vorteil, dass ein Schaltkreis alle möglichen Entscheidungen simultan trifft.

a. *http://science.sciencemag.org/content/356/6343/1140*

Big Data wird zu Small Data

Die wenigen existierenden Quantenalgorithmen aber haben es in sich. Sie eignen sich potenziell für eine besonders wichtige Anwendung: Das Durchdringen der gigantischen Datenberge, die in gut zwei Jahren doppelt so hoch sein werden wie heute (diese Aussage gilt zu jedem Zeitpunkt). Sie drohen zu Datenfriedhöfen zu werden, weil klassische Rechner zu langsam sind, um all das zwischen Bits und Bytes versteckte Wissen zu extrahieren.

Ein paar Beispiele für Wissen, das in Datenbergwerken geschürft werden könnte: Börsenhändler wollen Muster in den Kursschwankungen erkennen, um diese besser vorherzusehen. Online-Händler wollen das Kauf- oder Bewertungsverhalten von Kunden analysieren, um Werbung gezielter zu platzieren. Die medizinische Forschung baut auch immer mehr auf die Ausbeutung von Datenbergen. Heute lässt sich das Erbgut eines Menschen schnell und billig erfassen. In den so gewonnenen Gendatenbanken verbirgt sich wertvolles Wissen. Etwa darüber, welche Gene relevant für die Krankheit X oder für schnelles Altern sind.

Zwar gibt es klassische Computerverfahren, um solche Muster zu erkennen. Doch Datenbanken sind oft unverschämt komplex. Gesundheitsakten zum Beispiel können für jeden Patienten zig Blutwerte, Herzfrequenz, Kalorienverbrauch, Daten zum Zustand des Immunsystems, Gene, bisherige Krankheiten und Behandlungen, Alkoholkonsum usw. besitzen. Tausende Patienten mit jeweils Hunderten Werten: das ergibt Millionen von Variablen. Ähnlich wie bei einem digitalen Foto. Wenn es 1000 Zeilen aus jeweil 2000 Pixeln hat, ergeben sich zwei Millionen Variablen.

Das Problem: Die Computerprogramme, auf denen die Mustererkennung basiert, brauchen unverhältnismäßig länger für größere Datenbanken. Verdoppelt sich die Zahl der Pixel, brauchen die langsamsten unter ihnen achtmal so lange.[4]

»Ein Quantencomputer hingegen könnte die Daten sehr stark komprimieren und sie daher mit viel weniger Rechenschritten auswerten«, sagt Seth Lloyd vom Massachusetts Institute of Technology. Zu einer Zeit, als diese Art von Rechner noch als schrullige Science-Fiction-Idee galt, entwickelte der Physiker die erste realisierbare Anleitung zum Bau eines Quantencomputers. Später stellte er eine Methode vor, wie sich Daten in »Quantendaten« umwandeln lassen.

Lloyd veranschaulicht die Idee mit einer CD, die er zwischen Daumen und Zeigefinger hochhält. »Die CD trägt Millionen von winzigen Spiegelchen und leere Stellen, wo Spiegelchen fehlen«, sagt er. Ein Laserstrahl taste die CD Spiegelchen für Spiegelchen ab und liest so ein Bit nach dem anderen aus. Wo ein Spiegelchen reflektiert, ist eine »1«, und wo keine Reflexion detektiert wird, ist eine »0«. »Sie könnten aber auch ein einziges Lichtteilchen auf die CD lenken«, fährt er fort. Tritt ein Photon durch eine Streulinse, wird es in gewissem Sinne vervielfältigt: Es geht *alle Wege*, die es von der Linse aus gehen kann, gleichzeitig (siehe Abb. 9–2). So trifft es auf die gesamte Fläche der CD. Nun würde das Photon von allen Spiegelchen gleichzeitig reflektiert, erklärt Lloyd. »Sein Zustand beinhaltet nun eine Überlagerung aller Plätze, wo ein Spiegelchen war«, schließt Lloyd. Die Reflexion eines einzigen Teilchens hat also die CD in einem Schritt ausgelesen. Ähnlich wie ein Qubit zwei Werte parallel speichert, trüge das Photon nun den Inhalt der gesamten CD in sich.

---

4) Gemeint sind Methoden der linearen Algebra, die bei der Klassifizierung von Daten oder beim maschinellen Lernen eingesetzt werden.

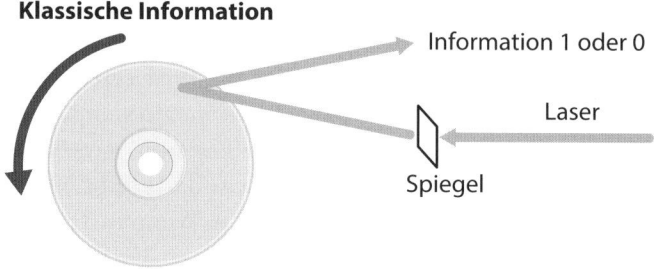

Klassische Information

Information 1 oder 0

Laser

Spiegel

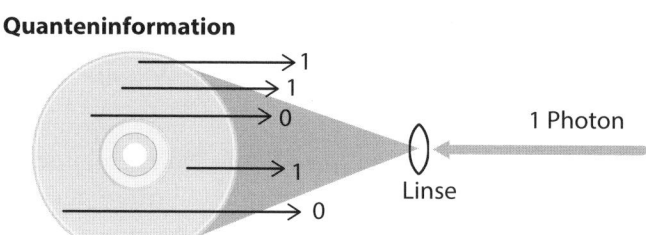

Quanteninformation

1
1
0
1 Photon
1
Linse
0

Abb. 9–2   Eine ganze CD in einem Photon. Normalerweise tastet ein Laser beim Ablesen
einer CD nacheinander alle Speicherzellen ab (oberer Bildteil). Ein Quanten-CD-
Leser würde ein einziges Photon auf die CD schießen (unterer Bildteil). Beim
Passieren einer Linse würde das Photon alle möglichen Wege zu der CD simultan
gehen. Denn ein Quantenzustand vereint alle Möglichkeiten, die das
Lichtteilchen hat, in sich. Der gesamte Lichtfächer hinter der Linse wird
verwirklicht. Nun trifft das Photon auf alle Speicherzellen der CD gleichzeitig. Von
denen, die den Bit-Wert »1« enthalten (und somit ein Spiegelchen), wird es
reflektiert. Damit wird dem vervielfältigten Photon der gesamte Inhalt der CD
aufgeprägt.

Auf ähnliche Weise soll ein »Quanten-Arbeitsspeicher« (von Lloyd »quantum RAM«, kurz »qRAM« genannt) ein Terabyte Daten in nur 40 Qubits
speichern. Die Zahl der nötigen Qubits würde mit der Datenmenge nur
wenig zunehmen: Für zwei Terabyte würden 41 Qubit schon reichen. Für
alle von der Menschheit gespeicherten Daten[5] würde ein qRAM mit rund
70 Qubits reichen. Das qRAM macht sozusagen aus dem Elefanten eine
Mücke; Big Data wird zu Small Data zusammengestutzt – ohne an Information zu verlieren!

Einen Haken hat der qRAM allerdings: Der Zustand lässt sich nicht wieder komplett auslesen, weil ja ein Quantenzustand, sobald man ihm mit

---

5)   Das sind etwa ein Zettabyte, das ist eine 1 gefolgt von 21 Nullen.

einem Messgerät zu Leibe rückt, einem Würfel ähnlich in nur *eine* der in ihm verwirklichten Möglichkeiten wechselt. Was aber geht: Den gespeicherten Inhalt mit einem Quantencomputer weiter verarbeiten.

Weil dieser die Daten parallel aufarbeiten könnte, würde er das in den Daten versteckte Wissen viel schneller herausdestillieren. Einen Quantenalgorithmus dafür entwickelte Lloyd zusammen mit zwei Physiker-Kollegen.[6] Dieses Programm bräuchte für die achtfache Datenmenge lediglich die doppelte Zeit, für eine 1000-fache Datenmenge nur zehnmal so viel Zeit. »Das wäre eine exponentielle Beschleunigung«, sagt Lloyd. »Quantencomputer könnten damit Mustererkennung und Big-Data-Anwendungen sehr viel schneller machen«, glaubt der Physiker.

Auch das Maschinenlernen würde der Quantenalgorithmus beschleunigen, wie Lloyd und seine Mitarbeiter zeigten. Er würde nämlich exponentiell weniger Trainingsbeispiele benötigen. Computer lernen ja durch gezieltes Training: Wie einem Kind zeigt man ihm ein Bild mit Katze drauf und »sagt« ihm: »Das ist eine Katze.« Wenn dafür bei einem klassischen Rechner 1000 Katzenbilder nötig wären, dann wäre es beim Quantencomputer der Logarithmus davon, nämlich 3 Bilder.

Auf kleinen Laborprototypen mit nur vier Qubits konnte Lloyds Quantenalgorithmus tatsächlich demonstriert werden. Allerdings mit so winzigen Datenmengen, dass dabei noch keine Beschleunigung gegenüber klassischen Rechnern sichtbar wurde.[7] Der Informatiker Scott Aaronson von der University of Texas in Austin, der das Potenzial von Quantenrechnern erforscht, nennt Lloyds Versprechen denn auch »Spekulation«. Mehr werden wir erst wissen, wenn es Quantencomputer mit genügend Qubits gibt. Was aber, wie wir gleich sehen werden, bald der Fall sein könnte.

Der Werkstoff vom Reißbrett

Quanten-Überlegenheit erwarten Physiker auch bei der Erforschung von Materialien per Computer, ein Verfahren, das zum Neudesign von smarten Werkstoffen führen soll. An ihre Grenzen stoßen herkömmliche Rechner bei dem Versuch, Moleküle oder feste Körper, etwa ein Stück Halbleiter, mit atomarer Präzision zu simulieren. Die Eigenschaften solcher Körper wie Festigkeit, Magnetismus oder Supraleitfähigkeit – das Phäno-

---

6)   [2013Reb]
7)   Z.B.: *https://arxiv.org/abs/1302.4310* (abgerufen am 7.6.2017)

men, dass manche Materialien bei starker Abkühlung Strom ohne jeden Verlust leiten – lassen sich nur auf der Ebene einzelner Atome und Moleküle verstehen. Will man ein Modell eines solchen Atomverbunds in einem Rechner simulieren, hat man folgendes Problem: Atome gehorchen der Quantenphysik, das heißt, sie existieren in vielen Zuständen simultan. Diese Komplexität muss der Rechner durchdeklinieren. Was schon bei kleinen Systemen von etwa 40 Atomen jeden Superrechner überfordert.

Diese Unzulänglichkeit klassischer Computer brachte den amerikanischen Physik-Nobelpreisträger Richard Feynman im Jahr 1982 auf die Idee, das Modell nicht zu simulieren, sondern es im Labor nachzubauen – als einen analogen Computer, bestehend aus einzelnen Atomen. Das war die Grundidee des Quantencomputers. Was liegt näher, als Quanten mit Quanten zu simulieren. Inzwischen tun Physiker genau das. Sie nennen es »Quantensimulator«. Mit sich kreuzenden Laserstrahlen schaffen sie »Eierkartons« aus Licht, in deren Mulden einzelne Atome liegen. So ergibt sich ein regelmäßiges Gitter aus Atomen, das dem eines Kristalls ähnelt. So simulieren Physiker einen Festkörper. Indem sie die Stärke des Lasers variieren, können sie dessen Eigenschaften verändern, ihn zum Beispiel von einem elektrischen Leiter zu einem Isolator »umschalten«. All das können sie bequem beobachten und somit Erkenntnisse über Eigenschaften wie Leitfähigkeit gewinnen. Die größte Hoffnung dabei ist es, die Supraleitfähigkeit besser zu verstehen und eines Tages in der Lage zu sein, ein Material am Reißbrett zu entwerfen, Atom für Atom, das Strom auch bei Normaltemperatur ohne Verluste transportiert. So ein Stoff würde Energieversorgung und Transportwesen radikal verändern.

Eine weitere wichtige Klasse von komplexen Problemen, die Quantencomputer lösen sollen, sind Optimierungsaufgaben wie das Problem des Handlungsreisenden oder das Rucksackproblem. Die kanadische Firma D-Wave-Systems verkauft einen Quantencomputer, der genau darauf spezialisiert sein soll. Die Maschine kostet rund 15 Millionen US-Dollar. D-Wave hat einen illustren Kundenkreis: Google hat sich zusammen mit der Raumfahrtbehörde Nasa ein Exemplar gegönnt, ebenso wie der Rüstungskonzern Lockheed Martin, die etwas obskure Washingtoner Cybersecurity-Firma Temporal Defense Systems sowie Forschungseinrichtungen wie das Los Alamos National Laboratory (wo einst die erste Atombombe entwickelt wurde). Der Kundenkreis spiegelt, optimistisch ausgedrückt, die Breite des möglichen Einsatzspektrums des Quantencomputers wider. Google will damit effizienteres Maschinenlernen umsetzen. Ein früheres Modell von D-Wave-Systems hat bei Google 2009 gelernt, Fotos mit Autos drauf von anderen zu unterscheiden – schneller als herkömmliche Rechner, wie der damalige Leiter von Googles Bilderkennungsteam, Hartmut Neven, schrieb.[8] Google will mit der Maschine die Leistungen der Künstlichen Intelligenz erhöhen. Das beruht auf der Annahme, dass die zeitraubendsten Schritte beim Maschinenlernen – das Nachjustieren der neuronalen Gewichte nach einer Trainingseinheit – mit Quantencomputern sehr viel schneller geht. Diese Schritte ähneln Optimierungsaufgaben, und dafür verspricht D-Wave eine exponentielle Beschleunigung. Diese würde auch helfen, den ausufernden Online-Datenverkehr effizienter als heute möglich auf potenzielle Hackerangriffe hin zu untersuchen. Dafür will Temporal Defense Systems den Quantenrechner nutzen. Lockheed Martin wiederum will damit schneller Designfehler in ihren immer komplexer werdenden Waffensystemen finden. Schon vor 30 Jahren brauchten Ingenieure des Konzerns Monate, um einen Fehler in der Bordsoftware eines F-16-Jagdflugzeugs zu finden. Die D-Wave Maschine fand ihn sechs Wochen, nachdem der Code zu Testzwecken an die Kanadier gesendet worden war.[9]

Besonders schnell ist das jetzt nicht. Daher könnte man weniger nett auch sagen: Der heterogene Kundenkreis zeigt, dass man nichts darüber weiß, ob die Maschine tatsächlich eine Quanten-Beschleunigung liefert. Viele Kritiker argumentieren ähnlich.

Die Firma spanne den Karren vor die Ochsen, findet etwa Greg Kuperberg von der University of California in Davis, der sich theoretisch mit den Möglichkeiten von Quantencomputern beschäftigt. »Ein Quantencomputer muss perfekt arbeiten«, erklärt der Mathematiker. Wie ein Klassik-Orchester mit perfekt gestimmten Instrumenten spielen müsse, weil es sonst »witzlos« sei. »Die Entwickler der D-Wave-Rechner verzichten zugunsten des schnellen Erfolgs auf diese Perfektion«, so Kuperberg, was erkläre, warum der Computer aus Kanada schon 2048 Qubits habe, während Laborprototypen anderer Forscher maximal mit 14 Qubits rechneten.

---

8)   *https://research.googleblog.com/2009/12/machine-learning-with-quantum.html* (abgerufen am 8.6.2017)
9)   *https://www.dwavesys.com/our-company/customers* (abgerufen am 8.6.2017)

Was die Schnelligkeit von D-Waves Rechner angeht, gibt es unterschiedliche Befunde. Google meldete im Dezember 2016, das Vorgängermodell des 2000Q rechne 100 Millionen Mal schneller als ein PC. Doch bezog sich dieser Test auf ein für die Praxis irrelevantes Problem, eigens designt, den Quantenvorteil zu demonstrieren. Tests an anderen Aufgaben hingegen, durchgeführt von Matthias Troyer an der ETH Zürich, zeigten keine Tempovorteile.

Viele Quantenphysiker sind regelrecht sauer auf D-Wave-System, weil sie deren Versprechen für überzogen halten und befürchten, dass ein Versagen des ersten kommerziellen Quantencomputers das ganze Feld in Diskredit bringen und damit von staatlichen Geldquellen abschneiden könnte. Sie setzen auf langsamen, dafür aber soliden Fortschritt.

Ein sicheres Quanteninternet

Schnelligkeit ist nicht alles, womit Quantencomputer punkten wollen. Sie könnten das Internet erobern und zwar aus einem anderen, vielleicht noch wichtigeren Grund: Sicherheit. Das Quantenrechnen als Garant für sorgloses Cloud-Computing, lautet die Vision.

Dass Quantenphysik abhörsichere Kommunikation ermöglicht, haben wir schon gesehen. In Form des so genannten »blind quantum computing«, zu deutsch etwa: blindes Quantenrechnen, gibt es aber noch etwas Weitergehendes. In Zukunft könnten Cloud-Dienste existieren, die große Quantencomputer betreiben und Rechenzeit auf diesen anbieten. Angenommen, eine Firma will vertrauliche Daten auf diesem Quantenserver verarbeiten. Weder die hochgeladenen Daten, noch die Art der Rechnung, noch die heruntergeladenen Rechenergebnisse soll irgendjemand mitlesen können, schon gar nicht der Dienstleister selbst. Das blinde Quantenrechnen, dessen prinzipielle Machbarkeit Wiener Physiker um Stefanie Barz 2012 experimentell bewiesen, garantiert alles zusammen.

Der Kunde sendet dem Dienstleister Qubits und eine Anleitung, wie diese zu verarbeiten sind. Der Quantencomputer rechnet und sendet die veränderten Qubits zurück. Wir wissen, dass Qubits Information in sich verbergen. Die Vorgaben für die Rechenschritte, die der Kunde sendet, lassen nach Barz' Modell ebenfalls keine Rückschlüsse auf den Inhalt der Rechnung zu. Erst nach Rücksendung der Qubits wertet der Auftraggeber diese aus. Er würde anhand unsinniger Ergebnisse bemerken, wenn der Anbieter versucht hätte, ihn auszuspionieren.

Heute schrecken Firmen davor zurück, vertrauliche Daten einem Cloud-Dienst anzuvertrauen, um dessen Rechenpower zu nutzen. Wenn die Naturgesetze aber die Vertraulichkeit absichern, könnte diese Hemmschwelle sinken. Da nicht jeder Mittelständler einen Quantencomputer im Rechenzentrum stehen haben wird, bietet das »blind quantum computing« eine Möglichkeit, die Privatwirtschaft an den Segnungen des Quantenrechnens teilhaben zu lassen. Ein ähnliches Verfahren hat Seth Lloyds Team für Internetsuchmaschinen entwickelt. Er nennt sie augenzwinkernd »Quoogle«. Lloyd erklärt das Prinzip: »Als Nutzer senden Sie Quoogle eine Frage und es antwortet Ihnen«, sagt der Physiker. »Wenn das von uns entwickelte Protokoll eingehalten wurde, können Sie absolut sicher sein, dass Quoogle die Frage nicht kennt.« Techniken wie das blinde Quantenrechnen oder »Quoogle« lassen ein künftiges Quanteninternet attraktiv erscheinen. Denn es könnte immerhin drei Dienste bieten, für die es in der klassischen Welt keine Entsprechung gibt: Abhörsichere Kommunikation, sicheres Quantenrechnen in der Cloud und garantiert unbeobachtetes Suchen im Netz. Freilich müssten sich dafür die Geschäftsmodelle von Dienstleistern ändern. Denn die Daten ihrer Nutzer zu verpacken und an die Werbeindustrie zu verkaufen, würde schlicht nicht mehr funktionieren. Aus diesem Grund scheiterte Lloyd mit seinem Versuch, den Google-Bossen Sergey Brin und Larry Page sein Quoogle schmackhaft zu machen. Sie lehnten mit folgender Begründung ab: »Unser Geschäftsmodell basiert darauf, dass wir alles über jeden wissen, und wir können nicht in eine Technologie investieren, die uns daran hindert, alles über jeden zu wissen.«

Zäher Fortschritt

Um das geschilderte Potenzial unter Beweis zu stellen – oder aber auch nicht –, muss ein Quantencomputer in ausreichender Größe erst einmal noch gebaut werden. Doch was heißt: »ausreichende Größe«?

Der im Moment größte Quantenrechner steht an der Universität Innsbruck und hat 14 Qubits. Es sind 14 Kalzium-Ionen, die wie eine Perlenkette in einem Magnetfeld schweben (in einer so genannten Ionenfalle) (Abb. 9–3). Ein Laser kann auf jedes einzelne Ion zielen und dadurch Information ein- bzw. auslesen sowie die Berechnung steuern. Der Laser codiert die Information in Sequenzen von kurzen Lichtpulsen. Man kann sich das vorstellen wie bei einem Orchester: Der Laser ist so etwas wie der Dirigent, der den Musikern ihre Einsätze anzeigt und den Takt vorgibt.

Die Innsbrucker Maschine ist für die praktische Anwendung viel zu klein, sie ist ein so genanntes Proof-of-Concept-Experiment, der Beweis also, dass ein Quantenrechner grundsätzlich funktioniert.

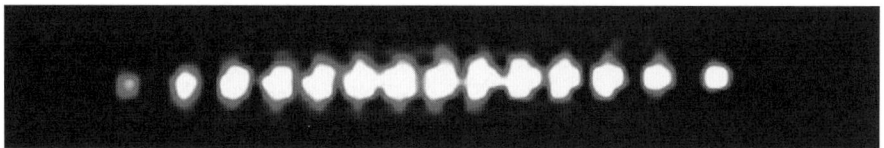

Abb. 9–3   Ionen, wie eine Perlenkette in einer Ionenfalle aufgereiht, bilden einen kleinen Quantencomputer. Dieser dient lediglich Forschungszwecken. Die ganze Kette ist etwa einen Zehntel Millimeter lang. (Quelle: Universität Innsbruck)

Doch die Innsbrucker bauen ihren Quantencomputer stetig aus. Eine erste Schwelle zur Praktikabilität soll in wenigen Jahren erreicht sein, mit dann rund 40 Qubits, wie Institutsleiter Rainer Blatt verspricht. Die Zahl 40 spielt hier in einem ganz speziellen Kontext eine Rolle. Moleküle, die aus weniger als 40 Atomen aufgebaut sind, können die leistungsstärksten Supercomputer simulieren. Das Simulieren von Molekülen ist zum Beispiel interessant für die Wirkstoffsuche in der Pharmaindustrie. Dabei müssen oft Tausende von Kandidaten getestet werden. Die Industrie will möglichst wenige davon tatsächlich im Reagenzglas prüfen, sondern möglichst viel »*in silico*«, also nur per Computersimulation. Auch dabei kann der Stoff schon ausscheiden und muss nicht eigens synthetisiert werden.

Google hat angekündigt, schneller zu sein. Schon Ende 2017 will John Martinis, der an der University of California in Santa Barbara für Google forscht, mit 50 Qubits aufwarten. Die Kalifornier bauen auf eine ganz andere Technik. Ihre Qubits bestehen aus supraleitenden Leiterschleifen. Supraleitung stellt sich ein, wenn Elektronen kollektiv einen gemeinsamen Quantenzustand einnehmen. Grob gesagt, ist der ganze fließende Strom so etwas wie ein Riesenmolekül aus Elektronen. Als solches wirkt es wie ein Qubit: Der Strom kann simultan rechts und links herum fließen.

Bislang hat Martinis Team lediglich einen Chip mit neun supraleitenden Qubits realisiert (Abb. 9–4), die über Mikrowellen-Signale gesteuert werden. Da erscheint der Ausbau auf 50 Qubits binnen Jahresfrist als äußerst sportlich. »Doch es ist erreichbar«, sagt Wolfgang Lechner, der an der Universität Innsbruck an einem ähnlichen Quantenrechner forscht. Auch andere Forscher halten Googles Versprechen für möglich, wenn auch mit leichter Verzögerung.

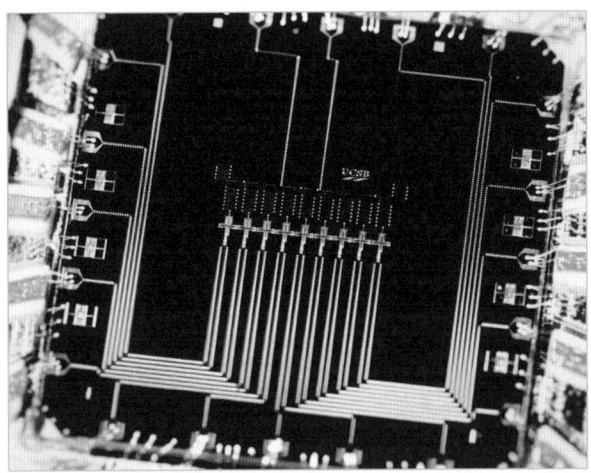

Abb. 9–4   Ein Chip mit neun supraleitenden Qubits (die Kreuzchen in der Mitte) aus dem Labor von John Martinis, der mit Google kooperiert. (Quelle: Martinis Group)

Ein Quantenrechner mit 50 Qubits wäre wohl schon zu einigem zu gebrauchen. Seth Lloyd schätzt, dass es in etwa diese Größe braucht, um viele Terabyte an Daten zu analysieren. Doch für das Knacken von Internet-Codes oder hoch komplexe Optimierungsaufgaben brauche man Tausende von Qubits oder sogar mehr, wie Experten betonen.

Leider ist es nicht so, das man einfach eine zusätzliche »Quantenkarte« dazustecken kann, um einen Quantenrechner zu vergrößern.

Ein ganzer Komplex von Gründen verhindert dies im Moment noch. Scott Aaronson fasst sie so zusammen: »Der Quantencomputer hat seinen Transistor noch nicht gefunden.« Es gibt also kein preisgünstiges Standardbauteil ausreichender Güte und Robustheit, von dem sich Tausende oder Millionen zu einer Maschine zusammenschalten lassen, die immer noch fehlerfrei funktioniert.

Das liegt daran, dass Qubits wirklich äußerst empfindlich sind. Daher produzieren Schaltungen aus vielen Qubits zu viele Fehler, um zu funktionieren. Das hat vor allem mit einem Mechanismus zu tun, den es nur in der Quantenwelt gibt. Er heißt Dekohärenz. Sobald ein Qubit ausgelesen wird, kollabiert es, wie gesagt, zu einem klassischen Bit. Man kann das auch so formulieren: Sobald das Qubit Information preisgibt, hört es auf eines zu sein und verliert auch seine Fähigkeit der simultanen Speicherung und Verarbeitung von Daten. Dummerweise ist jeder Kontakt zur Umwelt so ein Informationsaustausch: Wenn ein Molekül mit dem Qubit zusammenstößt, ändert es dessen Zustand und gibt somit Information über sich preis; wenn es Wärmestrahlung abgibt, sendet es auch Information.

Aus diesem Grund arbeiten die meisten Quantencomputer nur bei sehr tiefen Temperaturen und in einem möglichst perfekten, also technisch aufwändigen Vakuum. Allein dieser Aufwand macht es schwer, einen Quantenrechner auszubauen.

Trotz des Aufwands kommt es noch zu häufig zur Dekohärenz, die Fehler beim Ausführen von Quantenalgorithmen verursacht. Die Dekohärenz ist ein sehr schneller Prozess, der große Systeme binnen winziger Sekundenbruchteile in die klassische Welt drückt. Das ist auch ein Grund, warum sich Menschen nicht an zwei Orten gleichzeitig aufhalten können. Ihre Körper werden durch die Dekohärenz aus der Quantenwelt ferngehalten.

Das klingt hoffnungslos: Wie sollte man einen so schnellen und grundlegenden Prozess vermeiden? Die Entwickler des Quantencomputers bleiben dennoch zuversichtlich. Denn es gibt ein gewisses Maß an Dekohärenz, das pro Baustein eines großen Quantencomputers erlaubt ist. Solange also eine kleine Einheit eine gewisse Zeit korrekt rechnet, lassen sich viele solcher Einheiten zu einer beliebig großen Maschine zusammenschalten. Diese »Fehlertoleranzschwelle« ist bislang Theorie. Solche fehlertoleranten Bausteine wären so etwas wie der Transistor des Quantenrechners. Derzeit entwickeln Physiker so genannte Fehlerkorrekturverfahren, um die Schwelle zu unterschreiten. Die Crux dabei: Die Fehlerkorrektur erzeugt einen erheblichen Wasserkopf. Auf jedes Qubit, das zur Rechenleistung beiträgt, kommt ein Schaltkreis aus mehreren Qubits, der Fehler korrigiert. Die Frage, wie groß der Wasserkopf mindestens sein muss, entscheidet darüber, ob ein leistungsstarker Quantencomputer Millionen von Qubits haben muss oder ob einige Tausende ausreichen.

All das zeigt, dass auch beim Quantencomputer noch viel Forschungsbedarf besteht. Es ist noch keine wirklich zielgerichtete Technologieentwicklung. Viele Gruppen suchen nach dem »Transistor«. Sie tun dies mit unterschiedlichsten Ansätzen. Es ist noch nicht entschieden, welche Art von

Qubits ein Quantencomputer einmal haben wird: Ionen oder supraleitende Schleifen? Oder aber auch so genannte Quantenpunkte, also winzige »Käfige« für einzelne Elektronen, die sich durch ein mikroskopisches Körnchen eines Halbleiters bilden lassen, das in einem anderen Halbleiter eingebettet ist. Es gibt noch weitere Möglichkeiten, Qubits zu erzeugen: Durch Stickstoffatome, die in einem Diamant eingeschlossen sind oder einzelne Lichtteilchen, die durch ein Labyrinth aus Lichtleitern reisen. Wahrscheinlich wird es auf eine Kombination hinauslaufen. Ein Computer etwa, der in mehreren Ionenketten Rechenschritte ausführt, die dann durch die mobilen Photonen ausgetauscht werden.

Die Natur macht's vor

Einen Masterplan zum Bau eines Quantencomputers gibt es also nicht. Manche Physiker bezweifeln sogar, dass die Dekohärenz zu bändigen ist. Sie haben dafür auch Argumente, aber keinen zwingenden Beweis. Scott Aaronson hat ein Preisgeld von 10.000 Dollar ausgelobt für denjenigen, der einen Beweis der Unmöglichkeit eines Quantencomputers vorlegt; eine elegante Art zu sagen: Was soll die Nörgelei, ihr habt doch keine Beweise.

Ein Hinweis, dass es funktionieren kann, kommt von unerwarteter Seite: Aus der belebten Natur. Experimente legen nahe, dass sie Superposition und Verschränkung nutzt. Bei der Photosynthese nutzen Pflanzen die im Sonnenlicht steckende Energie für den Aufbau komplexer Zuckerverbindungen. Die Lichtenergie wird zunächst in energiereiche Elektronen umgewandelt. In grünen Schwefelbakterien gibt es ein Protein, das wie eine Leitung für diese Elektronen wirkt und sie zu einem Reaktionszentrum bringt, wo ihre Energie zum Aufbau des Zuckers verwendet wird. Auf dem Weg von A nach B geht kaum Energie verloren. Das liegt daran, dass das Elektron die schnellste Verbindung findet, sodass die Energie kaum Zeit hat, sich in nutzlose Wärme zu verwandeln. Eine Erklärung dafür: Wie ein Quantencomputer testet das reisende Elektron alle Wege gleichzeitig und sucht den schnellsten heraus. Das ist eine Hypothese, die aber durch Experimente von Forschern um Graham Fleming von der University of California in Berkeley gestützt wird.[10] Graham hat sie bei

---

10) *https://www.nature.com/nature/journal/v446/n7137/abs/nature05678.html*
http://www.nature.com/nphys/journal/v6/n6/abs/nphys1652.html
(abgerufen am 9.6.2017)

minus 200 °C gemacht. Doch andere Forscher haben in Meeresalgen die dafür nötige Superposition auch bei Normaltemperatur gefunden.[11]

Was in der Natur geht, sollte in der Technik nicht unmöglich sein.

Das findet auch Matthias Troyer von der ETH Zürich: »Das Feld schreitet schneller voran als erwartet«, sagt der Physiker. Es sei an der Zeit, dass Ingenieure den Staffelstab von der Wissenschaft übernehmen und wirklich Geräte bauen.

---

11) *https://www.ncbi.nlm.nih.gov/pubmed/20130647* (abgerufen am 9.6.2017)

Ein Fazit

Die erste Stufe der digitalen Revolution ist ausgebrannt. Ihr Treibstoff war das Schrumpfen der Bauteile, das schon bis weit unter die Größe von Viren gegangen ist. 50 Jahre lang hat es den Fortschritt immer weiter beschleunigt. Computer sind von sündhaft teuren Monstern zu leicht erschwinglichen Gebrauchsgegenständen geworden. Immer kleiner, immer leistungsfähiger. Doch das Schrumpfen wirkt nicht mehr. Das Moore'sche Gesetz ist am Ende.

Der Computer hatte einen viel versprechenden Start als Universalmaschine. Ein Rechner ohne Grenzen: Alles, was sich als Algorithmus ausdrücken lässt, kann er ausführen. Zumindest theoretisch. In der Praxis gibt es Grenzen, wie wir gesehen haben.

Diese Schwächen des klassischen Computers gründen teils in seiner Maschinenhaftigkeit, die das Erbe der Idee ist, die Wahrheit durch Algorithmen zu finden. Er atomisiert jedes Problem in winzige abstrakte Logikschritte, die mechanisch abgearbeitet werden. Zwar lassen sich die unzähligen Einzelschritte zu einer Simulation der Natur anordnen, in Form von künstlichen neuronalen Netzen, genetischen Algorithmen, die die Rechenweise der Evolution simulieren, oder Ameisenalgorithmen. Doch das geht nur auf ineffiziente Weise, wie wir gesehen haben.

Die Natur rechnet anders. Die Evolution verweigert sich systematisch sklavischer Exaktheit. Sie begeht massenhaft Fehler, in Form von Mutationen des Erbguts. Nur ganz wenige dieser Abweichungen vom Gehabten erweisen sich als Vorteil in einem veränderten Lebensraum. Das Konzept dahinter ist das massiv parallele Durchprobieren erschöpfend vieler Lösungsmöglichkeiten. Das Gehirn wiederum arbeitet heuristisch: Es füllt Informationslücken mit Intuition und Erfahrungswissen und kommt so schnell und energiesparend zu zwar nicht unbedingt perfekten, aber meist ausreichend guten Lösungen. Die Natur steuert sich selbst: Ihre Intelligenz baut sie direkt in die Herstellungsprozesse ein – Proteine steuern den mikroskopischen Aufbau des Perlmutts oder neue Zellen bilden sich aus einer existierenden Zelle heraus –, anstatt dies einer vom eigentlichen Geschehen abgekoppelten Rechenmaschine zu überlassen.

Damit es der Mensch der Natur gleichtun kann und Information statt immer mehr Rohstoffen und Energie zu nutzen, braucht es Computer, die anders rechnen, wie die Natur eben. Er braucht Suppenintelligenz. Die meines Erachtens wichtigsten Entwicklungen habe ich in diesem Buch vorgestellt.

Die Zusammenschau zeigt vor allem eines: Es gibt keine neue Universalmaschine, die *alles* besser, schneller und genauer macht als der klassische Computer. Zwar sind die Suppenintelligenzen oft auch Universalmaschinen. Doch als solche haben sie ihre eigenen Grenzen. Der Quantencomputer zum Beispiel beschleunigt nur die Lösung bestimmter Probleme, wie etwa die Faktorisierung großer Zahlen. Die eingeschränkte Universalmaschine scheint somit kein Problem der Von-Neumann-Architektur an sich zu sein. Sondern ein prinzipielles Hemmnis.

Das macht aber nichts. Denn die Neuen sind gesuchte Spezialisten. Für das Lösen komplexer Optimierungsaufgaben, für das massiv parallele Rechnen à la Evolution, das beschleunigte maschinelle Lernen oder das rasche Durchdringen von Datengebirgen. Die Spezialisierung bezieht sich auf Aufgaben, aber auch auf den Einsatzort: künstliche Intelligenz für Alltagsgeräte wie Auto oder Smartphone, Rechenpower für bislang unzugängliche Räume wie Bioreaktoren, Böden, Gewässer oder den menschlichen Körper.

Dieser Trend zur Spezialisierung hat längst auch die herkömmliche Informationstechnik erfasst. So hat Google Spezialchips für die Anwendung von neuronalen Netzen entwickelt.[1] Diese können besonders schnell addieren und multiplizieren, da beide Operationen in neuronalen Netzen hauptsächlich anfallen. Wenn also schon Spezialisierung, warum dann keine neue Technik einsetzen, die für die jeweilige Spezialaufgabe die oft eleganteren Lösungen der Natur anwendet?

---

1)   *https://www.heise.de/newsticker/meldung/Kuenstliche-Intelligenz-Architektur-und-Performance-von-Googles-KI-Chip-TPU-3676312.html*

Es geht also nicht um die Neuerfindung des Computers. Es geht nicht um Verdrängung. Nicht um das sture Fortsetzen des »Höher-Schneller-Weiter«, das jahrzehntelang die Entwicklung des Computers dominiert hat. Sondern darum, dem klassischen Rechner *neue Qualitäten* zur Seite zu stellen. Das ist kein Neustart des Informationszeitalters. Sondern das Zünden einer zweiten Stufe. Informationsgesellschaft 2.0. Der klassische Rechner wird *ergänzt* werden durch die Suppenintelligenzen. Je nach Zweck wird der Anbau ein neuromorpher Chip sein, im selbstfahrenden Auto etwa, ein Quantenprozessor, wenn es um die Durchforstung von Big Data geht, oder ein molekularer Computer, wenn das Rucksackproblem rasch gelöst werden muss.

Die Neuen sind vielgestaltig. Sie weiten die Definition von »Computer« über elektronische Schaltkreise hinaus aus. Sie bringen die Rechenpower auch in das flüssige Medium: in Reaktoren, in Petrischalen, in lebende Mikroorganismen und in menschliche Zellen. Suppenintelligenz rechnet vielleicht bald überall. Eine Parallele zur Natur, die aus winzigen Bioreaktoren voller Rechenpower, den Zellen, *aufgebaut* ist.

Weil ihre Architektur der Natur analog ist, können die Neuen auf ähnliche Weise die Ressource Information ernten, etwa die Herstellung von Supermaterialien wie Spinnenseide oder Perlmutt nachahmen. Chemische Computer würden die Herstellung direkt im Reaktor lenken wie Proteine das in der Natur tun. Werkstoffe würden durch eine ausgeklügelte innere Struktur Eigenschaften erhalten, die bislang unerreichbar sind, etwa leicht, bruchfest und gleichzeitig härter als Stahl sein, oder Strom bei Raumtemperatur verlustfrei leiten.

Die Werkstoffe könnten, wie in der Natur, unter milden Bedingungen wachsen – der Verzicht auf hohe Prozesstemperaturen würde Energie sparen. Und schließlich wären auch die Produkte selbst ressourcenschonend. Sie könnten aus üppig vorhandenen Stoffen wie Kohlenstoff, Silizium oder Kalk bestehen. Der Mensch könnte nachhaltige Stoffkreisläufe ähnlich denen in der Natur aufbauen.

Biocomputer, die direkt vor Ort arbeiten – im Körper oder in Ökosystemen –, könnten die nötige Menge von Wirkstoffen vermindern und deren Produktion in Fabriken unnötig machen. Denn die gezielte Verabreichung von Medikamenten oder anderen Wirkstoffen erlaubt geringere Dosierungen. Aufwändige Aufreinigungsprozesse, wie sie bei der Herstellung im Bioreaktor anfallen, wären ebenfalls unnötig.

Die schiere Rechenpower, die die Neuen ernten würden, wäre ebenso wirkungsreich. Rasche Optimierungen könnten im öffentlichen Nahverkehr genutzt werden, um die bestmögliche Route von Sammelbussen in Echtzeit an während der Fahrt hereinkommende Anfragen anzupassen oder den Verkehrsfluss in überfüllten Städten zu verbessern (wie VW das mit Hilfe des Quantencomputers von D-Wave-Systems versucht)[2]. Mehr Wissen könnte aus riesigen Datenmengen gezogen werden, um etwa Ineffizienzen industriellen Produktionsstraßen zu erkennen.

Die Suppenintelligenz wird auch der Wissenschaft neue Impulse geben. Schon heute sind Computer die neben Theorie und Experiment dritte Säule der Forschung. Mit Biocomputern, die Krankheitsentstehung im Körper aufzeichnen, neuromorphen Rechnern, die Hirnprozesse modellieren, Quantensimulatoren, die komplexe Materialien besser verstehbar machen, wird die Rolle von Computern in der Forschung noch wichtiger werden.

Schließlich könnte eine neue Computerkultur entstehen. Computer könnten aus ihrer Rolle als Rechensklaven herauswachsen und etwas wie »künstlichen Geist« entwickeln. Zu kreativen Problemlösern werden, unkonventionelle Ideen vorschlagen oder vielleicht sogar Kunstwerke schaffen.

Die zweite Stufe hat bereits gezündet. Die Neuen gibt es zum Teil schon zu kaufen: IBMs Truenorth oder D-Waves Quantencomputer. Doch Vieles ist noch in der Grundlagenforschung. Es ist der Anfang eines langen Wegs; die zweite Stufe ist ein Langzeitbrenner. Die Herausforderungen sind immens. Gemessen an der Komplexität des Gehirns kratzen die Entwickler neuromorpher Computer nur an der Oberfläche. Biocomputer müssen schadlos in eine komplexe Umwelt gefügt werden, man muss verhindern, dass sie sich unkontrolliert vermehren. Und das sind nur ein paar der Schwierigkeiten.

Nichts garantiert, dass die Rechenpower der Natur so genutzt werden kann, wie es die Forscher versprechen. Aber es spricht auch nichts Fundamentales dagegen.

---

2) *https://www.volkswagen-media-services.com/detailpage/-/detail/Digitale-Pionierarbeit-Volkswagen-nutzt-Quantencomputer/view/4708297/7a5b-bec13158edd433c6630f5ac445da?p_p_auth=36EkeDMM*

Eigentlich kann bei diesem Abenteuer gar nichts schiefgehen. Sollten die Forscher auf bislang unbekannte Barrieren stoßen, auf unüberwindliche gar, dann wäre vielleicht sogar noch mehr gewonnen als ein Booster für den digitalen Fortschritt.

Denn das würde zu einem tieferen Verständnis der Naturgesetze oder der Funktionsweise des Gehirns führen. Sprich: Wir würden die Welt tiefgründiger verstehen.

Mit diesem Wissen könnten wir vielleicht einen ultimativen Computer bauen. Einen, der alle Grenzen wegbläst als wären sie aus Schaum.

[2005Ada] Andy Adamatzky, Ben De Lacy Costello und Tetsuya Asai; Reaction-Diffusion Computers; Elsevier, 2005

[2006Ada] Andy Adamatzky et al.; Reaction-Diffusion Computers; Tutorial für Konferenz, 2006

[2009Ada] Andy Adamatzky; Hot Ice Computer; arXiv:0908.4426v1, 2009

[2010Ada] Andrew Adamatzky: Physarium Machines, World Scientific, 2010

[1994Adl] Len Adleman; Molecular computation of solutions to combinatorial problems; Science 266, 1021 (1994), 1994

[1998Adl] Len Adleman; Comuting with DNA; Scientific American, August 1998, S. 34, 1998

[2015Ado] J. C. Adcock et al. ; Advances in quantum machine learning; arXiv:1512.02900v1, 2015

[2014Ami] Yaniv Amir et al.; Universal computing by DNA origami robots in a living animal; Nature Nanotechnology 9, 353–357, 2014

[1996Amo] Martyn Amos, Alan Gibbons, David Hodgson; Error-resistant Implementation of DNA-Computations; University of Warwick, 1996

[2006Amo] Martyn Amos; Genesis Machines – The New Science of Biocomputing; Atlantic Books, 2006

[2012Amo] Martyn Amos et al.; TRUCE: A Coordination Action for Unconventional Computation; Int. Journal of Unconventional Computing Vol 0, pp 1–5, 2012

[1995Bau] Eric Baum; Building an associative memory vastly larger than the brain; Science 28, Vol. 268, Issue 5210, pp. 583–585, 1995

[2009Bau] Friedrich Bauer; Kurze Geschichte der Informatik; Fink, Paderborn, 2009

[2012Ben] Yaakov Benenson; Biomolecular computing systems: principles, progress and potential; Nature Reviews 13, 455–468, 2012

[2012Ber] Antoine Bérut, et al., Nature 483, 187-189 (2012), doi:10.1038/nature10872

[2014Bog] Nikolay Bogatyrev und Olga Bogatyreva; BioTRIZ: A Win-Win Methodology for Eco-innovation; in: Eco Innovation and the Development of Business Models, Springer 2014, 2014

[1995Bon] Dan Boneh; Breaking DES using a molecular computer; Paper, Princeton University, 1995

[2015Bor] Fraunhofer IZM, Borderstep Institut; Entwicklung des IKT-bedingten Strombedarfs in Deutschland; Bundesministeriums für Wirtschaft und Energie Projekt-Nr. 29/14, 2015

[2015Bra] Antony Brabazon et al. ; Artificial Immune Systems; Buch: Natural Computing Algorithms, Springer, 2015

[2016Bri] C. Briat, A. Gupta, M. Khammash; Antithetic Integral Feedback Ensures Robust Perfect Adaptation in Noisy Biomolecular Networks; Cell Systems 2, 15–26, 2016

[2012Bro] Hajo Broersma et al.; Nascence project - Nanoscale Engineering for Novel Computation using Evolution; Int. Journ. of Unconventional Computing, Vol. 0, pp. 1–5, 2012

[2015Cal] Christian Calude; Unconventional Computing: A Brief Subjective History; *http://www.cs.auckland.ac.nz/research/groups/CDMTCS/ researchreports/?download&paper_file=548*, 2015

[2011Con] Anne Condon; DNA and the Brain; Nature 475, 304-305, 2011

[2005Dav] Martin Davis; The myth of Hypercomputation; Alan Turing: Life and Legacy of a Great Thinker pp 195-211 (Springer), 2005

[2004Dit] Peter Dittrich; Chemical Computing; Unconventional Programming Paradigms (UPP 2004), J.-P. Banatre, J.-L. Giavitto, P. Fradet, O. Michel, Editors, LNCS 3566, pp. 19–32, Springer, Berlin, 2005, 2004

[2014Dit] Peter Dittrich; Understanding Networks of Computing Chemical Droplet Neurons based on Information Flow; International Journal of Neural Systems (2014) 1–16, 2014

[2016Don] Jack Dongarra; Report on the Sunway TaihuLight System; University of Tennessee: Tech Report UT-EECS-16-742, 2016

[2016DRA] Deutsche Rohstoffagentur; Rohstoffe für Zukunftstechnologien 2016; DERA Rohstoffinformationen 28:353S, Berlin, 2016

[2016Dys] George Dyson: Turings Kathedrale, Ullstein 2016.

[2000Elo] Michael B. Elowitz & Stanislas Leibler; A synthetic oscillatory network of transcriptional regulators; Nature 403, 335–338, 2000

[2012Esm] Hadi Esmaeilzadeh et al.; Dark Silicon and the End of Multicore Scaling; IEEE Computer Society May/June 2012, 2012

[2002Gra] Hans Graßmann: Das Denken und seine Zukunft. rororo science, 2002.

[2015Gra] Andrea C. Ferrari; Science and technology roadmap for graphene, related two-dimensional crystals, and hybrid systems; Nanoscale, Vol. 7, Nr. 11, 4587–5062, 2015

[2016Guy] Patrick Guye et al.; Genetically engineering self-organization of human pluripotent stem cells into a liver bud-like tissue using Gata6; Nature Communications 7, Article number: 10243 (2016), 2016

[2016Haz] Mike Hazas et al.; Are there limits to growth in data traffic?: On time use, data generation and speed; LIMITS '16, 2016

[2015HPC] ETP4HPC; European Technology Roadmap Towards Exascale; European Technology Platform for High-Performance Computing, 2015

[2016IEA] International Energy Agency; Key World Energy Trends; INTERNATIONAL ENERGY AGENCY, 2016

[2012Kar] Jonathan Karr; A Whole-Cell Computational Model Predicts Phenotype from Genotype; Cell, Volume 150, Issue 2, p389–401, 2012

[1679Lei] G.W. Leibniz: »De progressione dyadica«, 1679.

[1995Lip] Richard J. Lipton; DNA solution of hard computational problems; Science; 268(5210): 542-5 (1995)., 1995

[2000Llo] Seth Lloyd; Ultimate physical limits to computation; arXiv:quant-ph/9908043v3, 2000

[2002Llo] Seth Lloyd; THE COMPUTATIONAL UNIVERSE; Edge, 2002

[2001Lok] Gert-Jan C. Lokhorst; Hypercomputation ; Vortragspräsentation, Uni Helsinki, 2001

[2016Mar] Marscheider-Weidemann, F. et al: Rohstoffe für Zukunftstechnologien 2016, DERA Rohstoffinformationen 28: 353 S., Berlin (2016).

[2007Mei] Christian Meier: Und die Prozessoren schrumpfen immer weiter: Stuttgarter Zeitung, 16.11.2007.

[2014Mer] Paul A. Merolla et al.; A million spiking-neuron integrated circuit with a scalable communication network and interface; Science 345, 6197, 668–673, 2014

[2010Mil] David Miller; Are optical transistors the logical next step?; Nature Photonics, Vol 4, 2010

[2013Mil] Mark P. Mills; The Cloud Begins With Coal; Digital Power Group, 2013

[2016Mil] A. Milias-Argeitis et al.; Automated optogenetic feedback control for precise and robust regulation of gene expression and cell growth; Nature Communications 7, Article number: 12546, 2016

[2013Mir] F. Mirtsch; Resource-saving manufacturing of more dimensional stiffened sheet metals with high surface quality and innovative lightweight products; G. Seliger (Ed.), Proceedings of the 11th Global Conference on Sustainable Manufacturing – Innovative Solutions, 2013

[2009Mit] Melanie Mitchell; Complexity; Oxford University Press, 2009

[2006Mle] Bruce McLennan; Super-Turing or Non-Turing- Extending the Concept of Computation; Paper, University of Tennessee, 2006

[1945Neu] John von Neumann; First Draft of a Report on the EDVAC; University of Pennsylvania, 1945

[2016Nic] Dan V. Nicolau, Jr. et al.; Parallel computation with molecular-motor-propelled agents in nanofabricated networks; PNAS, vol. 113, no. 10, pp. 2591–2596, 2016

[2002Ord] Toby Ord; Hypercomputation: computing more than the Turing machine; arXiv:math/0209332 [math.LO], 2002

[2006Ord] Toby Ord; The many forms of hypercomputation; Applied Mathematics and Computation 178 (2006) 143–153, 2006

[2013Pfe] Thomas Pfeil et al.; Neuromorphic Learning towards Nano Second Precision; arXiv:1309.4283v2 [q-bio.NC], 2013

[2008Pon] L.A. Ponomarenko et al.; Chaotic Dirac Billiard in Graphene Quantum Dots; Science 320, 356–358, 2008

[2011Qia] L. Qian, E. Winfree & J. Bruck; Neural network computation with DNA strand displacement cascades; Nature 475, 368–373, 2011

[2013Reb] Patrick Rebentrost et al.; Quantum support vector machine for big feature and big data classification; arXiv:1307.0471v2, 2013

[2015Rin] Lothar Rink, Andrea Kruse, Hajo Haase; Immunologie für Einsteiger; Springer Verlag, 2015

[2016Roq] N. Roquet et al.; Synthetic recombinase-based state machines in living cells; Science 353, aad8559, 2016

[2004Rot] Paul W. K. Rothemund, Nick Papadakis, Erik Winfree; Algorithmic self-assembly of DNA Sierpinski triangles; PLoS Biol 2(12): e424, 2004

[2006Rot] Paul W. K. Rothemund; folding dna to create nanoscale patterns; Nature 440, 297–302, 2006

[1996Rub] Harvey Rubin; Looking for the DNA killer app; Nature Structural Biology 3, 656–658 (1996) , 1996

[2014Rub] Michael Rubenstein, Alejandro Cornejo, Radhika Nagpal; Programmable self-assembly in a thousand-robot swarm; Science 345, 6198, 795–799, 2014

[2015Saa] A. Saade et al.; Random Projections through multiple optical scattering: Approximating kernels at the speed of light; arXiv:1510.06664v2 [cs.ET] 25 Oct 2015, 2015

[2000Sak] Y. Sakakibara, A. Suyama; Intelligent DNA chips: logical operation of gene expression profiles on DNA computers.; Genome Inform Ser Workshop Genome Inform. 11:33-42., 2000

[2011San] G. Sandner, H. Spengler; Die Entwicklung der Datenverarbeitung; Eigenverlag, 2011

[2010Sar] Rahul Sarpeskar; Ultra Low Power Bioelectronics; Cambridge University Press , 2010

[2000See] Ned Seeman et al.; logical computation using algorithmic self-assembly of DNA triple-crossover molecules; Nature 407, 493–496, 2000

[2016Sha] Vartika Sharma; DNA Computing: A Complete Overview; International Journal of Science and Research (IJSR), 2016

[2015Sia] Semiconductor Industry Association; Rebooting the IT-Revolution; based on Rebooting the IT Revolution Workshop, Washignton, 2015

[2013Smu] Michael Schmuker et al.; A neuromorphic network for generic multivariate data classification; PNAS 111,6, 2081–2086, 2013

[1989Srö] Erwin Schrödinger; Vorwort E.P. Fischer; Was ist Leben?; Piper Verlag; Neuausgabe, 1989

[2015Sti] Andreas Stiller: Die Moritat von Moores Tat. c't 2015, Heft 10, S. 72.

[2015Str] Evangelos Stromatias et al.; Scalable Energy-Efficient, Low-Latency Implementations of Trained Spiking Deep Belief Networks on SpiNNaker; , 2015

[2016Sun] Chen Sun et al.; Single-chip microprocessor that communicates directly using light; Nature 528, p. 534–?, 2016

[2014Suz] Kohta Suzuno et al.; Maze Solving Using Fatty Acid Chemistry; Langmuir 2014, 30, 9251–9255, 2014

[2017Suz] Kohta Suzuno et al.; Marangoni Flow Driven Maze Solving; In: Advances in Unconventional Computing, Vol. 2 Ed: Andy Adamatzky, Springer Verlag, 2017

[2015Tab] Arnold Sauter et al.; SYNTHETISCHE BIOLOGIE –DIE NÄCHSTE STUFE DER BIO- UND GENTECHNOLOGIE; TAB-ARBEITSBERICHT NR. 164, 2015

[1952Tur] Alan Turing; The Chemical Basis of Morphogenesis; Philosophical Transactions of the Royal Society of London. Series B, Biological Sciences, Vol. 237, No. 641. (Aug. 14, 1952), pp. 37–72., 1952

[2016Uin] Medieninfo Uni Innsbruck; Quantenboost für künstliche Intelligenz; Universität Innsbruck, 2016

[2006Vin] J. Vincent et al.; Biomimetics: its practice and theory; J. R. Soc. Interface (2006) 3, 471–482, 2006

[1953Wat] J. D. Watson, F. H. Crick: Molecular structure of nucleic acids. A structure for desoxyribose nucleic acid. In: Nature. 171, Nr. 4356 S. 737–738 (1953).

[2003Web] Daniel Webre; Bacterial chemotaxis; Current Biology, Volume 13, Issue 2, pR47–R49, 2003

[2008Wes] Bob Westervelt; Graphene Nanoelectronics; Science 320, 324–325, 2008

[1998Win] Erik Winfree et al.; Design and self-assembly of two-dimensional DNA crystals; Nature 394, 539 ff., 1998

[2011Zhe] Zhen Xie, Liliana Wroblewska, Laura Prochazka, Ron Weiss, Yaakov Benenson; Multi-Input RNAi-Based Logic Circuit for Identification of Specific Cancer Cells; Science, Vol. 333, Issue 6047, pp. 1307–1311, 2011

[2009Zie] Martin Ziegler; Physically-Relativized Church-Turing Hypotheses: Physical Foundations of Computing and Complexity Theory of Computational Physics; Applied Mathematics and Computation 215 (2009) 1431–1447, 2009

Pawlowich Belousov, Boris 128
Petri, Stefan 84
Petrovici, Mihai 180
Phillips, Andrew 118

R

Rivest, Ronald 97
Romesberg, Floyd 155
Rothemund, Paul 112, 126

S

Sarpeshkar, Rahul 79, 145
Schickard, Wilhelm 26
Schmidhuber, Jürgen 20
Sedol, Lee 17
Seeman, Ned 108
Seidler, Paul 64
Shamir, Adi 97
Shor, Peter 194
Skerra, Arne 155
Solé, Ricard 159
Starner, Thad 2

T

Tóth, Rita 127
Troyer, Matthias 202, 208
Turing, Alan 12, 41, 50, 121

V

Venter, Craig 160
Versace, Massimiliano 183
von Aquin, Thomas 23
von Elea, Zeno 92
von Neumann, John 36, 50, 97

W

Watson, James 98
Weiss, Ron 1, 148
Williams, Freddie 54
Winfree, Erik 112, 126
Wolpert, David 73, 78

Z

Zámbó, Dániel 134
Zhabotinsky, Anatol 129
Ziegler, Martin 93
Zuse, Konrad 30, 49, 55, 144
Zuzuno, Kotha 127

Index